왁싱학

WAXING

K-뷰티

구민사

박미연

차의과학대학교 일반대학원 의학과 보건학 박사 과정
차의과학대학교 보건산업대학원 보건학 석사
크리스찬쇼보미용학원/뷰티입시학원 강서캠퍼스 대표원장

이선희

서경대학교 일반대학원 뷰티테라피 박사 과정
서경대학교 미용예술대학원 피부미용 석사
대전 더 나은 네일 대표

박외숙

고신대학교 미용보건학 석사
경남정보대학교 외래교수
소상공인진흥공단 기술전문교육강사

박다영

건국대학교 산업대학원 향장학과 석사
모블링왁싱 국제강사
한국미용기술교육협회 왁싱강사

감수
임주이

차의과학대학교 일반대학원 의학과 보건학 박사
원광디지털대학교 겸임교수
모블링 코스메틱 대표

고은정

보네르왁싱 대표
모블링왁싱 국제강사
블랙마스크 왁싱 전문점

정자희

린에스테틱 대표
모블링왁싱 국제강사
맞춤형왁싱디자인 컨설턴트강사

이소의

원광디지털대학교 한방미용 예술학과 학사
쏘잉왁싱&뷰티 원장
한국미용기술교육협회 왁싱강사

김영선

고신대학교 미용보건학 석사 과정
리에스테틱 해운대 장산점 대표
모블링왁싱 국제강사

K-뷰티 왁싱학

초판 인쇄 2024년 2월 15일
초판 발행 2024년 2월 28일

지은이 박미연, 이선희, 박외숙, 박다영, 고은정, 정자희, 이소의, 김영선
감 수 임주이
발행인 조규백

발행처 도서출판 구민사
주소 (07293) 서울특별시 영등포구 문래북로 116, 604호(문래동3가 46, 트리플렉스)
전화 (02)701-7421
팩스 (02)3273-9642
홈페이지 www.kuhminsa.co.kr

신고번호 제 2012-000055호(1980년 2월 4일)
ISBN 979-11-6875-358-7(93590)

정가 30,000원

PREFACE 머리말

우리의 삶의 질과 생활 수준이 향상되면서 아름다움에 대한 관심이 증가되고 외모관리는 자기 표현의 수단으로 발전되었습니다. 아름답고자 하는 욕망은 시대를 아울러 인류의 염원이기 때문입니다.

이제까지 미용은 헤어, 메이크업, 네일, 피부 등의 분야에서 발전했고 학계의 연구도 다양하게 다루어지고 있습니다. 그중에서도 왁싱이라는 새로운 미용분야가 관심의 대상이 되고 있습니다.

최근에는 왁싱과 관련된 석박사 학위논문도 많이 발표가 될 정도로 관심받는 분야가 되었습니다. 피부미용의 한 영역인 왁싱은 위생과 청결이 강조되는 오늘날 더욱 중요한 사항이라고 볼 수 있습니다.

본서의 구성은 Part 1은 피부 및 모발, 해부생리학, 기기 및 화장품, 공중보건위생에 관련하여 설명하였고, Part 2는 샵에서 사용하는 실전 테크닉을 NCS 기반으로 설명하였습니다. Part 3은 앞에서 배운 내용을 토대로 Chapter별 문제와 풀이를 설명하였습니다.

본서는 왁싱을 공부하는 학생 및 피부미용 및 왁싱을 공부하는 분들에게 NCS 기반 실기 기준에 맞추어 필요한 내용을 알차게 구성하기 위해 저희 모블링왁싱 국제강사들 모두 하나가 되어 노력하습니다.

공부하는 모든 분들에게 도움이 많이 되는 책이 되기를 간절히 바랍니다.

끝으로 이 책이 나오기까지 서포트 해주신 임주이 대표님께 감사의 마음을 전합니다. 그리고 출판을 위해 고생을 아끼지 않고 힘을 모은 우리 모블링왁싱 국제강사님들께 진심으로 감사의 마음을 전하며, 도서출판 구민사 조규백 대표님에게도 감사의 인사를 드립니다.

저자 일동

미용왁싱 및 맞춤형왁싱디자인컨설턴트 시험 안내

미용왁싱(Beauty Waxing)이란 인간의 신체(Human Body) 부위에서 미용적으로 불필요해 보이는 털(Hair)을 일시적으로 제거하는 것을 말하며, 미용왁싱전문가의 관리 방법에는 국내에서는 크게 세 가지의 방법으로 구분한다. 첫 번째는 소프트 왁스(Soft(stip))를 녹여 무슬림천(부직포)을 사용하여 제거하는 스트립 왁싱, 두 번째는 하드 왁스(Hard(Non Strip))를 녹여서 무슬림천을 사용하지 않고 관리 부위에 도포한 왁스를 그대로 제거하는 하드왁싱, 세 번째는 슈가왁스를 사용한 슈가링 또는 슈가왁싱 방법으로 나뉜다.

1) 미용왁싱의 관리 부위

미용왁싱의 관리 부위는 팔, 다리, 등, 겨드랑이, 가슴, 승모근 라인(바디왁싱), 눈썹, 이마, 에플존(볼) 솜털, 코(블랙헤드)가시털, 립라인, 턱, 목, 인중, 헤어라인, 얼굴 전체(안면왁싱), 비키니(초급), 세미누드 (중급), 올누드(고급) 브라질리언왁싱(시크릿왁싱) 등이 있다.

2) 미용왁싱의 효과

① 체모 및 죽은 각질 제거로 인한 매끄러운 피부 개선
② 관리 후 깔끔하고 깨끗한 이미지 즉각적인 연출 가능
③ 모공을 통한 화장품 유효성분 흡수율 극대화로 촉촉한 피부 개선
④ 깔끔하고 깨끗한 이미지 개선 후 자신감 부여

3) 미용왁싱의 시장성

미용왁싱 시장은 퍼플오션이다.

퍼플오션이란 포화 상태의 치열한 경쟁이 펼쳐지는 기존의 레드오션 시장과 새로운 전략이긴 하나 미개척인 시장을 블루오션이라 하는데, 퍼플오션은 위험 요소과 비용을 최소화하고 차별화된 서비스와 파생 상품을 만들어 새로운 매출 상품을 만드는 것이다.

그러므로 현재 미용왁싱 시장은 위험 요소가 적고 비용도 적게 들며 공간 활용도 뛰어나 부가적인 수입을 창출할 수 있는 미용 분야이다. 왁싱 서비스는 전문관리실이나 피부관리실에서 뿐만 아니라 네일 메이

크업, 헤어살롱 등에서도 얼마든지 부가적인 수입을 창출할 수 있다.

① **피부살롱 + 왁싱:** 현재 피부관리실에 왁싱을 문의하는 고객이 많으며, 피부관리 시 누운 상태에서 피부관리와 동시에 시술을 받아 고객 만족도가 높으며, 장소를 나누지 않아 모든 시술이 가능하며, 공간 활용을 극대화하여 사용할 수 있다.

② **네일살롱 + 왁싱:** 네일과 패디 관리 시 손가락, 발가락 왁싱 관리가 가능하며, 네일살롱을 찾는 고객들의 대부분이 브라질리언 왁싱, 겨드랑이, 디자인 왁싱(눈썹, 헤어라인, 인중), 바디(팔, 다리)왁싱이 많이 이루어지고 있다.

③ **메이크업살롱 + 왁싱:** 메이크업 시 얼굴 솜털을 제거한 후 매끄러운 피부결에 메이크업 완성도를 높일 수 있다.

④ **헤어살롱 + 왁싱:** 삼자 이마, 헤어라인 후면, 뒷목 라인 왁싱 등, 남성 고객의 경우 턱수염 왁싱 관리도 가능하다.

4) 제모의 방법

제모는 일시적인 제모와 영구적인 제모로 나뉘는데 일시적인 제모 방법에는 물리적 제모 방법(미용왁싱 전문가가 관리하는 미용왁싱, 실면도, 직접 셀프왁싱이 가능한(면도(쉐이빙), 족집게(트위징))과 화학적 제모(제모크림) 방법으로 구분한다.

영구적 제모 방법에는 주로 병원에서 관리하는 제모 방법으로 레이저, 전기소작법 등이 있다.

5) 미용왁싱 전문가의 개요

미용왁싱 전문가는 하드, 소프트, 슈가왁싱에 대한 숙련된 기술 및 왁싱 및 피부 이론에 대한 전문 교육과정을 이수 후 고객 상담 및 미용왁싱 전문가로서 고객의 피부 및 체모 상태에 따른 맞춤형 컨설팅 및 피부를 우선으로 생각한 더 안전한 왁싱 관리 등 전 과정을 잘 수행할 수 있는 능력을 갖추고 미용왁싱 관리를 수행할 수 있는 자를 말한다.

미용왁싱 전문가는 항상 전신을 청결히 하고 단정한 자세를 갖추고 위생적인 관리 시 위생과 안전에 신경 쓰며, 왁싱 서비스 전 고객들은 통증과 노출에 대한 부끄러움과 두려움으로 인해 긴장을 많이 하기 때문에 고객의 마음 상태를 잘 이해하고, 편안하고 즐거운 마음으로 왁싱 시술을 받도록 해야 한다.

고객의 피부 및 심리상태 파악 및 배려, 체모 제거 시 느끼는 통증, 왁싱 부작용, 왁싱 후 주의사항을 고객에게 직접 상세히 전달하여야 한다. 또한 헤어라인, 아이브로우(눈썹), 남자 수염 왁싱, 브라질리언 왁싱 등 체모를 남겨야 하는 디자인 왁싱의 경우 고객의 이미지와 체형을 파악하여 왁싱 부위의 피부 유형과 모발 상태를 고려한 디자인을 계획하고, 장점을 살리고 단점을 보완해야 한다.

6) 미용왁싱 전문가 자격증 시험안내

(1) 개요

한국미용기술교육협회는 왁싱과 피부관리 전문 종사자들과 네일아트, 메이크업 등 전반적인 미용 분야 전문가들의 전문 지식과 기술을 정보 공유 및 양질의 미용 교육을 통하여 가치를 우선으로 생각하는 인간 중심의 국내 최초, 국내 유일 안면왁싱 피부관리 및 근육관리 방법 특허를 보유하고 있는 협회로서, 현재 미용왁싱 종사자의 전문적이고 체계적인 자격증 취득을 위한 시스템을 도입하여 미용왁싱 분야의 전문가 양성을 꾸준히 진행하고 있다.

(2) 시험 기준

① 맞춤형왁싱디자인컨설턴트 1급

② 맞춤형왁싱디자인컨설턴트 2급

③ 맞춤형왁싱다지인컨설턴트 교육강사

(3) 응시자격 기준

① 맞춤형왁싱디자인컨설턴트 1급

모블링 왁싱(하드, 소프트, 슈가왁싱) 과정을 전문 인증 교육 기관에서 이수 후 맞춤형왁싱디자인컨설턴트 자격증 2급 이상 취득자 또는 하드, 소프트, 슈가왁싱 과정을 모두 이수 후 현장 실무 경력 2년 이상인 자

② 맞춤형왁싱디자인컨설턴트 2급

모블링 왁싱(하드, 소프트 왁싱) 과정을 전문 인증 교육 기관에서 이수한 자로서 모블링왁싱국제강사의 교육 인증을 받은 자

③ 맞춤형왁싱디자인컨설턴트 교육강사

모블링 왁싱(하드, 소프트, 슈가왁싱) 과정을 전문 인증 교육기관에서 이수 후 맞춤형왁싱디자인컨설턴트 2급, 1급 자격증을 취득 후 1년이 지난 자 또는 하드, 소프트, 슈가왁싱 과정을 이수 후 현장 실무 경력 1년 이상인 자로서, 교육강사 사전 테스트(피부&왁싱 전문지식과 실기, 인성 테스트)를 통과한 자

(4) 시험 기준

① 맞춤형왁싱디자인컨설턴트 1급

하드, 소프트, 슈가왁싱에 대한 숙련된 기술 및 왁싱, 피부 이론에 대한 전문 교육과정을 이수 후 고객상담 및 미용왁싱 전문가로서 고객의 피부 및 체모 상태에 따른 맞춤형 컨설팅 및 피부를 우선으로 생각한 더 안전한 왁싱 관리 전 과정을 잘 수행할 수 있는 능력을 평가한다.

② 맞춤형왁싱디자인컨설턴트 2급

하드, 소프트 왁싱에 대한 숙련된 기술 및 왁싱, 피부 이론에 대한 전문 교육과정을 이수 후 고객 상담 및 미용왁싱 전문가로서 고객의 피부 및 체모 상태에 따른 맞춤형 컨설팅 및 피부를 우선으로 생각한 더 안전한 왁싱 관리 전 과정을 잘 수행할 수 있는 능력을 평가한다.

③ 맞춤형왁싱디자인컨설턴트 교육강사

하드, 소프트, 슈가왁싱에 대한 숙련된 기술 및 왁싱, 피부 이론에 대한 전문 교육과정을 이수 후 고객상담 및 미용왁싱 전문가로서 고객의 피부 및 체모 상태에 따른 맞춤형 컨설팅 및 피부를 우선으로 생각한 더 안전한 왁싱 관리 전문가를 교육할 수 있는 강사로서의 직무 수행을 할 수 있는 능력을 평가한다.

(5) 급수별 필기 시험과목 (합격 기준 : 70점 이상 / 100점 만점)

① 1급 총 : 50문항(객관식) / 50분

㉠ 왁싱 및 피부미용학

㉡ 피부 및 해부생리학

㉢ 화장품 및 미용기기학

㉣ 공중보건 및 소독, 법규

② 2급 : 총 20문항(객관식) / 50분 / 5문항(주관식)

㉠ 왁싱 및 피부미용학

㉡ 피부 및 해부생리학

㉢ 화장품 및 미용기기학

㉣ 공중보건 및 소독학, 법규

㉤ 왁싱제품에 대한 이해

㉥ 고객상담법 및 왁싱 시 주의사항

㉦ 부위별 왁싱 방법 주의사항

③ 교육강사 : 총 50문항(객관식) / 60분 / 10문항(주관식)

㉠ 왁싱 및 피부미용학

㉡ 피부학 및 해부생리학

㉢ 화장품학 및 왁싱미용기기학

㉣ 공중보건 및 소독학, 법규

㉤ 왁싱제품에 대한 이해

㉥ 고객상담법 및 왁싱 시 주의사항

㉦ 부위별 왁싱 관리시 주의사항

㉧ 왁싱교육강사로서의 교수법

(6) 급수별 실기시험(70분 / 합격점 60점 이상)

① 1급

㉠ 하드왁싱 : 눈썹(오른쪽), 헤어라인(전면), 인중, 비키니라인

㉡ 슈가왁싱 : 눈썹, 팔 하완부, 다리 하완부, 겨드랑이(왼쪽)

㉢ 소프트왁싱 : 팔 하완부, 다리 하완부, 겨드랑이(오른쪽)

② 2급

㉠ 하드왁싱 : 눈썹(오른쪽. 왼쪽), 헤어라인(전면), 인중, 비키니라인

㉡ 소프트왁싱 : 팔 하완부, 다리 하완부, 겨드랑이(왼쪽 or 오른쪽)

7) 맞춤형 왁싱 디자인 컨설턴트 실기 시험 재료 리스트

(1) **나무스파츌라:** 다양한 크기의 스파츌라가 있으며 사용부위에 따라 적절히 선택하여 사용한다. 우드스파츌라는 노더블딥핑으로 사용하여 위생적으로 깨끗이 시술한다.

(2) **일회용장갑:** 라텍스 장갑(하드, 소프트왁싱) 또는 니트릴 장갑(슈가왁싱)이 위생적으로 보이며 시술시에 왁스가 잘 들러붙지 않아 편리하다.

(3) **왁스카라:** 왁스를 워머기에 녹일 때 왁스용기에 카라를 끼워 워머기에 넣는다(생략가능).

(4) **일회용시트:** 체모가 길어 커팅이 필요하거나 왁스가 베드에 묻는 것을 방지할 수 있다.

(5) **워머기:** 왁스를 녹이는 기계.

(6) **왁싱 유수분제거제:** 왁싱 전 유분과 수분을 제거해주는 제품.

(7) **왁싱 탈컴파우더:** 과도한 각질 탈락을 방지해주는 제품이다.

(8) **왁싱 전처리오일:** 탈컴파우더와 같은 역할을 하며 오일 타입 제품이다.

(9) **왁싱 후처리오일:** 왁싱 후 남은 잔여물을 지우는 제품이다.

(10) **진정제:** 왁싱 후 자극 받은 피부를 진정시키는 제품으로 쿨링, 시원한 느낌의 제품이 많다.

(11) **유수분공급제:** 진정제 이후 모습을 위해 바르는 로션타입 제품이다.

(12) **트위저:** 남아있는 체모를 제거할 때 쓰이며 모발이 난 방향으로 제거한다.

(13) **진정보습팩:** 물과 섞어 사용한 팩과 시트팩과 같은 다양한 제품이 있으며 진정과 보습에 사용된다.

(14) **왁스클리너:** 웨건이나 제품 도구 등에 왁스가 묻었을 경우 지우는 제품이며, 피부에 절대 사용불가.

(15) **일회용팬티:** 브라질리언왁싱에 주로 사용된다.

(16) **일회용헤어밴드:** 얼굴 제 모시 주로 사용된다.

(17) **화이트팬슬:** 눈썹디자인을 잡아줄 때 사용되며 에보니 팬슬보다 효율적으로 사용가능하다.

(18) **가위:** 불필요한 긴털을 자를 때 사용한다.

(19) **화장솜:** 제품을 소독하거나 전후 제품을 피부에 바를 때 사용한다.

(20) **무슬린천:** 스트립왁스에 사용되며 왁스도포 후 제거할 때 사용된다.

(21) **사각, 원형바트:** 스파츌라와 화장솜을 위생적으로 보관하기 위한 도구이다.

CONTENTS 목차

PART 01

왁싱 이론 · · · 1

PART 02

왁싱 실기 · · · 218

PART 03

왁싱 필기 예상문제 · · · 242

Custom
Waxing

◆Part 1◆
왁싱 이론

1장 미용왁싱학 및 피부학

2장 모발생리학

3장 해부생리학

4장 왁싱 미용기기 및 화장품학

5장 공중보건 및 위생관리학

1장 미용왁싱학 및 피부학

1. 미용왁싱의 역사

1) 서양

(1) 고대 이집트

왁싱(waxing)을 한 기록은 고대 이집트 문명에서부터 시작되었다고 한다. 왁싱은 그 시절부터 아름다움을 위한 미용기술 중에 하나였다.

고대 이집트 여성들은 신은 털이 없다고 믿어 신성함을 나타내었고, 털을 제거하는 것은 아름다움의 상징이며, 청결과 순수를 나타내는 의미였다. 그렇기에 제모를 하지 않은 몸은 불결하다고 생각하였고, 털을 제거하지 않은 계층은 노예, 하층민 혹은 이방인 취급을 했다고 전해진다. 이집트인들은 대부분의 시간을 제모에 투자했을 정도로 제모를 중요시했다. 고대 이집트 시대 여성들은 조개로 만든 조개 족집게, 청동을 이용해 만든 후미스 스톤, 설탕과 밀랍으로 만든 슈가왁스 등을 사용해 두발을 포함하여 모든 체모를 제거했다.

그림 1-1 고대 이집트 벽화에 묘사된 제모를 한 여성

클레오파트라도 두발을 포함한 모든 체모를 제거했다. 이는 매끄럽고, 탄력 있고, 부드러운 백옥 같은 피부결을 갖고 싶어 하는 여성들의 욕망을 잘 표현하고 있다.

그림 1-2 클레오파트라의 욕조

(2) 고대 로마

로마제국 시대에는 체모와 두발 및 코털까지 제거하였으며, 이는 아름다운 신체를 표현하는 방법이었고, 부의 상징이라고 여겼다. 목욕문화와 함께 전염병이 없는 시대로도 유명한 고대 로마 시 대의 왁싱은 부유한 집안이라면 꼭 해야 하는 미용으로 자리 잡고 있었다. 이 당시에는 여성의 종아리털을 제거하는 것은 필수이며, 음모를 제거하는 것이 크게 유행하였고, 남성보다 여성들에게 더 성행했다고 한다. 털을 제거할 때 쓰인 도구로는 족집게, 크림, 돌 등이 있었다.

그림 1-3 고대 로마시대 미용 재료

(3) 중세와 르네상스

중세와 르네상스 시대에는 둥글고 넓은 이마가 고귀함의 상징이었다. 부의 상징이자 높은 신분임을 증명하는 이마를 갖기 위해 얼굴 및 헤어라인 위주의 제모를 많이 시행했다. 두개골 상부의 모발을 뽑고 자라지 못하게 개구리의 피, 유독한 당근즙, 호두 기름, 암모니아를 적신 붕대 등을 이용해 눈썹과 헤어라인 등을 제거했다.

특히 모나리자의 눈썹이 없는 것이 이때 유행한 미용왁싱이라는 설이 있기도 하다.

그림 1-4 중세시대 여인상

그림 1-5 르네상스시대 여인상

2) 동양

소아시아까지 세력을 넓히던 이슬람 문화권에서도 제모가 크게 성행하였다. 압바스 왕조시대(750~1258년)의 문헌자료에 의하면 상류사회의 여인들은 얼굴의 털, 음모, 체모를 모두 족집게로 제거하였다. 또한 전신에 황토를 발라 비비는 관습을 확인할 수 있었다고 한다. 황토를 활용하는 이유는 족집게로 털을 제거하고 남아있던 잔털을 마른 진흙으로 함께 뽑히도록 한 것이다.

3) 한국

유교 사상이 근본이던 조선 시대에는 공자의 〈효경〉에 실린 '신체발부수지부모'라 하여 부모님께 물려받은 몸털 하나도 함부로 손상시키지 않아야 한다는게 사람들의 사고방식이었다.

이러한 엄격한 시대에도 여인들은 예쁘게 보이고 싶어 털을 제거하거나 뽑았다고 전해진다. 조선 여인의 네모난 이마는 '성적'이고, 초승달 모양의 가는 눈썹을 '아미'라고 해 '성적아미'라고 불렀다.

조선 시대 여성들은 이마가 넓어 보이는 네모난 이마를 미의 기준으로 여기고, 이마에 난 털과 머리카락을 뽑거나 제거했다. 또 얼굴에 연지곤지를 찍는 색채화장도 추가했는데, 이는 단순히 조선 시대 풍습이라기보다는 고대 여인들의 보편적 치장법인 것으로 전해진다.

4) 근현대

18세기 후반에는 제모시술을 간편하게 하기 위한 방법들이 개발되었다. 유럽과 미국, 프랑스 등에서 다양한 제모 시술 방법이 나오기 시작했으며, 1760년에 최초의 직계면도기를 사용해 여성들이 제모를 시작하였다.

그림 1-6 면도기

19세기에는 보다 안전한 면도기를 발명하게 되면서 일상생활에서 흔히 사용하는 제모로 면도가 자리 잡게 되었다. 면도기의 성능 또한 새롭고 인체공학적인 기술을 선보이며 발전하는 시기였다. 20세기에 들어서면서 제모가 다시 관심을 받기 시작한건 미국의 패션잡지에 여성의 짧은치마와 소매 없는 드레스가 유행하면서부터이다. 면도기 브랜드 '질레트'가 "겨드랑이에 털이 있는 여성은 아름답지 않다"는 문구로 "여자는 제모를 해야 한다"라는 명제가 지금도 이어지고 있다.

5) 현대

현대의 왁싱은 물리적인 제모와 화학적인 제모 등을 통해 미용 서비스의 하나로 자리 잡고 있으며, 모발 및 피부의 기능 등을 잘 이해하며, 피부에 자극을 주지 않고 피부 건강에 도움을 줄 수 있는 안전한 왁싱을 원하는 사람들이 증가하고 있다.

왁싱은 토탈뷰티살롱 형태의 뷰티살롱들이 현재 창업 및 운영되고 있으며, 피부와 왁싱 전문샵, 네일샵과 왁싱전문샵, 메이크업 왁싱바, 속눈썹연장샵, 두피관리 및 페이스 왁싱샵 등에서 소프트왁스, 하드왁스, 슈가왁스와 같은 전문 제품을 내세워 성업 중이다.

국내에서도 연예인들 사이에서 유행하고 있으며 지역적으로(압구정, 강남, 청담) 등지에 대거 밀집해 있다.

여성의 경우 자궁이 습하여 질염이 있거나, 월경 전후로 여성에게 만족도가 높다. 남성도 습하다는 이유로 많이 찾고 있는 추세이다.

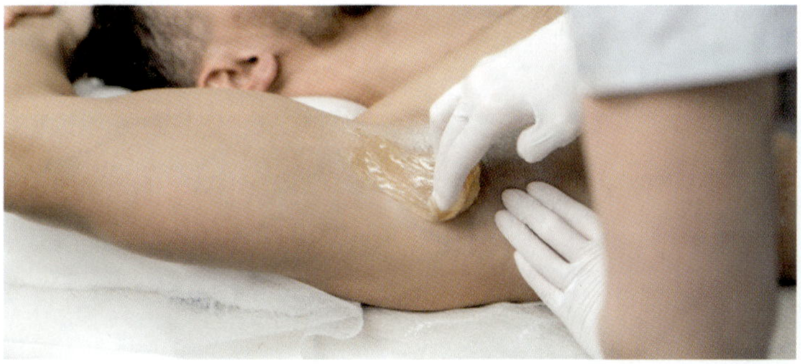

그림 1-7 겨드랑이 왁싱

왁싱은 매끄럽고, 탄력 있고, 부드러운 건강한 피부를 가질 수 있을 뿐만 아니라 성형을 하지 않아도 성형을 한 듯한 이미지 개선에 도움을 주고 있다. 하지만 잘못된 왁싱 시술은 피부에 자극을 주어 부작용을 낳는다. 따라서 셀프 왁싱을 하거나 왁싱 전문샵에서 시술을 받더라도 철저한 교육이 요구되는 특수미용 시술 분야이다.

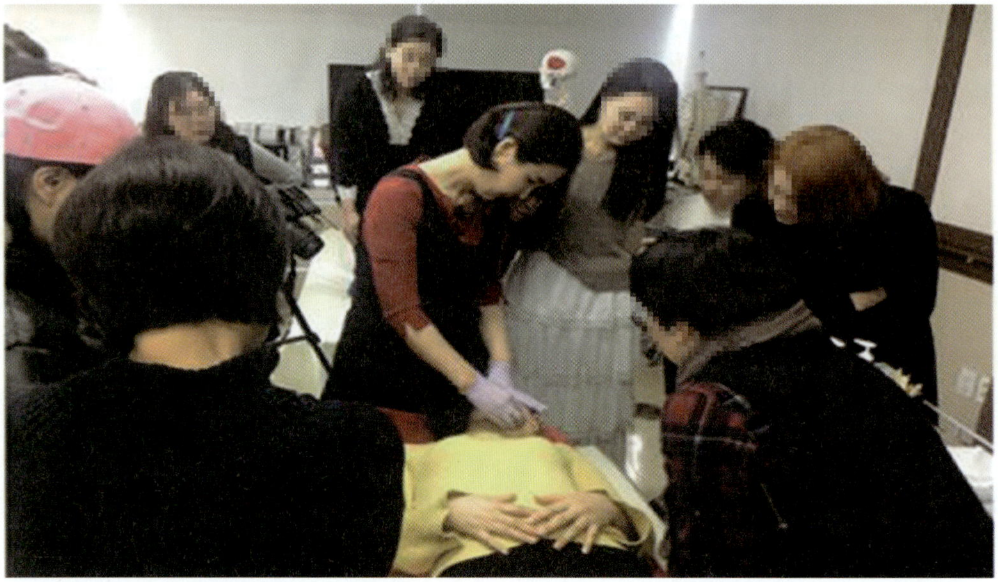

그림 1-8 왁싱 시술 교육 1

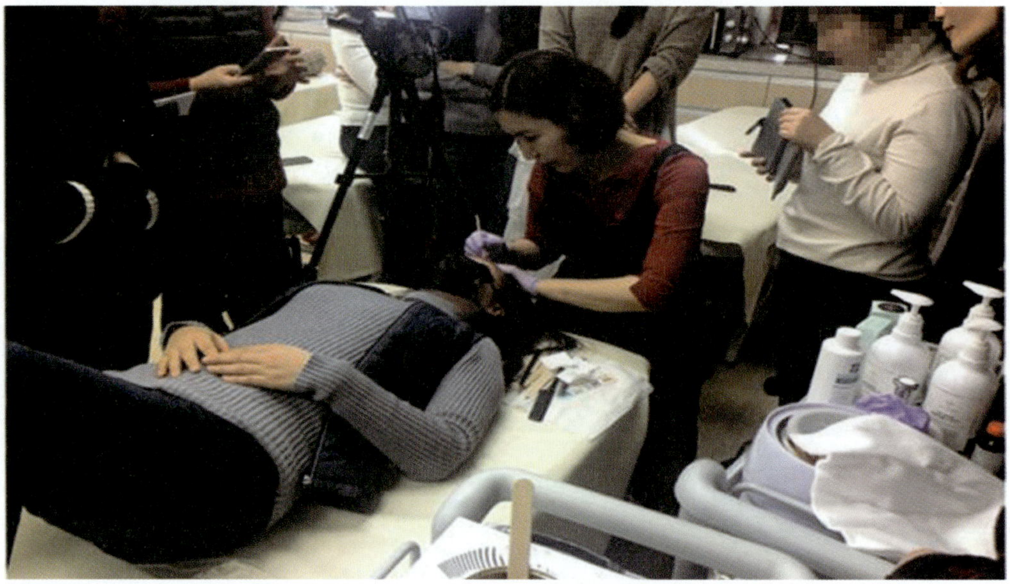

그림 1-9 왁싱 시술 교육 2

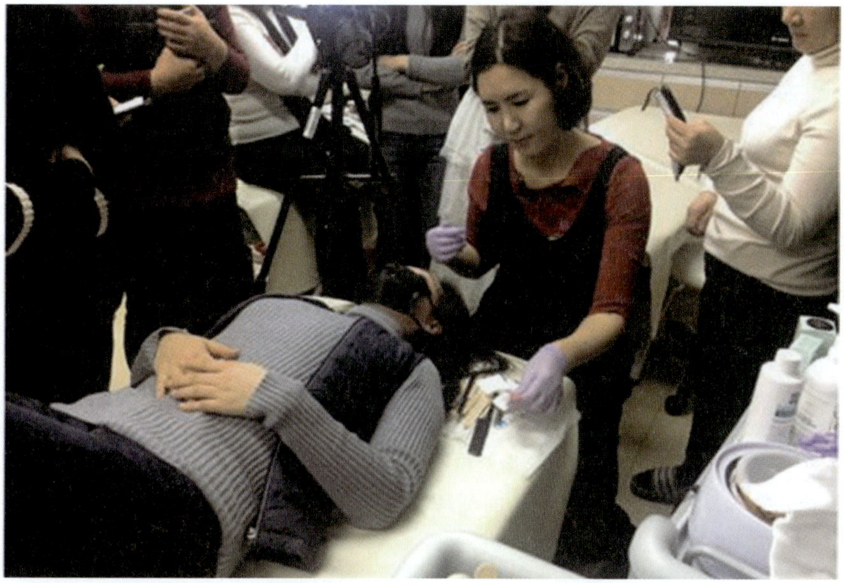

그림 1-10 왁싱 시술 교육 3

이렇듯 왁싱은 전문기술이 필요한 특수미용 분야인만큼 끝없는 교육과 노력을 기울여야 한다. 하지만 왁싱은 교육만으로 배울 수 없는 분야이기에 수많은 피드백과 의문에 대답해줄 멘토가 반드시 필요하다.

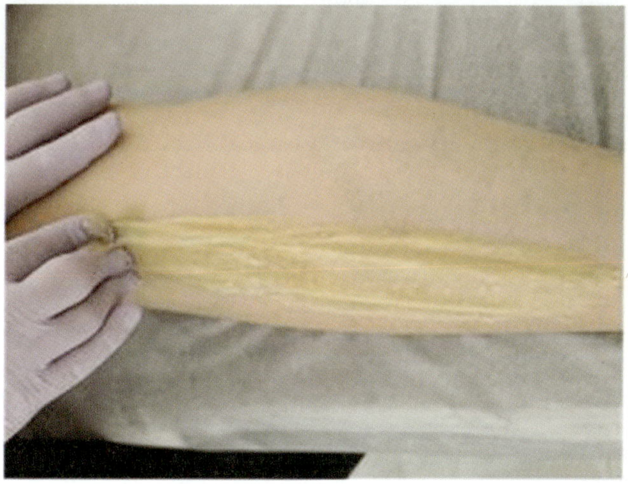

그림 1-11 왁싱 모습

6) 브라질리언왁싱의 유래

1987년대 미국에 브라질 출신의 자매가 미국 뉴욕에 살롱을 열면서 시작되었다. 브라질 해변 마을에서 자란 일곱 자매들의 이름이 모두 'J'로 시작해 'J시스터즈'라고 불리던 이들은 아버지의 파산으로 동네 뒷마당에서 이웃을 상대로 손톱정리를 해주며 용돈을 벌기 시작했다.

1982년 뉴욕에 놀러 갔던 넷째 조슬리(Jocely)는 여행경비가 떨어지자 불법체류자가 되어 아예 네일샵에 몰래 취직을 하는데, 당시 매니큐어는 한 번 칠하면 오래가는 대신 손톱이 망가지기 쉬웠다. 조슬리(Jocely)는 이를 잘 복구해주는 손재주로 소문이 나게 되는데, 여기에 단골이던 거물급 무기상 하나가 시간당 100달러를 내고 하루 전체를 예약하는가 하면, 배우 브룩쉴즈나 가수 로드 스튜어트 등 당시 셀럽들을 소개해주면서 조슬리의 몸값은 한없이 치솟게 되었다. 이후 1987년 조슬리는 자매들을 모두 미국으로 불러들여 맨해튼에 미용샵을 열게 되었다.

그림 1-12 J시스터즈 페이스북

이후 자매가 시술하던 왁싱을 "브라질리언 왁싱"이라 이름짓고 왁싱 서비스를 시작했던 것이다. 브라질리언 왁싱을 처음 시도한 건 자매 중 제니아(Janea)였다. 브라질 해변에서 아름다운 소녀가 걸어가는데, 아슬아슬한 비키니 사이로 음모가 나온 것을 보고 거울이 깨지듯 이미지가 망가졌다는 경험에서 1992년 '완전 제모'를 시도해 보지만 어느 가게에서도 시술을 거부하자 스스로 거울을 보며 첫 피실험자가 되었다.

초기에 별 반응이 없던 브라질리언 왁싱은 기네스 펠트로가 방송에 나와 "이 시술이 내 삶의 변화를 가져왔다"고 말한게 발단이 되었고, 2000년 9월 인기 시트콤 'sex and the city'에서 주인공 캐리가 왁싱받는 장면을 코믹하게 그려 큰 화제를 모았다. 이후 브라질리언 왁싱은 미국 전역에 퍼지면서 모든 미용샵에 필수적으로 다루는 시술이 되었고, 원조인 J시스터즈 살롱은 예약이 밀려드는 맨해튼 최고의 뷰티샵으로 자리 매김하였다. 이 자매들은 한 인터뷰에서 "왜 이걸 J시스터즈 왁싱이라 하지 않고 브라질리언 왁싱이라고 했지?"라며 후회했다고 한다.

그림 1-13 왁싱을 한 다리

2. 피부 유형분석

1) 피부 유형분석

피부 유형은 유수분의 함량과 혈액의 순환상태, 피부색, 피부의 조직 상태에 따라 달라지며, 연령의 증가와 환경요인, 개인의 신체 건강상태, 생활습관, 영양상태, 내외적 요인 등에 따라 쉽게 변화된다.

(1) 정상피부(중성)

① 가장 이상적인 피부, 유수분 밸런스가 알맞은 피부
② 피부 표면이 매끄럽고 광이 난다.
③ 피부조직이나 밀도가 촘촘하다.
④ 피부결이 섬세하고 모공이 작고 피부색이 맑다.
⑤ 피지 분비가 적절하여 번들거리지 않는다.
⑥ 세안 후 당기지 않는다.
⑦ 색소 침착, 여드름, 잡티 등이 없다.
⑧ 화장이 잘 받아 촉촉해 보인다.

(2) 건성피부

① 얼굴에 각질이 일어난다.
② 얼굴에 버짐이 일어난다.
③ 세안 후 아무것도 안바르면 당김 현상이 있다.
④ 피부 장벽이 손상될 위험이 크므로 주름이 생긴다.
⑤ 피지보호막이 얇아 피부가 손상되어 색소침착이 되고 기미, 주근깨가 생길 수가 있다.
⑥ 모공이 작다. 윤기가 없다.
⑦ 화장이 들뜬다.

건성피부는 일반 건성, 표피 수분 부족, 진피 수분 부족으로 나뉜다.

표 1-1 건성피부의 종류

일반 건성	피지선, 한선 기능 저하, 유수분 밸런스 부족
표피 건성	외부 환경 또는 잘못된 피부관리와 화장품 사용이 주된 원인
진피 건성	과도한 자외선, 나쁜 공기 환경으로 인한 손상, 다이어트 또는 병력 사항으로 인한 영양 결핍 등으로 굵은 주름이 생기기 쉽다.

(3) 지성피부

① 피지 과다 분비로 피부가 번들거리고 트러블이 발생하기 쉽다.

② 피부가 번들거린다.

③ 여드름이 잘생긴다.

④ 피부가 거칠고 모공이 넓다.

⑤ 유분이 많아 표면이 끈적거린다.

⑥ 모세혈관이 확장되어 피부가 붉다.

⑦ 화장이 잘 지워진다.

(4) 복합성 피부

① 피지 분비가 많고 수분은 부족하다.

② 화장이 잘 받지 않는다.

③ 피부결이 곱지 않다.

Tip T존 – 피지 분비가 많다. 여드름이 있다. 모공이 크다.
U존 – 건조하다, 얼굴이 땅긴다. 표면이 거칠다. 잔주름이 생기기 쉽다.

(5) 민감성 피부

① 수분 부족으로 피부 땅김이 있다.
② 피부가 얇은 부위에 색소침착이 일어난다.
③ 화장품을 바꾸어 사용하면 트러블 반응이 일어난다.
④ 날씨, 온도 등에 의해 얼굴이 쉽게 열이 나고 가렵다.
⑤ 여드름, 알레르기 등 트러블이 쉽게 발생한다.

표 1-2 피부 유형 및 관리방법

피부 유형	특징	관리방법
정상피부	• 피부의 피지분비와 보습상태가 가장 적절한 피부상태이다. • 피부결이 섬세하고, 부드러우며 모공이 미세하여 피부색이 맑다. • 탄력이 있고, 혈색이 좋고 피부가 촉촉하다. • 기미, 주근깨, 트러블, 색소 침착 등이 없다. • 수분함량이 10~20%로 정상이며 세안 후 피부 땅김이 없다.	환경적 요인과 내 · 외적 요인, 영양상태, 식습관상태, 연령 등에 따라 쉽게 변화될 수 있어 유수분의 균형을 맞춰주고 노화예방에 꾸준하고 규칙적인 관리가 필요하다.
건성피부	• 피부의 내적, 외적 원인에 의해서 피부의 피지 분비 기능과 수분 공급 기능이 모두 부족하여 나타나는 현상이다. • 피부결은 섬세하고 모공의 크기는 작으며, 피부가 거칠고 당기는 느낌으로 잔주름 및 탄력의 저하로 노화가 조기에 진행될 수 있는 피부이다. • 각질층의 수분함량이 10% 이하이다. • 피부가 거칠어 보이며 메이크업이 들뜨고 잘 받지 않는다. • 심한 경우에는 가렵기도 하다.	• 피부에 유수분을 공급해주어 건조함과 잔주름 개선에 중점을 두어야 한다. 자외선에 장시간 노출되는 것을 피해야 하며, 외출 시에 자외선 차단제를 꼭 사용하도록 한다. • 히알루론산, 세라마이드, 콜라겐, 알로에베라 등의 성분이 많이 함유된 제품을 사용한다.

피부 유형	특징	관리방법
지성피부	• 한선화 피지선의 활동이 활발하여 피지의 분비량이 과도하게 많은 피부이다. • 과도한 피지 분비로 모공이 크고 피부표면이 두꺼우며 번들거린다. • 메이크업이 쉽게 지워지며, 자외선에 의한 피부 색소침착이 심해진다. • T-zone 부위에 블랙헤드가 쉽게 생긴다. • 과도한 피지의 양이 모공 밖으로 나오지 못하고, 세균이 번식하게 되어 여드름과 같은 병변이 생기기도 한다.	• 유수분 균형을 맞춰주고 피부색을 개선시켜주고, 주 1~2회 효소필링 및 피지와 각질을 녹여 막혀있는 모공을 열어준다. • 유분이 많은 제품보다는 수분공급에 효과적인 제품을 사용한다. 레몬, 카모마일, 멘톨, 수렴, 진정, 소염 효과에 뛰어난 성분의 제품을 사용한다.
복합성 피부	• 얼굴 부위에 따라서 다른 피부 유형이 복합적으로 공존한다. • U-zone 부위는 건성피부이며, T-zone 부위는 지성피부이다. • 피부타입에 맞는 제품의 선택이 어렵다. • 눈가에 잔주름이 많다. • T-zone 부위는 피지분비가 많아 번들거린다. • 환경, 호르몬 불균형, 기온변화, 잘못된 피부관리 등으로 후천적 요인이 크게 작용한다.	• 유수분의 균형 유지가 꼭 필요하다. • 부위에 따라서 다른 관리가 필요하다.
민감성 피부	• 정상피부보다 피부조직이 섬세하고 얇다. • 외부 자극에 대한 저항력이 다른 피부유형에 비해 약하다. • 화학적, 물리적 반응이 크게 나타난다. 수분과 유분이 부족하다. • 피부보호막이 불안전하여 쉽게 자극을 받 는다. • 모공이 거의 보이지 않는다. • 피부가 얇은 부위에는 색소침착이 쉽게 나타난다.	• 진정 효과가 있는 알라토인, 아쥴렌 등과 같은 제품을 사용한다. • 외출 시 피부 보호 역할을 해주는 수분크림과 자외선 차단제를 발라준다. • 심한 온도 차이는 피하도록 한다(사우나, 찜질 등). • 저자극 민감성용 제품을 사용하며 알코올 성분이 들어간 제품은 피한다. • 피부에 자극이 될 수 있는 석고책, 스크럽 제품은 피하는 게 좋다.

2) 피부 노화

피부를 주름지게 하여 노화를 만드는 요인들에는 많은 것들이 있다. 비타민A, 레티놀 단백질부족 등 불규칙한 영양섭취, 스트레스, 수면 부족 등 많은 요인들이 있다. 부족한 요인들을 살펴보고 젊음을 유지하는 법을 알아보도록 한다.

(1) 피부노화의 원인

① 다이어트로 인한 영양 부족

과도한 다이어트로 인한 영양 부족으로 피부에 영양공급이 원활하지 못하고 수분손실로 인하여 피부가 건조해진다.

이와 같은 경우 비타민A(레티놀)를 꼭 섭취하자. 비타민A는 피부가 산화되는 것을 억제해주어 세포의 노화를 지연시켜고 피부재생을 돕기에 반드시 섭취해 준다. 비타민이 부족하면 피부가 건조해지고 각질이 두껍게 쌓인다.

② 스트레스

스트레스를 내 몸이 인식하게 되면 코르티솔, 노르아드레날린과 같은 호르몬이 생성되고, 생성된 것을 없애기 위해서 피부에서 영양분을 보충하려고 한다. 이때 부족한 영양분을 보충하게 되면 얼굴은 자연스럽게 영양분이 부족하게 되어 피부와 우리의 몸이 건조해지거나 트러블, 탈모 등을 유발하게 된다.

③ 수면 부족

밤 10시에서 새벽 2시 사이는 세포활성이 가장 활발한 시간이다. 잠을 잘 자는 것도 피부노화를 막는데 도움이 되며, 수면을 지키는 것은 밥먹는 것보다 중요한 일이다. 특히 고혈압, 우울증, 호르몬 생성 이상 등에 영향을 미치며, 수면이 부족하면 집중력 저하, 멍때리기, 참을 수 없는 낮잠, 대화 장애 등이 나타나기도 한다.

④ 호르몬 불균형

호르몬의 밸런스가 무너진다는 것은 어느 한 장기의 기능이 제대로 움직이지 않는다는 것을 의미한다. 호르몬 불균형으로 인한 여드름, 체중 증가, 수면장애, 과도한 발한, 탈모 등이 발생한다. 갱년기, 사춘기에 오는 호르몬 불균형, 갑상선 항진증, 저하증으로 인한 호르몬 불균형 등이 있다.

⑤ 자외선으로 인한 노화

자외선은 피부의 탄력을 유지시켜 주는 콜라겐과 엘라스틴에 영향을 주어 노화를 일으킨다.

3. 왁싱 살롱 프로그램

왁싱은 크게 소프트왁스, 하드왁스, 슈가왁스로 나뉜다.

표 1-3 왁싱 프로그램 종류

소프트왁스	면적이 넓은 모, 팔 다리에 사용하기 좋은 왁스이다. 우드 스파츌라를 이용하여 시술 부위에 모의 정방향으로 소프트왁스를 얇게 발라 부직포를 사용하여 모의 역방향으로 떼어낸다.
하드왁스	얼굴, 겨드랑이, 브라질리언 등 예민한 피부나 굵은 모에 사용하기 좋은 왁스이다. 우드 스파츌라를 이용하여 시술 부위에 모의 정방향으로 왁스를 발라 굳힌 후 왁스만을 이용하여 모의 역방향으로 떼어낸다.
슈가왁스	설탕과 레몬즙의 성분으로 만든 왁스이며, 전신제모가 가능하고 임산부 왁싱 시술 시 사용하기 좋은 왁스이다. 모의 역방향으로 도포 후 모의 정방향으로 제거한다.

1) 페이스 종류

표 1-4 페이스 왁싱 종류

페이스	하드왁스	슈가왁스
헤어라인	정중앙에서 양쪽 끝으로 시술할 부위를 체크 후 스파츌라를 이용해 모의 정방향으로 도포하여 굳힌 후 역방향으로 제거해준다. Tip **너무 굵은 모(헤어)를 제거할 시 샤프심 처럼 자라날 수 있으므로 잔머리 위주 로 제거한다.**	양쪽 끝에서 정중앙으로 시술할 부위를 체크 후 모의 역방향으로 도포하고 정방향으로 제거해준다. Tip **너무 많은 양을 손에 쥐고 시술할 시 제거하지 않는 모에도 묻을 수 있어 핑거링으로 조금씩 시술한다.**
아이 브로우	눈썹모양을 디자인 후 스파츌라를 이용해 모의 정방향으로 도포하여 굳힌 후 역방향으로 제거해준다.	눈썹모양을 디자인 후 모의 역방향으로 도포하고 정방향으로 제거해준다.

페이스	하드왁스	슈가왁스
인중	모가 난 방향을 체크 후 스파츌라를 이용해 모의 정방향으로 도포하여 굳힌 후 역방향으로 제거해준다. Tip **반복 시술할 시 스킨탈락, 모낭염 등 감염이 쉽게 일어날 수 있으므로 같은 부위에 반복시술을 하지 말고 족집게를 이용한다.**	모가 난 방향을 체크 후 모의 역방향으로 도포하고 정방향으로 제거해준다. Tip **굴곡이 많은 곳이라 텐션을 충분히 준 후 시술해주어야 스킨탈락이 일어나지 않는다,**
뒷목	라인을 디자인한 후 스파츌라를 이용해 모의 정방향으로 도포하여 굳히고 역방향으로 제거해준다.	라인을 디자인 후 모의 역방향으로 도포하고 정방향으로 제거해준다.
턱수염(남)	모가 난 방향을 체크 후 스파츌라를 이용해 모의 정방향으로 도포하여 굳힌 후 역방향으로 제거해준다. Tip **모가 두꺼워 시술 시 출혈이 발생할 수 있는데 소량으로 금방 멈추기 때문에 놀라지 않아도 된다.**	모가 난 방향을 체크 후 모의 역방향으로 도포하고 정방향으로 제거해준다. Tip **모가 두꺼워 시술 시출혈이 발생할 수 있는데, 소량으로 금방 멈추기 때문에 놀라지 않아도 된다.**

2) 바디

표 1-5 바디 왁싱 종류

바디	소프트왁스 / 하드왁스	슈가왁스
팔	팔은 전체/하프로 나뉜다. 도포는 안측부터 바깥측으로 우드 스파츌라를 이용하여 시술 부위에 모의 정방향으로 소프트왁스를 얇게 발라 부직포나 천을 사용하여 모의 역방향으로 떼어낸다.	팔은 전체/하프로 나뉜다. 도포는 안측부터 바깥측으로 모의 역방향으로 도포 후 정방향으로 제거해준다.
가슴	모가 난 방향을 체크 후 우드 스파츌라를 이용하여 시술 부위에 모의 정방향으로 소프트왁스를 얇게 발라 부직포나 천을 사용하여 모의 역방향으로 떼어낸다.	모가 난 방향을 체크 후 모의 역방향으로 왁스를 도포하고 정방향으로 제거해준다.
등	모가 난 방향을 체크 후 우드 스파츌라를 이용하여 시술 부위에 모의 정방향으로 소프트왁스를 얇게 발라 부직포나 천을 사용하여 모의 역방향으로 떼어낸다.	모가 난 방향을 체크 후 모의 역방향으로 도포하고 정방향으로 제거해준다.
배 (배렛나루)	모가 난 방향을 체크 후 우드 스파츌라를 이용하여 시술 부위에 모의 정방향으로 소프트왁스를 얇게 발라 부직포나 천을 사용하여 모의 역방향으로 떼어낸다. Tip **배꼽 주변은 살이 약하기 때문에 하드왁스로 제거해주는 것이 좋다.**	모가 난 방향을 체크 후 모의 역방향으로 도포하고 정방향으로 제거해준다. Tip **뱃살이 많을 경우 텐션을 넓게 잡지 말고 조금씩 잡아 시술한다.**
다리	다리시술은 전체/하프로 나뉜다. 도포는 안측부터 바깥측으로 우드 스파츌라를 이용하여 시술 부위에 모의 정방향으로 소프트왁스를 얇게 발라 부직포나 천을 사용하여 모의 역방향으로 떼어낸다.	다리시술은 전체와 하프로 나뉜다. 도포는 안측부터 바깥측으로 모의 역방향으로 도포 후 정방향으로 제거해준다.

바디	소프트왁스 / 하드왁스	슈가왁스
겨드랑이 (하드)	팔을 위로 올린 후 모가 난 방향을 체크하고 스파츌라를 이용해 모의 정방향으로 도포하여 굳힌 후 역방향으로 제거해준다. Tip **주름이 많기 때문에 텐션을 충분히 주어 시술하고 반복적으로 같은 부위를 여러 번 시술하지 않는다.**	팔을 위로 올린 후 모가 난 방향을 체크하고 모의 역방향으로 도포 후 정방향으로 제거해준다. Tip **주름이 많기 때문에 텐션을 충분히 주어 시술하고, 엉킬 수 있어 소량씩 핑거링으로 시술하면 스킨탈락 없이 시술할 수 있다.**

3) 브라질리언

표 1-6 브라질리언 왁싱 종류

초급(비키니라인)	삼각수영복을 입었을 때 보이는 부분을 제거하는 시술로, 10분에서 길게는 30분 정도 소요되고, 속옷을 착용했을 때 지저분하게 삐져나온 부분을 깔끔하게 정리해주는 정도를 말한다.
중급(디자인)	서 있을 때 보이는 부분을 뺀 나머지 체모를 제거하는 시술이며, 중급부터는 항문까지 포함된다. 남아있는 체모에 모양을 만들어 디자인한다.
고급(올누드)	음모의 체모를 남기지 않고 항문을 포함한 전부 제거하는 시술을 말한다.

(1) 여자 브라질리언

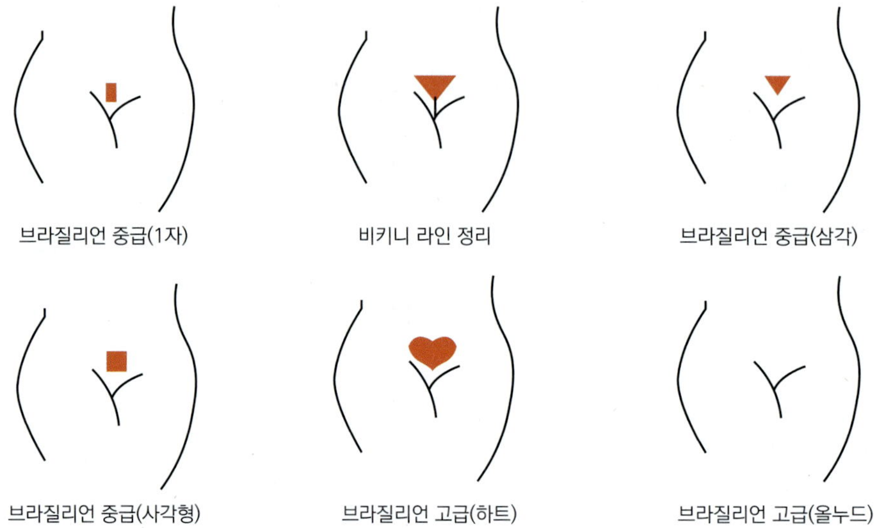

그림 1-14 여자 브라질리언 왁싱 종류

표 1-7 여자 브라질리언 왁싱 레벨별 구분

브라질리언	하드왁스	슈가왁스
초급 (비키니라인)	사타구니 기준 위아래로 손가락 두 뼘 정도를 제거하여 시술하며, 모가 난 방향을 체크 후 스파츌라를 이용해 모의 정방향으로 도포하여 굳힌 후 역방향으로 제거해준다. Tip **다리를 벌려 안쪽 사타구니와 엉덩이 사이에 모가 많으니 깨끗하게 제거해야 된다. 사타구니와 엉덩이 사이에 모가 많이 분포되 어 있으므로 깔끔하게 제거해야 한다.**	사타구니 기준 위아래로 손가락 두 뼘 정도를 제거하여 시술하며, 모가 난 방향을 체크 후 모의 역방향으로 도포 후 정방향으로 제거해준다. Tip **사타구니는 주름이 많아 텐션을 충분히 준 후 조금씩 핑거링하여 제거하면 스킨탈락 위험이 적다.**

브라질리언	하드왁스	슈가왁스
중급 (디자인)	음부 위쪽 털을 고무판 또는 스티커를 사용해 디자인하며 사다리꼴, 하트, 별 등 다양한 모양을 만든 후 가장자리부터 시술하여 음부, 항문 주변을 스파출라를 이용해 모의 정방향으로 도포하여 굳힌 후 역방향으로 제거해준다.	음부 위쪽 털을 고무판 또는 스티커를 사용하여 디자인하며 사다리꼴, 하트, 별 등 다양한 모양을 만든 후 가장자리부터 시술하여 음부, 항문 주변을 모의 역방향으로 도포 후 정방향으로 제거해준다.
고급 (올누드)	모든 모를 가장자리부터 시술하여 음부, 항문 주변 스파출라를 이용해 모의 정방향으로 도포하여 굳힌 후 역방향으로 제거해준다.	모든 모를 가장자리부터 시술하여 음부, 항문 주변 모의 역방향으로 도포 후 정방향으로 제거해준다.

(2) 남자 브라질리언

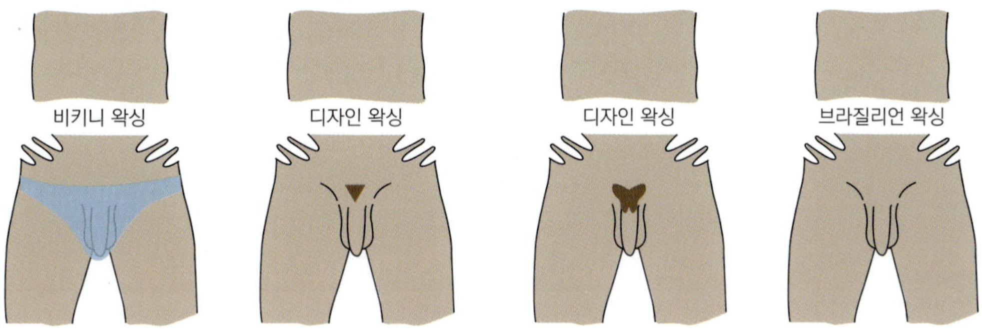

그림 1-15 남자 브라질리언 왁싱 종류

표 1-8 남자 브라질리언 왁싱 레벨별 구분

브라질리언	하드왁스	슈가왁스
초급 (비키니라인)	사타구니 기준 위아래로 손가락 두 뼘 정도를 제거하여 시술하며, 모가 난 방향을 체크 후 스파출라를 이용해 모의 정방향으로 도포하여 굳힌 후 역방향으로 제거해준다. Tip **다리를 벌려 안쪽 사타구니와 엉덩이 사이에 모가 많아 깨끗하게 제거해야 된다.**	사타구니 기준 위아래로 손가락 두 뼘 정도를 제거하여 시술하며 모가 난 방향을 체크 후 모의 역방향으로 도포 후 정방향으로 제거해준다. Tip **사타구니는 주름이 많아 텐션을 충분히 준 후 조금씩 핑거링하여 제거하면 스킨탈락 위험이 적다.**
중급 (디자인)	음부 위쪽 털〉 윗부분의 모를 고무판 또는 스티커를 사용하여 디자인하며, 사다리꼴, 하트, 별 등 다양한 모양을 만든 후 가장자리부터 시술하여 음부, 고환, 항문 주변을 스파출라를 이용해 모의 정방향으로 도포하여 굳힌 후 역방향으로 제거해준다.	음부 위쪽 털〉 윗부분의 모를 고무판 또는 스티커를 사용하여 디자인하며, 사다리꼴, 하트, 별 등 다양한 모양을 만든 후 가장자리부터 시술하여 음부, 고환, 항문 주변을 모가 난 방향을 체크 후 모의 역방향으로 도포 후 정방향으로 제거해준다.
고급 (올누드)	모든 모를 가장자리부터 시술하여 음부, 고환, 항문 주변 스파출라를 이용해 모의 정방향으로 도포하여 굳힌 후 역방향으로 제거해준다.	모든 모를 가장자리부터 시술하여 음부, 고환, 항문 주변 모의 역방향으로 도포 후 정방향으로 제거해준다.

표 1-9 동양과 서양의 왁싱 시술 및 인식 차이

	인식 차이
서양	• 여자가 브라질리언을 안했다면 그건 관리를 못한 것으로 인식한다. 제모를 하지 않았다면 지저분하고 냄새가 동반될 것 같다는 생각을 한다. • 유럽은 제모를 하기 싫어하는 여자들이 늘어나고 있다고 한다. • 유럽에서는 브라질리언 왁싱 시 자기성향대로 디자인하는 것이 자연스럽다. • 남자들은 바버샵에서 턱수염, 코털 등 왁싱시술을 많이 받는다. • 여자는 14세가 지나면 털을 가위로 정리하며 왁싱 또는 제모를 자연스럽게 한다.
동양	• 여자는 특히 겨드랑이 털을 꼭 관리해야 되며, 관리가 안될 시 지저분하여 관리가 안되어 있다고 느낀다. • 브라질리언 왁싱 시술을 받는 사람이 늘어나며 자연스러운 현상이 되었다.

표 1-10 한국과 외국의 왁싱 선호도

디자인	외국	한국
페이스	눈썹은 굴곡진 갈매기 눈썹과 끝이 얇게 빠지는 스타일을 선호한다.	약간 도톰하며, 일자눈썹에 끝이 약간 살짝 라운드 형태인 스타일을 선호한다.
브라질리언	취향대로 디자인하며 개성과 성향을 나타내는 왁싱을 선호한다.	80~90%는 올누드 또는 비키니왁싱을 선호한다.
바디	왁싱과 제모를 자주 하며 셀프왁싱을 선호한다.	겨드랑이, 다리 부위는 레이저 시술을 많이 선호한다.

4. 왁싱 사후관리 요령

1) 피부타입별 사후관리 요령

왁싱은 피부에 부속기관인 털을 제거하는 것인데 면도나 제모크림은 털의 단면만 제거하기 때문에 통증이 없지만 털이 굵고 피부에 자극을 줄 수 있다.

왁싱은 뿌리째 제거하기 때문에 충분한 시술 경험이 없다면 통증이 있을 수 있으므로 최소 통증으로 시술받을 수 있도록 시술하고, 왁싱 후 피부진정과 재생으로 피부가 더 좋아질 수 있도록 홈케어 제품과 왁싱 후 피부관리를 통해 피부가 더 매끈하고 아름다운 피부결을 유지하도록 한다.

표 1-11 피부 타입별 관리

지성	• 아하 리퀴드(AHA Liquid) 아하 리퀴드는 피부 표면의 묵은 각질과 노폐물을 부드럽고 깨끗하게 관리해 준다. • 효능/효과 각질 제거, 노폐물 제거, 피부보습 및 영양공급 주성분: 글라이콜릭애씨드, 시트릭애씨드, 효모/겨우살이추출물, 락토바실러스/콩발효추출물, 효모/모근발효추출물 • 사용방법 팩붓을 이용하여 피부결에 따라 제품을 고르게 펴 바른 후 3~5분 후 냉수나 냉습포를 이용하여 제거해 준다.
정상	• 퓨리파잉 스크럽 퓨리파잉 스크럽은 피부 표면의 묵은 각질과 모공 속 피지 및 노폐물을 제거하여 칙칙하고 푸석한 피부를 화사하고 매끄럽게 관리해 준다. • 효능/효과 각질 제거, 노폐물 제거, 피부진정, 피부보습 및 영양공급 주성분: 알란토인, 효모/겨우살이발효추출물 락토바실러스/콩발효추출물, 효모/모근발효추출물 • 사용방법 피부결에 따라 고르게 도포한 다음 가볍게 러빙하여 각질을 제거한 후 해면이나 미온수로 제거해 준다.

정상	• 푸어엔자임 파우더 워시 푸어엔자임 파우더 워시는 세안하는 묵은 각질을 부드럽게 탈락시켜 피부를 청결하게 유지시켜 주고 맑고 투명한 피부를 만들어 준다. • 효능/효과 각질 제거, 노폐물 제거, 피부진정 주성분: 알란토인, 파파인 • 사용방법 가루에 물을 섞어 거품을 만든 후 피부결에 따라 고르게 도포한 다음, 가볍게 러빙하여 각질을 제거한 후 해면이나 미온수로 제거해 준다.

5. 피부학 개론

1) 피부의 구조

(1) 피부의 개요

피부는 인체의 표면을 덮고 있는 가장 넓은 기관이며, 인체의 내부 장기를 보호하는 역할을 함과 동시에 외부의 환경으로부터 우리 몸을 보호하는 기관이다. 피부는 3개의 층, 즉 표피, 진피, 피하지방층으로 구성되어 있고 피부의 부속 기관인 피지선, 소한선, 대한선, 모발, 조갑 등으로 이루어져 있다. 성인 피부의 평균 중량은 $1.6m^2$(여성)~$1.8m^2$이며, 체중의 15~20%를 차지한다.

① 피부의 구조 및 기능

표 1-12 피부의 구조

피부	구성	구성세포
표피	각질층	각질형성세포
	투명층	엘라이딘
	과립층	수분증발 저지막
	유극층	랑게르한스세포
	기저층	색소형성세포, 머켈세포, 기저세포
진피	유두층	
	망상층	
피하지방	파하조직	

(2) 표피(Epidermis)

표피는 피부의 가장 표면에 있는 층인 중층편평상피로 이루어진 조직으로 각화 과정에 따라 유핵층인 기저층, 유극층 무핵층인 투명층과 각질층 유핵과 무핵이 공존하는 과립층으로 이루어진다. 표피는 혈관이 분포하지 않으며 체내의 수분 증발을 막아주고 외부의 유해한 물질로부터 우리의 신체를 보호하는 역할을 한다.

① 표피의 구성

표 1-13 표피의 구조 및 기능

표피의 구조	기능
각질층	• 표피의 가장 표면층 0.02~0.03mm, 무핵세포(핵이 없는 죽은 세포) • 15~25개의 각질층으로 구성 • 각질층의 주요 구성성분(케라틴(58%), 천연보습인자(38%), 지질(11%)) • 이상적인 수분량 15~20% • 각질세포와 각질세포 간의 지질로 구성(라멜라 층상구조) • 각질 간 지질의 주요 구성성분 • 세라마이드(41%) – 층상구조를 단단하게 해준다. 자유 지방산(30%) – 장쇄지방산의 튼튼한 구조 콜레스테롤(37%) – 지질과의 결합력을 높임 • 피부의 각화 주기(기저층과 유극층에 14일, 과립층에서 각질층의 각질 탈락까지 14일 총 28일간 턴 오버 주기)
투명층	• 2~3개 층의 무핵의 상피세포 • 반유동성 물질 엘라이딘이 존재 • 손바닥과 발바닥에 존재, 수분 침투 억제
과립층	• 2~5개 층의 방추형 세포 유핵과 무핵세포가 공존 • 본격적인 각질화가 시작되는 층 • 수분 증발 저지막(barrier zone) – 체내의 수분 손실을 막아주고, 외부 이물질 차단 • 케라틴 단백질이 뭉쳐진 과립이 존재
유극층 (=가시층)	• 표피층을 이루는 가장 두꺼운 층, 5~10층의 다각형 유핵세포 • 림프액이 흐르는 층(세포 사이 간교를 통한 물질교환) • 면역세포인 랑게르한스세포가 존재 • 피부관리에 중요한 층

표피의 구조	기능
기저층	• 표피층의 가장 아래층에 위치, 단일세포층, 원추형 유핵세포로 이루어짐 • 진피층과의 경계부는 물결모양을 이룸(진피의 유두층과 경계부의 표면적이 넓어 영양 공급 및 신진대사 활발) • 각질형성세포와 멜라닌형성세포로 구성(4:1 또는 10:1) • 밤 10시~새벽 2시 세포 분열 활발 • 메켈세포(촉각세포) 존재

② 표피의 구성세포

표 1-14 표피의 구성세포 및 특징

표피 구성세포	특징
각질형성세포 (Keratinosyte)	• 표피의 80%를 차지하는 주요 세포로 기저세포라고도 한다. • 기저층에서 생성되어 세포형성과정을 거쳐 각질층까지 이동하며 세포분열을 한다(각화주기: 4주).
멜라닌형성세포 (Melanocyte)	• 표피의 기저층에 존재(5~13%). 자외선에 의한 피부 손상 방지 • 멜라노좀과 단백질이 만나 멜라닌을 형성하고, 생성된 멜라닌색소는 각질층으로 이동한다. • 멜라닌형성세포의 수는 인종과 무관하게 일정하다. • 멜라닌형성세포 안의 멜라노좀의 크기와 농도에 의해 피부색이 결정된다.
랑게르한스세포 (Langerhan's)	• 표피의 유극층에 존재(5~8%)한다. 면역, 알레르기 반응, 바이러스로부터 피부를 보호한다. • 기능 조절하는 신경과도 밀접하게 연결
머켈세포(Merkel cell)	• 표피의 기저층에 존재 • 촉각을 감지하여 뇌에 전달 • 털이 존재하지 않는 손바닥과 발바닥에 존재

③ 각화과정

기저세포의 분열 과정 → 유극세포의 합성정비과정 → 과립세포 자기분해과정 → 각질세포의 재 구축 → 각질층 형성

(3) 진피(Dermis)

표피의 기저층과 피하지방층 중간에 존재하는 실질적인 피부이며 표피의 10~40배 정도로 두껍다. 물결모양의 유두층과 망상층으로 이루어지며 두께는 0.5~4mm로 피부부속기관인 혈관, 피지선, 한선, 털 등이 존재한다. 교원섬유인 콜라겐(Collagen fiber)과 탄력섬유인 엘라스틴(Elastin fiber) 기질(Ground substance)로 이루어져 피부의 탄력과 윤기를 유지하는데 중요한 역할을 한다.

① 진피의 구조

표 1-15 진피의 구조 및 특징

진피의 구성	특징
유두층 (Papillary layer)	• 표피 기저층의 하부와 연결 • 유두층 상단 물결모양의 돌기는 모세혈관을 통해 기저층에 영양과 산소공급을 한다. • 피부 표면의 굴곡을 만들어 개개인의 지문이 다르게 나타난다. • 촉각수용체와 통각수용체가 존재
망상층 (Reticular layer)	• 그물모양의 결합조직 • 진피의 80%를 차지하며 피하조직과 연결 • 콜라겐(교원섬유)과 엘라스틴(탄력섬유)이 치밀하게 구성 • 혈관, 피지선, 모낭, 소한선, 대한선, 신경종말 등이 존재 • 감각기관, 통각, 압각, 온각, 촉각이 분포 • 모세혈관이 거의 분포하지 않는다.

② 진피의 구성물질

표 1-16 진피의 구성물질

진피의 구성물질	특징
콜라겐(Collagen fiber) 교원섬유	• 진피의 80~90%를 차지하는 중요한 구성물질이다. • 섬유단백질 성분으로 수분, 탄력성에 관여
엘라스틴(Elastin fiber) 탄력섬유	• 진피의 2~3%를 차지, 탄력성과 신축성에 관여 • 섬유 아세포에서 만들어진다. • 피부의 주름과 늘어짐에 관여
기질 (Ground substance)	• 친수성 다당체로 진피 내 결합섬유 사이를 채운다. • 히알루론산과 황산으로 이루어진 뮤코다당류(mucopolysaccharide) • 수분친화력이 뛰어난 보습인자

③ 진피의 구성세포

표 1-17 진피의 구성세포

진피의 구성세포	특징
섬유아세포(Fibroblast)	• 콜라겐, 엘라스틴, 기질을 생성
비만세포(Mast cell)	• 혈관 및 신경조직에 분포 • 알러지 반응, 염증매개물질 방출 • 히스타민 반응으로 피부 발적 유발
대식세포(Macrophage)	• 손상된 조직 치유, 염증 반응 조절, 면역작용 조절 기능

(4) 피하조직(Subcutaneous tissue)

피부의 가장 아래층에 위치하며 느슨한 결합의 지방세포들은 지방을 생성하여 외부의 압력이나 충격, 체온의 손실을 막아주는 역할을 한다. 또한 인체의 남은 에너지를 저장하는 기능을 하며, 여성호르몬(Estrogen)의 영향으로 여성이 남성보다 피하지방층이 두터우며, 신체 부위별, 연령별, 영양상태에 따라 다르다.

2) 피부의 기능

표 1-18 피부의 기능 및 특징

피부의 기능	특징
물리적 요소에 의한 보호작용	• 외부 환경에 대한 온도, 압력, 충격, 마찰 등 물리적인 요소 등으로부터 보호
화학적 요소에 의한 보호작용	• 피부는 pH 4.5~5.5의 약산성 및 중화능력을 유지
생물학적 요소에 의한 보호작용	• 피지막의 살균 성분이 세균번식 억제
태양광에 의한 보호작용	• 멜라닌 색소가 자외선을 흡수, 자외선의 피부 침입을 차단한다.
체온조절작용	• 외부 환경의 기온변화에 (36.5~37℃) 유지 따라 혈관, 한선, 털세움근이 이완 수축하며 체온
감각작용	• 피부 1m3당 통각(90~150개), 촉각(25개), 냉각(6~23개), 온각(2~3개)이 존재
분비 및 배설작용	• 체내의 노페물을 땀과 함께 체외로 배출 • 체온조절 시 땀은 증발하여 신체의 항상성을 유지 • 피부의 약산성(pH 4.5~5.5)은 피지선에서 피지분비가 일어남
비타민D 합성작용	• 체내의 프로비타민D는 자외선에 의해 비타민D를 합성
저장작용	• 영양분, 수분, 유동체, 염분, 혈액 등을 저장
흡수작용	• 경피흡수: 모공, 한선, 세포 사이를 통한 흡수 • 강제흡수: 기기에 의한 흡수
표정작용	• 표정근에 의한 감정과 의사표현
호흡작용	• 체내 이산화탄소 배출과 폐호흡의 0.5~0.8%의 산소 흡수

3) 피부 부속 기관의 구조 및 기능

(1) 한선(Sweet grand)

진피의 망상층에 실타래처럼 뭉쳐있는 외분비선으로 피지막 형성과 체온조절 노폐물 배출 작용을 한다. 전신에 약 200만~500만 개의 한선이 분포하며 하루에 0.6~12리터의 땀이 배출된다. 땀은 1%의 염분과 99%의 수분으로 요산(Uric acid), 크레아틴(Creatinine), 암모니아(Ammonia), 젖산(Lactic acid) 등으로 이루어져 있다.

표 1-19 한선의 종류

한선	에크린 한선(소한선)	아포크린 한선(대한선)
분포	조갑, 생식기, 입술 등을 제외한 전신에 분포	배꼽 주변, 생식기, 겨드랑이, 유두, 항문 주변 등 특정 부위에 분포
특징	• 약산성(pH 3.8~5.6)의 무색, 무취 • 성인 하루 0.6~12리터의 땀 분비 • 체온조절 및 노폐물 배출작용 • 한선이 가장 많이 분포한 곳은 손바닥과 발바닥	• 모낭과 연결 • 남성보다 여성이 더 발달 • 동양인보다는 백인이 더 발달 • 백인보다는 흑인이 더 발달 • 점성이 있는 유백색의 액체 • 2차 성징 후 분비량 증가 • 한선 내부의 부패 시 암내 발생

(2) 피지선(Sebaceous gland)

진피의 망상층에 위치하며 피부 표면에 피지를 분비하는 부속 기관으로 모낭과 연결된 모공을 통해 피지를 배출한다.

하루의 피지 분비량은 1~2g이며, 땀샘에서 분비되는 땀과 함께 유화되어 피부의 수분 증발을 막아주고 피지막을 형성하여 피부와 털에 윤기를 부여한다. 대부분의 피지선은 모공과 연결되어 있지만 독립 피지선인 점막, 입술, 구강 등은 표피에서 유래된 지질층으로 피지 성분의 차이가 있다.

① 피지의 기능

- 여드름 유발 기능
- 각질 간세포 지질이 피부 장벽 기능 - 피지는 각질형성세포를 보호
- 자유지방산의 항균작용 - 세균, 박테리아의 침입을 방어
- 신경분비 조절 기능 - 내분비계의 호르몬 조절작용
- 피부 표면에 항산화물질 공급

② 피지선의 종류

표 1-20 피지선의 종류 및 위치

피지선의 종류	분포 및 위치
큰 피지샘	T-zone, 목, 가슴 중앙, 두피 등에 분포
작은 피지샘	손바닥, 발바닥을 제외한 전신에 분포
독립 피지샘	모낭과 연결되지 않은 윗입술, 유두, 구강점막, 생식기, 눈꺼풀 등에 분포
무피지샘	손바닥, 발바닥, 아랫입술에는 존재하지 않음

③ 피지의 구성성분

- 자유지방산(Free fatty acid, 14%)
- 왁스에스테르(Wax ester, 26%)
- 스쿠알렌(Squalene, 16%)
- 콜레스테롤(Cholesterol, 1%)
- 트리글리세라이드(Triglyceride, 56%)
- 콜레스테롤 에스터(Cholesterol ester, 2%)

(3) 모발

외부의 환경으로부터 인체를 보호하기 위해 발생된 털은 인류의 진화와 함께 의복을 입기 시작하며, 두발 및 겨드랑이, 생식기를 제외한 체모의 털은 연모화되었다. 케라틴 단백질로 구성된 모발은 표피의 상피세포로 이루어져 피부 표면으로 나와 있는 실 모양의 구조물이다.

① 모발의 기능

- 보호의 기능 - 인체를 자외선, 물리적 자극, 기온의 변화로부터 보호(눈썹, 속눈썹)
- 감각의 기능 - 모낭의 지각신경을 통한 감각 전달
- 2차 성징의 기능 - 사춘기 이후 남성 호르몬의 영향으로 신체 일부가 경모화됨
- 장식의 기능 - 개성을 표현하는 미용적 기능
- 필터의 기능 - 코털은 미세먼지를 걸러주는 역할

② 모발의 구조

표 1-21 모발의 구조

모근부(Hair Root) 표피 내부	모간부(Hair shaft) 표피 외부
• 모구: 모발을 생장시키는 부분 • 모유두: 모발 생장의 영양분 공급 • 모모세포: 모유두로부터 영양을 공급받아 세포를 분열시키는 부분, 세포분열 왕성 • 모기질: 실질적 모발세포, 모발의 색을 나타내는 색소형성세포가 존재 • 모낭: 모발을 담고 있는 주머니 모양의 기관으로 털에 접한 내모근초와 외모근초로 구성 • 모근초: 세 개의 층(초표피, 헉슬리, 헨레층)으로 이루어진 모구의 바깥 부분	• 모표피: 모발의 가장 바깥층, 조밀한 비늘 모양(문리)으로 모발을 보호 • 모피질: 모발의 색상(멜라닌색소)에 관여, 모간부의 80~90% 차지 • 모수질: 모발의 중심부로 공기층 함유(보온의 역할)

③ 입모근(Arrector pili muscle)

- 기모근 또는 털세움근이라 불리며, 외부의 기온변화 혹은 외부 자극에 모공을 닫아 체온이 일정하게 유지될 수 있도록 돕는다.
- 자율신경계의 지배를 받는 불수의근으로 신경, 감정변화에 의해 움직인다.

④ 모발의 성장주기

표 1-22 모발의 성장주기

성장주기	특징
성장기 (생장기 Anagen)	• 평균 5년의 성장기간 • 전체 모발의 85%를 차지 • 여성이 남성보다 성장 속도가 2배 빠름 • 15~25세 사이에 성장 속도가 가장 빠름 • 6~7월에 낮보다는 밤에 성장 속도가 빠름
퇴행기 (퇴화기 Catagen)	• 2~3주 진행됨 • 전체 모발의 1% • 모발 성장이 느려지는 시기 • 모구부의 수축으로 모유두와 분리(케라틴 생성 중지)
휴지기 (Talogen)	• 3~4개월 진행됨 • 전체 모발의 14% 차지 • 모유두의 위축으로 모낭이 축소되어 모근의 위로 올라감 • 가벼운 빗질에 의한 모발 탈락 • 출산 후 일시적으로 휴지기가 30~40% 증가
발생기 (Retur to anagen)	• 새로운 세포분열이 시작 • 신생모의 새로운 성장기 • 하나의 모낭에 각기 다른 주기의 모가 공존

⑤ 모발의 굵기와 형상에 따른 분류

표 1-23 모발의 굵기와 형상

모발의 굵기	모발의 형상
• 취모: 배냇머리, 임신 8개월차 연모화, 모발 중 가늘고 연약함 • 연모: 사춘기 이전의 모, 갈색을 띰(멜라닌색소 함량 낮음 • 성모: 두발, 겨드랑이, 속눈썹 등 굵은 모발	• 직모: 황인종에게 많이 나타남 – 모발의 단면이 원형 – 모모세포의 균열이 규칙적 • 파상모: 백인의 모발에서 많이 나타남 – 모발의 단면은 타원형 • 축모: 흑인의 모발에서 많이 나타남 – 모발의 단면은 삼각형, 모모세포의 균열이 비규칙적

⑥ 모발의 하루 성장속도

표 1-24 모발의 성장속도

헤어	0.35~0.4mm
턱수염	0.25~0.35mm
겨드랑이	0.2~0.3mm
속눈썹	0.13~0.18mm
음모	0.2mm

(4) 조갑(Nail , 손톱 발톱)

반투명한 케라틴 단백질로 구성된 표피성 각질세포이다. 반월(Lunula) 부분의 완전히 케라틴화되지 않은 부분이 점차 자라 나오면서 자유연(Free edge) 쪽으로 갈수록 단단하게 경화된다. 조모(Nail matrix)는 신경 및 혈관이 분포하며 조갑의 성장이 진행되는 부분으로 이 부분이 다치면 손톱의 변형이 올 수 있다.

하루에 약 0.1mm씩 자라며, 개인의 영양상태에 따라 한 달 후 3~4mm 성장한다. 손톱은 6개월, 발톱은 12개월의 교체 주기를 가진다.

① 조갑의 구조

표 1-25 조갑의 구조

손톱 외부	조근(Nail root)	손톱이 자라기 시작하는 부분
	조체(Nail body)	육안으로 보이는 손톱 부분
	자유연(Free edge)	손톱 끝부분(피부의 선단)
손톱 내부	조상(Nail bed)	조체의 아래 부분으로 신경과 혈관 분포
	조모(Nail matrix)	손톱의 성장세포 분열이 시작되는 곳
	반월(Lunula)	케라틴화되지 않은 부분, 조체의 시작점
손톱 주변의 피부	조소피(Cuticle)	조갑을 둘러싸고 있는 신경이 없는 부분
	네일폴드(Nail foid)	손톱 주변 피부로 손톱을 지지함
	하이포니키움(Hyponychiume)	자유연의 아래 부분 피부조직
	에포니키움(Eponychiume)	루눌라를 덮고 있는 조갑위 피부조직
	네일그루브(Nail groove)	조상의 양쪽 깊게 패인 부분
	네일월(Nail wall)	손톱 측면의 피부

② 건강한 조갑의 특징

선홍빛의 표면이 매끈하고 윤기가 흐르며 네일 배드와 밀착이 잘 되어 있고, 조갑의 수분 함유량이 12~18%를 포함하고 있어 탄력성이 있고 세균의 칩입이 없어야 한다.

③ 손톱의 성장 속도

겨울보다는 여름에 잘 자라고 밤보다는 낮에 손가락을 많이 사용하는 사람일수록 잘 자라며, 대부분 30세 이전에는 잘 자라지만 노화가 진행될수록 손톱의 성장은 느려진다.

6. 피부와 영양

1) 3대 영양, 비타민, 무기질

3대 영양소는 몸을 구성하는 물질을 만드는 성분으로 에너지를 얻고 생리기능을 조절한다.

3대 영양소에는 탄수화물, 지방, 단백질이 있다. 이외에 신체의 기능을 조절하는 비타민과 우리 몸에 다양한 역할을 하는 무기질이 있다.

(1) 탄수화물

3대 영양소 중 에너지 원(포도당)을 공급하여 혈당을 유지한다.

표 1-26 탄수화물의 종류

종류	기능
단당류	• 포도당(혈액): 글루코오스(그리스어로 단맛이라는 뜻), 텍스트로스의 주요한 단당류중 하나. 물에 잘 녹으며 단맛이 있고 에너지원으로 소비 • 과당(꿀,과일): 탄소가 6개인 탄수화물(6개의 탄소 골격으로 구성된 당) 단맛이 강하다. • 갈락토오스(우유): 당류, 다당류, 글리코사이드와 같은 성분이 가수분해로 얻는 단당류의 하나. 단당류로 존재하기보다 포도당과 결합하여 유당의 형태로 존재하거나 다당류의 구성 성분으로 존재한다.
이당류	• 맥아당(포도당+포도당): 2분자의 포도당이 글리코사이드 결합으로 연결된 이당류, 포도당과 포도당의 결합 • 자당(포도당+과당): d-글루코스(포도당으로 부르는 대표적인 단당)와 –프럭토스(포도당과 함께 과일이나 꿀에 들어있다)로 이루어지는 이당류 • 유당(포도당+갈락토오스): 포유류의 젖에 함유되어 있는 당분. 포도당과 갈락토오스(단당류의 일종)로 이루어져 있다
다당류	• 여러 종류의 단당류가 결합된 형태 • 10분자 이상 이루어진 탄수화물들 • 전분: 식물에 의해 포도당이 합성된 상태 • 글리코겐: 글리코겐이라고도 한다. 글리코겐은 동물의 간이나 근육에 있는 저장형 다당류이다. • 덱스트린: D-글루코스에서 연결된 천연 고분자 화합물 • 식이섬유: 과일이나, 채소 등에 많이 함유되어 있는 섬유질 또는 셀룰로오스이다.

Tip 과당 > 자당 > 포도당 > 맥아당 > 유당 단맛 강한 순서

(2) 단백질

단백질은 에너지 공급, 피부나 신체를 이루는 구성원으로 효소와 호르몬 합성하고, 백혈구, 적혈구 면역과 항체를 담당한다.

표 1-27 단백질의 종류

종류	기능
필수아미노산	체내 합성이 불가능하며 음식을 통해서 흡수된다.
비필수아미노산	필수 아미노산 10종 제외 몸안에서 합성 가능

(3) 지방

지방은 몸안에서 에너지로 사용하지 못한 에너지를 저장한다. 수분 장벽을 만드는데 도움을 주며 세포막의 구성성분이고, 비타민의 운반과 흡수를 도와준다. 또한 신체 건강을 유지하고, 염증반응을 통제하는 세포를 만들어 피부 재생에 도움을 주며, 몸안의 장기를 보호하고 면역세포의 생장을 도와준다.

표 1-28 지방의 종류

종류	기능
단순 지방질	중성 지방: 동물성(돼지기름), 식물성(야자유), 밀납(벌꿀)
복합 지방질	인지질: 신경전달 당지질: 당+지질 지단백: 지방산+단백질
유도 지방질	지방산: 포화 지방산(상온에서 고체) 불포화 지방산(상온에서 액체) 콜레스테롤

(4) 비타민

비타민은 신체 기능을 조절하는 필수 영양소이다. 많은 양의 비타민이 필요하지 않지만 없어서는 안 되는 중요한 영양소이다. 몸안에서 만들어지지 않고 합성이 되지 않아 섭취를 통해서 보충해줘야 하는 체내 필수 영양소이다. 비타민은 크게 수용성비타민과 지용성비타민으로 나누어진다. 비타민은 빛, 열, 공기 중에 노출 시 쉽게 파괴된다.

① 지용성비타민

지용성비타민은 지방에 녹는다. 필요한 수량보다 많이 섭취하게 되면 몸속에 쌓이게 되어 기능장애를 일으키거나 사물을 판단할 수 없는 상태의 중독 상태가 된다.

표 1-29 지용성비타민의 종류 및 기능

종류	기능
비타민 A	피부세포 형성, 건강한 피부 유지, 주름과 각질 예방
비타민 D	햇빛에 합성 가능
비타민 E	가장 중요한 항산화제 호르몬 생성 생식기에 많은 영향
비타민 K	피부질환에 효과적 모세혈관 벽 튼튼

② 수용성비타민

수용성비타민은 물에 잘 녹으며, 소변으로 배출된다.

표 1-30 수용성비타민의 종류

수용성비타민	
비타민 B1 티아민	• 탄수화물 대사에 도움 • 민감성피부, 알레르기 효과 • 상처치유 효과
비타민 B2 리보플라빈	• 피부 보습, 탄력 증가 • 습진, 머리비듬, 입안질환에 효과
비타민 B5 판토텐산	• 스트레스 완화 • 감염에 대한 저항력 높여줌 • 비타민 이용 촉진
비타민 B6 피리독신	• 세포재생 • 모세혈관 확장, 피부 효과 • 여드름효과 • 고용량에서는 독성이 나타날 수 있으므로 많이 먹지 않는다.
비타민 B7	• 탈모, 습진 효과 • 지방분해 효과 • 신진대사 활성 • 혈중 콜레스테롤 저하

(5) 무기질

유기질을 만들어내는 산소, 탄소, 질소, 수소를 제외한 나머지 원소를 한데 묶어서 무기질 또는 미네랄이라고 부른다.

표 1-31 무기질의 종류

	종류	기능
미량 무기질	철	산소전달 기능 면역 기능과 체온 조절
	아연	보조인자 역할 단백질 안정화 성장 및 면역 기능에 필요

	종류	기능
	구리	철 대사, 신경 기능, 항산화 기능 신경전달물질과 콜라겐 합성에 중요 역할
	망간	골격형성 세포보호
	크롬	인슐린이 정상 기능하는데 꼭 필요 근육 증가
	요오드	갑상선 호르몬의 구성성분 면역체계에 영향을 미침
	몰리브덴	산화 효소에 필요
	셀레늄	산화된 신체를 보호 비타민C 대사에 도움
	불소	뼈와 치아 건강에 영향 박테리아의 공격이나 충치에 강함
대량 무기질	나트륨	신체의 중요한 전해질 체액에 중요한 역할
	칼륨	세포내액에서 제일 많은 양이온 혈압을 낮춤
	염소	소화와 면역작용 산성도 조절
	칼슘	체중의 1kg 구성 99% 이상 골격 구성 생명유지에 중요 혈압을 높임
	마그네슘	뼈의 구조를 제공하는 것과 관련 음이온을 중화
	인	세포막의 구성요소 인지질은 지단백질 둘러쌈 인체에서 지질 수송에 중요한 역할

2) 피부와 영양

(1) 피부와 영양의 관계

옛날에 시금치 한단으로 영양소 섭취가 가능하였다면 지금은 시금치 20단을 먹어야 내 몸에 필요한 영양소를 간신히 채울 수가 있다.

깨끗한 땅에서 자란 농작물을 구입하는 것은 쉽지는 않다. 균형 있고 풍부한 영양소를 섭취하기 위해서는 재료를 신중히 골라야 한다.

몸에 일어나는 반응에 따라 얼굴의 피부 윤곽과 윤기, 탄력이 결정된다. 그렇기 때문에 우리 몸에 올바르고 균형잡힌 식사는 굉장히 중요하다.

수많은 세포들로 이루어져 있는 피부는 매일 먹는 음식물을 통하여 단백질을 섭취한다. 단백질은 세포 구성의 원료이다. 피부를 조화롭게 이루게 해주는 성분으로 표피, 진피들을 만드는데 아주 중요한 역할을 하게 되어 단백질이 부족하면 탄력이 부족해지고 주름이 형성된다. 탄력이 떨어졌다는 건 진피층의 콜라겐과 엘라스틴의 기능이 저하되었다는 뜻이다.

단백질은 소화를 통해 아미노산이라는 작은 단위로 변화하여 흡수된 영양분을 우리 몸이 사용하게 되는 것인데, 피부를 조화롭게 이루게 해줄뿐 아니라 천연보습인자의 기능을 하기 때문에 단백질 섭취는 중요하다.

이렇듯 신체뿐 아니라 피부가 건강해지려면 피부와 영양은 밀접한 관계를 이룬다. 건강이란 단어를 국어사전에서 찾아보면 정신과 육체적으로 아무 탈이 없고 튼튼한 상태를 말한다.

건강은 삶의 질을 높여주기 위한 필수이며, 신체건강과 정신건강은 아름다움으로 이어지기에 굉장히 중요한 부분이다.

건강한 삶을 유지하기 위해서는 제대로된 식습관과 균형있는 영양 섭취는 육체와 피부의 아름다움을 위한 필수이다.

피부는 육체건강의 결과값이라는 말이 있다. 내 몸 안의 영양상태에 따라서 피부는 달라진다. 제일 바깥에서 우리 신체를 지켜주는 역할을 하기 때문에 피부건강과 젊음을 유지하기 위해서는 균형있는 영양 섭취를 해야 한다.

(2) 피부의 구조

표피는 피부의 가장 외부에 위치하고, 자외선을 차단하고 세균침투에 방어한다. 체온을 유지하고 수분조절을 한다.

눈꺼풀은 0.5mm, 손 0.6mm, 평균 두께는 0.1~0.14mm으로 A4용지 두께 정도이며, 얇은 표피에서 피부색이 결정된다.

표피를 이루는 세포는 표피세포, 각질형성세포, 랑게르한세포로 나뉘며, 각질을 형성하는 세포 맨 아래 기저층에서 분열한다. 표피 상층부 맨 밖으로 밀려나가는데 이것이 우리가 알고 있는 때이다. 밀려나온 때의 각화 주기는 28일 주기이며, 피부가 노화되어 죽은 각질이 떨어져 나가지 못해 두껍고 칙칙하게 보인다.

멜라닌세포는 멜라닌을 만들어내며, 피부보호, 체온을 유지한다. 기미, 검버섯, 점을 만들어내며, 햇빛에 노출되면 발생되며, 피부색을 결정한다.

각질층은 벽돌과 시멘트 모양의 형태로 유해물질을 방지하는 보호막 역할을 하며, 각질층이 떨어지게 되면 피부가 두껍고 피부가 투명해진다.

투명층은 손과 발바닥에만 존재한다.

과립층은 각질이 되기 전 단계이며, 과립을 가지고 있다고 하여 과립층이라 한다. 유극층은 표피세포 중 제일 두꺼우며, 피부 면역과 상처시 세포를 재생한다.

기저층은 피부 보호와 재생에 중요한 역할하며, 멜피라닌세포와 각질세포가 있다. 기저층은 멜라닌세포를 만들어내고, 각질형성세포를 형성한다.

(3) 진피층

표피층 아래 90%를 형성하는 진피층은 탄력과 긴장도를 관여하고 유두층과 망상층으로 구분한다. 유두층은 표피와 제일 가깝고 불규칙한 섬유결합조직 배열, 탄력과 유연하다.

망상층은 진피의 대부분으로 콜라겐, 엘라스틴, 히아루론산으로 구성되어 있으며, 빽빽한 그물망으로 탄력을 유지하고, 자기 몸무게의 1,000배 이상의 수분을 보유하며, 신경, 땀샘, 피지샘, 입모근 등에 분포한다. 땀샘과 모낭 피지선에 위치하고 영양공급 림프 신경이 있다.

(4) 피하지방

피하지방은 진피층 아래에 있으며, 근육을 보호하고 에너지원을 보유한다.

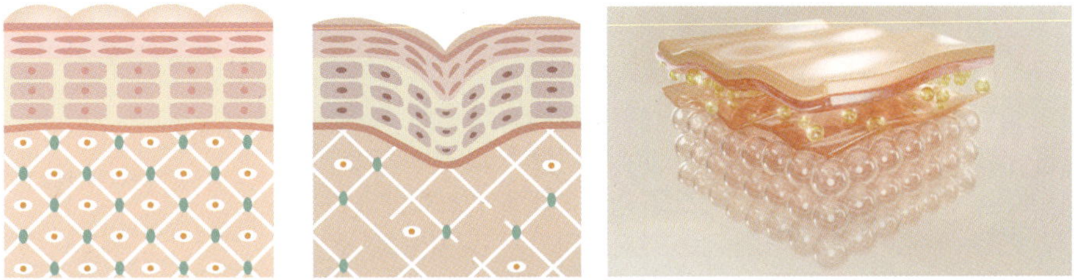

그림 1-16

3) 체형과 영양

현대인들은 잘못된 자세로 장시간 앉아 있는 경우가 많아 체형이 틀어지게 되고 통증이 생기게 된다. 잘못된 자세로 인하여 필라테스, 요가, PT 등 다양한 운동을 하게 되는데, 운동을 선택하기 전 나의 몸은 어떤 유형인지 알고 최대한 맞는 방법을 선택하여 더 좋은 효과를 보아야 한다.

우리 신체의 체형은 3가지 유형으로 구분하는데, 팔다리가 긴 외배협형, 신체가 동굴동굴한 내배협형, 탄탄한 신체의 중배협형이 있다.

표 1-32 체형별 분류

외배협형	내배협형	중배협형
• 팔 다리가 길다. • 많이 먹어도 배 안 나옴 • 근육을 크게 만드는 데 오랜 시간이 걸림 • 마르고 체지방이 적고 근육도 적은 사람 • 마르고 살이 안쪄서 고민하는 사 람 • 신진대사율이 높다.	• 짧고 단단함 • 먹는데로 살로 간다. • 날씬하기 위해 노력 • 근육과 지방의 완벽한 체형 • 쉽게 근육량을 얻을 수 있다. • 근육량이 쉽게 빠짐 • 어깨가 좁고 허리둘레 두꺼움 • 유전적 요인이 있음 • 힘도 세고 덩치가 크지만 근육이 가려짐 • 배고플 때를 대비하는 지방 메커니즘이 있다.	• 근육을 키우거나 지방 빼는 것이 쉬움 • 큰 노력 없이도 타고난 체력 있음 • 큰 노력 없이도 가슴근육을 가진 사람 • 근육의 반응이 남다름 • 적은 시간동안 가볍게 운동하고 더 높은 효과를 올릴 수 있다.

외배협형	내배협형	중배협형
• 많이 먹어야 한다. • 탄수화물, 단백질, 지방의 비율이 5:3:2 • 감자, 콩, 옥수수 같은 연소가 느린 식품 • 단백질이 포함된 밥 • 이화작용을 감소시키고 동화작용을 촉진 • 치즈, 육류, 계란, 우유 같은 단백질 섭취가 중요(단백질은 근육을 만드는 벽돌과 같은 의미, 탄수화물과 흡수가 잘된다) • 근육을 키우는데 방해 요인인 지방 적게 섭취하기	• 허리부터 상체로 몸을 옮기고 몸매를 전체적으로 균형있게 만드는데 초점 – 체중을 줄이기 위해서 • 하루 섭취 칼로리 1,750칼로리 • 지나치게 굶지 않기 • 지방 섭취율을 낮춤 • 다섯 번에서 여섯 번 나누어서 먹기 • 야채를 먹고 지방을 최소화함 • 계란, 흰자, 닭고기, 닭가슴살, 소고기 등심 등 섭취 • 탄수화물, 단백질, 지방 비율은 5:4:1 • 먹고 싶은대로 먹는다면 스스로의 건강을 방해	• 2,500칼로리 • 목표를 세우고 적당히 운동하고, 자유롭게 적당히 먹기
• 다중관절운동을 통해 근매스 향상이 초점 • 강도를 높이는 것이 필요 • 저강도 운동 • 복합근육을 사용하는 운동이 좋음(1–2개의 근육을 쓰는 운동은 근육을 만드는데 방해) • 근력운동과 유산소 운동이 적당	• 단거리달리기 • 뱃살을 없앤 후 강도 높은 운동하기 • 근력 증가 운동 • 유산소 운동 • 인터벌 운동, 장거리 달리기는 안 됨. • 어깨근육 키우기 • 칼로리 줄이기	• 다중관절 운동(복합 운동)과 단일관절 운동(고립 운동)을 동일 비율로 구성 • 여러 가지 운동방법을 취하는 것이 좋다. • 영양섭취는 탄수화물, 단백질, 지방 섭취 비율이 6:3:1 적당 • 근육의 성장 속도가 빠른 체형이지만 풍부한 영양섭취가 뒷받침되지 않으면 금방 한계에 부딪히게 된다. • 체중 1KG당 단백질 2g 내외 권장 • 계란, 흰자, 닭가슴살, 생선 등을 섭취 • 근육이 늘어나면 가만히 있어도 에너지 소비가 늘어나기 때문 • 운동과 풍부한 식단을 통해 순수한 근육의 부피와 체중이 증가하며, 에너지 소비가 늘어나기 때문에 이전보다 더 많은 칼로리가 필요하게 된다. • 자신의 성장 속도에 맞춰서 영양 섭취량도 대폭 늘려야 함 • 유산소 운동, 장거리 운동 좋음 • 근력 운동 좋음

7. 피부 장애와 질환

1) 원발진과 속발진

몸의 온갖 병으로 세포와 세포 사이에 변화가 생겨나 있는 부분을 말한다. 이러한 현상을 원발진과 속발진으로 나눈다.

(1) 원발진

정신적 · 육체적으로 아무 탈이 없고 튼튼한 피부에 처음으로 나타나는 정상을 벗어난 변화를 원발진이라고 한다.

몸의 온갖 병이 생기기 초기 단계에 발생하며 반, 팽진, 구진, 결절, 수포, 농포, 낭종이 있다.

표 1-33 원발진의 종류

종류	기능
반	• 피부 표면의 높이가 같고 피부색이 변화한다. • 피부색이 빨갛게 변화한 것은 홍반 • 피부세포들의 집합체 안의 출혈이 생겨 자홍색을 띠는 것은 자반 (홍반과는 달리 눌러도 피부색 의 변화가 없다) • 지방산과 인, 질소, 당, 등 흡착에 의한 황색반 • 멜라닌 양의 수치가 올라 생긴 것으로 갈색, 흑갈색, 자갈색, 자회색 청회색의 반이 생기는 색소반 • 멜라닌 양의 수치가 줄어든 것인 보반 • 점이나 무늬가 생긴 자국의 얼룩 형태로 물기있는 발진이 생기는 질환의 홍반 • 피부에 색소탈실반이 생기는 백전풍, 황색종 등이 있는 백반이 있다.
팽진	• 피부 표면의 높이가 약간 높이 생긴 붉은색 발진으로 보통 몇 시간이면 없어진다. • 피부 표면의 색보다 빨갛거나 하얗다. 두드러기 같은 질환이다.
구진	• 피부 표면의 작은 부분이 높게 일어난 형태 • 핀셋의 머리만한 크기부터 완두콩만한 크기이다. 습진, 피부염과 같은 질환이다.

종류	기능
결절	• 구진보다 크기가 크다. • 3cm 크기 정도의 피부 표면에 일어난 발진 • 피부 표면에 볼록 나와 보이고 피부 아래 공간에 들어있다. • 완두콩에서 작은 열매 크기로 크기는 다양하다.
수포	• 보통 이르는 말로 염증의 일종인 물집을 말한다. • 반복되는 자극에 의하여 생기는 질환 • 단백질 성분을 갖고 있고 피부 표면이나 피부 아래에 있다. • 소수포, 대수포로 구별 • 위치에 따라 표피내수포, 표피하수포 등으로 칭하기도 한다. • 피부 표면에서 부풀어 올라 그 속에 장액선에서 분비되는 맑은 액인 장액이 들어있다. • 포진과 화상과 같은 질환을 말한다..
농포	• 염증을 가지고 있고 염증을 가진 부분이 올라와 보인다. • 피부면에서 부풀어 있으며, 부풀어 있는 곳에 고름이 들어 있어 누런빛을 띤 흰색으로 보이고 염증포, 백혈구들이 있다. • 투명색을 띠다가 색이 진해진다. • 여드름과 같은 질환을 말한다.
낭종	• 주변의 피부와 뚜렷이 차이가 나는 경계면을 형성하는 물질을 지닌 주머니 • 진피 안에 염증으로 인해 조직이 무너지고 깨져 밖으로 염증이 나오는 현상 생김 • 신장, 유방, 피부 등의 부위에 생긴다. • 암이 되기 전단계이므로 심한 기저질환을 의미한다.

(2) 속발진

피부질환의 후반기 단계로 1차 병변인 원발진이 진행되어 발전하여 생기는 증세들이다. 원발진에 이어서 일어나는 변화를 속발진이라 한다.

① 피부병으로 인해 생긴 부스럼 딱지

② 피지샘에서 분비되는 피지, 병균으로 인한 염증이 피부 조직을 썩게 하는 고름

③ 표피의 분비물들이 합쳐져서 된 축척물들로 상처나 염증 부위의 딱지

④ 비늘 표피의 각질들이 모여서 쌓인 상태로 말라서 습기가 없다.

⑤ 피부 표면이 문질러지거나 깎여서 표면이 벗겨진 상태

⑥ 상처 후 표피가 벗겨진 부위

표 1-34 속발진의 종류

종류	기능
인설	• 피부에서 탈락하여 떨어진 조각 • 은백색의 각질이 피부에서 탈락해 나가는 것을 낙설 • 탈락한 각질이 아주 얇은 비늘 상태를 비강상 • 나뭇잎만큼 큰 비늘 상태 낙엽상
가피	• 딱딱하게 건조된 상태의 딱지를 말함 • 장액, 조직액, 혈액, 고름 등이 건조해서 굳은 것
미란	• 살갗이 헐어서 흐물해진 상태 • 염증으로 표피가 약해져 피부가 변한 상태
균열	• 표피의 깊은 층에서 진피에 얇고 깊게 갈라진 상처 • 피가 혈관 밖으로 나오는 증상과 아픈 증세가 함께 생김 • 입가, 콧구멍, 항문, 귀뿌리 등에 생기기 쉬움
궤양	• 가장 바깥의 얇은 근육층을 넘어 세포들의 집합체가 불완전한 상태 • 염증이나 괴사로 함몰된 상태 • 진피에서 피하조직에 이르는 피부조직 결손으로 장액과 고름으로 표면이 젖어있고 출혈이 있다. • 흉터가 남는다.
농양	• 진피나 피하조직 안에 생긴 화농병소 고름이 괴어 있다. • 노랗게 보이는 표면
변지	• 피부의 한 부분에 반복하여 힘이 가해지면 각질이 딱딱해진다.
반흔	• 표면이 넓적하고 광택이 있고 색소침착이나 색소탈실을 볼 수 있다.
위축	• 피부의 퇴화변성 피부가 얇아지고 표면이 매끄럽고 잔주름이 생김

2) 피부 질환

현대인들은 여러 가지 증상으로 인하여 가벼운 피부질환 하나씩은 지니고 살아간다. 아토피부터 일상에서의 질환들은 면역체계가 약하여 생기는 질환들로 없는 사람들이 없을 정도이다. 잘못된 음식습관으로 인한 피부 질환이 생기며, 계절의 변화, 온도, 습도로 인한 변화로 피부 질환이 생긴다.

추운 겨울철에는 피부가 건조해져 가렵거나 표면이 거칠어지며, 반대로 여름은 습하고 땀으로 인하여 땀띠가 발생한다. 또한 환경오염으로 인한 미세먼지로 인하여 발생한다.

표 1-35 피부질환의 종류

건선	• 각화주기 속도가 비정상적으로 작용하여 생기는 질환 • 피부가 심하게 손상되어 각질이 발생
아토피	• 몸 안의 면역체계가 불균형하여 생기는 질환 • 각질이 일어나고 갈라진다. • 심하면 간지러워 긁게 되어 상처가 생긴다. • 감염에 노출되기 쉽다.
여드름	• 주로 사춘기 호르몬 변화로 인하여 생긴다. • 대표적인 피부 질환 종류 중 하나 • 피지가 밖으로 배출되지 못하여 세균이 번식하여 생기는 염증 • 여드름 발생과정 • 여드름 씨앗이 여드름이 되기까지 약 90일이 걸린다. 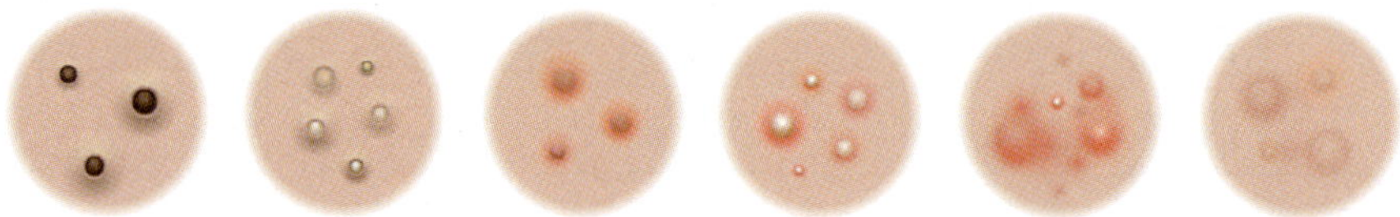
지루성 피부염	• 여드름과 비슷하게 피지가 많이 분비되는 곳에 발생 • 심각한 피부 질환 중 하나 • 붉은 반점, 염증, 가려움 증상이 있다. • 가려움으로 긁어서 감염에 노출되기 쉽다. • 탈모의 직접적인 원인이 된다
대상포진	• 면역력이 떨어져 신체 일부분에 수포 발생 • 수포 발생으로 인하여 심한 통증 발생 • 노인층에서 자주 발생 • 면역력이 약한 청년층에도 종종 발생

사마귀	• 유두종 바이러스 감염으로 인하여 생기는 질환 • 어느 부위에나 발생할 수 있음 • 특히 노출 부위 손, 발, 다리, 얼굴 등에 주로 발생 • 성 접촉을 통해서도 발생할 수 있다. • 평편사마귀 – 표면이 평편한 작은 구진 각각의 병변이 합쳐진 사마귀 • 손발바닥 사마귀 – 굳은살과 구분하기 쉽지 않음, 표면 각질층을 깎아내고 보면 모세혈관에 의한 여러 개의 검은 점 보임, 여러 개가 모여있고 옮기는 경향이 있음 • 음부 사마귀, 뾰족 콘딜로마 – 흔한 성인병의 일종, 성관계 2–3개월 뒤 발생, 초기 표면이 윤기나는 작은 구진, 시간이 지남에 따라 구진이 모여 이루어지는 모양의 형태
티눈	• 피부가 기계적인 자극을 반복적으로 받아 생기는 질환 • 원뿔 모양으로 피부에 박혀 있다. • 발 사이즈에 맞지 않는 신발 착용, 오래 걷는 행동에서 생김 • 위에서 누르면 통증 • 발바닥에 염증이 발생할 수도 있다. • 딱딱한 정도에 따라 경성티눈과 부드러운 연성티눈으로 나뉨 • 경성티눈: 압력이 가해지는 모든 피부 발생, 티눈의 윗부분을 깎아내면 조밀한 부위에 핵이 있음 • 연성티눈: 주로 발가락 사이에서 땀으로 인하여 발생 • 염증, 물집, 출혈 등이 발생할 수 있다(굳은살은 티눈과 다르게 크기가 크고 중심핵이 없다).
에이즈	• 세포면역 기능이 떨어져 일반 사람에게 볼 수 없는 감염증 • 전신에 퍼진다. • 성관계를 통하여 전염되는 바이러스 감염증 • 감염인에게 시술하였던 문신, 피어싱 바늘을 비위생 관리 시 • 감염된 임산부에서 태어난 신생아 수유를 통한 감염 • 감기와 비슷한 증세 • 발열, 오한, 설사, 피로의 단계를 지나 피부 이상 증세 발생 • 초기 1–6주 지나면 저절로 낫게 됨 • 감염되고 8–10년 지나면 진짜 에이즈환자가 됨 • 진짜 에이즈환자가 되기 전조 증상 1–2년(여러 형태의 피부병이 생김. 기억력 저하, 집중력 하락, 증상이 심해지면 균형감각 상실– 에이즈 관련 증후군) • 진짜 에이즈 상태가 되면 위험한 감염증과 악성 종양 발생

3) 왁싱 부작용 및 주의사항

왁싱은 털을 제거하는 시술 방법에 따라 부작용이 발생할 수 있으며, 왁싱 후 관리가 조금만 소홀해도 부작용이 생길 수 있으므로 각별한 주의와 관리가 필요하다.

우리나라의 경우 사계절이 뚜렷하고 계절별 피부상태가 다르기 때문에 계절별로 주의사항을 피시술자에게 반드시 숙지할 수 있도록 한다.

여름철에는 왁싱 후 땀으로 인한 염증이 생길 수 있으므로 가능하면 왁싱 후 통풍이 잘되는 옷을 입도록 하며, 왁싱 후 바로 타이트한 속옷이나 옷은 가급적 피하도록 한다. 겨울철에는 건조하면 가려움증이 유발될 수 있으므로 피부 보습을 반드시 하도록 한다.

표 1-36 왁싱 부작용 종류

인그로운	• 각질층이 쌓여 털이 피부 바깥으로 나오지 못하고 각질층 안에 있다. • 체모가 피부 안에 갇혀서 못 나오는 현상을 말하며, 특히 면도 후 두꺼운 각질층이 형성이 되는데 사후관리를 제대로 하지 못할 경우 더욱 심해져 모낭염과 같은 염증이 유발된다. • 관리법: 왁싱 후 각질이 쌓이지 않고 피부가 부드럽게 관리 및 유지될 수 있도록 스크럽 관리를 반드시 하도록 한다. 왁싱 후 바로 스크럽을 사용하기보다는 3~5일 정도는 피부재생과 보습을 관리하고 이후에 스크럽 관리를 하도록 한다. • 심한 경우 병원에서 처방받는 것이 좋고 평소 보습 관리에 신경써야 한다.	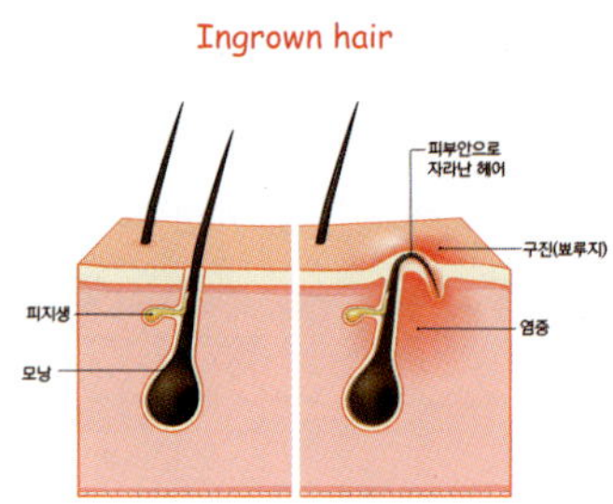
가려움증	• 왁싱 후 보습 관리를 하지 않게 되면 가려움증이 생길 수 있다. 각질과 털을 제거한 상태이기 때문에 반드시 보습 관리가 필요하고, 특히 겨울철에는 외부 공기가 차갑기 때문에 더욱더 보습 관리에 신경쓰도록 한다. • 관리법: 수분보충과 보습을 잘해주고 크라이올기기, 쿨링기기로 차갑게 식혀주면 소양감을 없애는데 도움이 된다.	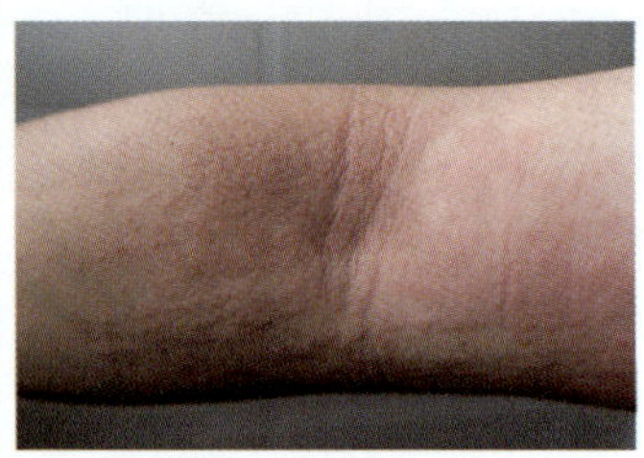

통증	• 왁싱 시술 시 개인마다 통증을 느끼는 정도는 다르고 왁싱을 꾸준히 받게 되면 통증도 분명히 줄어들지만 처음 왁싱을 받게 되면 통증이 있을 수 있기 때문에 시술자가 충분한 테크닉 연습으로 통증을 최소한으로 시술할 수 있도록 한다. Tip **통증은 시술받는 고객들이 수면부족 상태나 스트레스가 많거나 자외선을 많이 받았거나 과음한 다음 날이나 컨디션에 따라 통증을 느끼는 정도 차이가 있다. 예민한 상태보다는 처음 왁싱을 받는 피시술자는 컨디션이 최상일 때나 좋을 때 왁싱 시술을 받도록 권한다.**	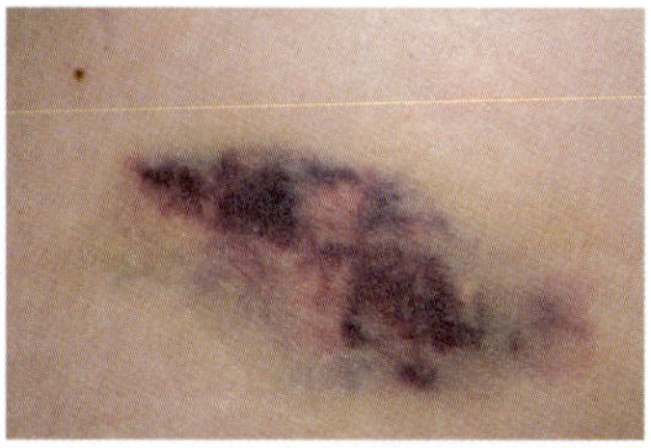
스킨탈락	• 피부 상태는 개개인마다 모두 다르기 때문에 피부에 자극 없이 시술하는 것이 중요하다. • 스트립왁싱과 하드왁싱은 온도 테스트가 반드시 필요하고 온도에 예민한 피부를 시술할 때 주의해야 한다. 제모를 너무 무리하게 진행하여 발생되는 현상으로 각질이 필요 이상으로 제거된 상태를 말하며 색소침착을 초래할 수 있다. • 관리법: 가까운 병원 또는 약국을 통해 약을 처방받는 것이 가장 효과적이며, 스크럽은 자제하고 보습에 신경써야 한다.	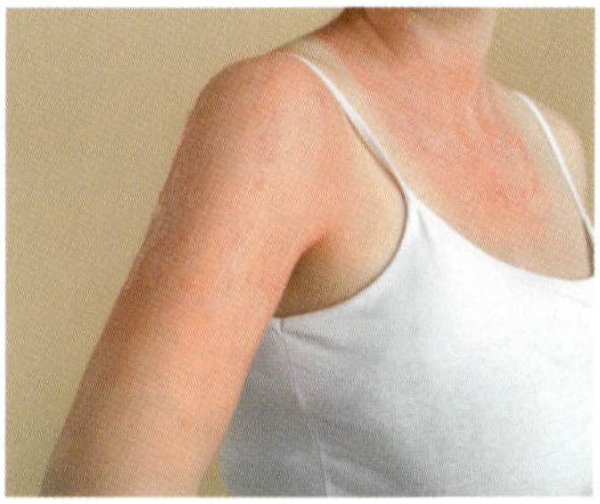
화상	• 피부가 얇거나 아토피 피부, 자외선을 많이 받고 바로 시술할 경우 피부가 예민한 상태이기 때문에 왁스 온도를 제대로 맞추지 못하고 시술하게 되면 화상을 입을 수 있다. • 과거에는 스트립과 하드왁싱 온도가 높았기 때문에 화상 우려도 많았고 충분한 연습 없이 시술하게 되면 시술 미숙으로 화상을 입는 경우가 많이 발생했다. • 관리법: 가까운 병원 또는 약국에서 약을 처방받아 복용하는 것이 가장 중요하며, 2차 감염에 노출될 수 있으므로 주의한다.	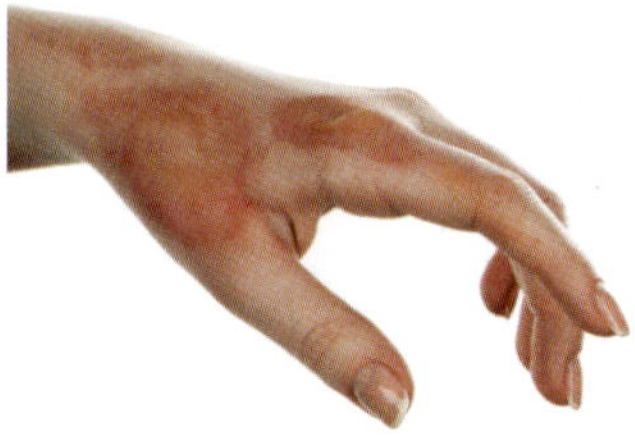

모낭염/홍조/ 알러지/ 호르몬반응	• 왁싱 후 땀으로 인한 모낭염이 생길 수 있기 때문에 페이스왁싱이나 브라질리언왁싱 후 통풍이 잘되는 옷을 입도록 하며 땀을 많이 흘리게 되면 염증이 생길 수 있기 때문에 주의하여야 한다. 특히 여름철에는 땀으로 인한 염증이나 홍조반응이 생길 우려가 있으니 특별히 주의하도록 한다. • 여성 고객들은 생리전후나 면역력이 떨어졌거나, 생활패턴이 바뀌었거나 피로가 누적되었을 경우 알러지나 호르몬에 민감하게 반응할 수 있기 때문에 왁싱 전 고객들의 컨디션을 충분히 파악 후 시술하도록 한다. • 관리법: 가까운 병원을 방문하거나 약국에서 모낭염 연고를 처방받아 3일 정도 발라주는 것이 좋다.	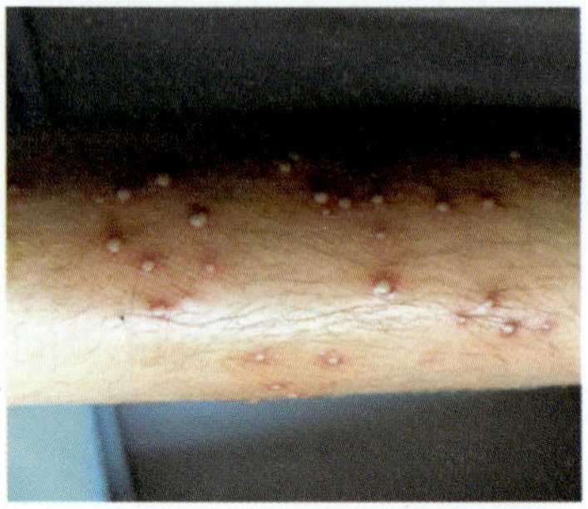
피부착색	• 과도한 각질 탈락으로 오는 현상으로 피부가 검게 변하고, 상처 또한 오래 지속되어 주의가 필요하다. • 관리법: 주 1~2회 스크럽 관리와 화이트닝 제품을 통하여 효과를 볼 수 있다.	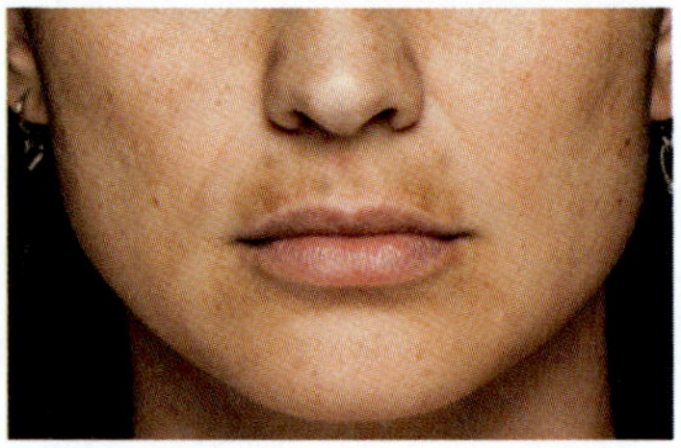
과각화	• 제모 후 피부에서 보호작용으로 각질층이 형성되는 것을 말하며 가려움증을 유발하여 2차 감염에 노출될 수 있다. • 관리법: 주 1~2회 스크럽 관리와 보습 관리로 충분히 관리할 수 있다.	

8. 피부와 광선

1) 자외선이 미치는 영향

자외선은 파장범위 10~400mm인 빛으로 가시광선보다 파장이 더 짧고 엑스선보다는 더 길다. 자외선은 요한 빌헬름 리터가 염화은을 실험하는 도중에 가시광선 스펙트럼 가장 바깥쪽에 있는 보라색을 발견하였다.

자외선을 혈액형으로 비유하듯 A, B, C로 구분한다. 우리 일상에 영향을 미치는 것은 자외선 A 와 B는 지표에 도달하여 피부에 흡수되어 색소침착, 피부노화, 피부암까지 유발한다.

자외선은 피부 진피층에 존재하는 단백질인 엘라스틴과 콜라겐을 파괴한다. 또한 피부 노화뿐만 아니라 백내장 망막부종 시력장애를 유발한다.

햇볕을 포함한 모든 자외선은 발암물질이라고 한다. 국제 암 연구소(IARC)에서는 자외선을 1급 발암물질로 분류하였다.

진피 자극은 UV-A이 유발하고, 표피 자극은 UV-B가 유발한다. 멜라닌색소는 피부를 보호하는 역할을 하며, 자외선을 많이 받으면 활발히 움직여 많은 멜라닌의 화학반응으로 주근깨 또는 검버섯, 기미 등을 유발한다.

(1) 자외선의 종류와 파장

표 1-37 자외선의 종류

종류	파장	특징
장파장 자외선 C	200~290nm	• 살균력이 강하여 미생물도 죽임 • 오존층에 막혀 지구에 도달하지 못함 • 표피 각질층 • 살균, 소독 • 대기 오존층에서 흡수
중파장 자외선 B	290~320nm	• 표피의 기저층 도달 • 각질층을 두껍게 함(기미가 생기는 원인) • 일상생활에서 화상의 원인 • 붉음의 발생이 자외선 A보다 심함 • 피부암을 치료하는데 사용함

종류	파장	특징
단파장 자외선 A	320~400nm	• 단파장 중에서 강한 자외선 • 선탠기에 사용 • 색소, 주름 발생, 탄력 저하 • 피부를 노화되게 만듦 • 피부를 검게 만들어 기미와 잡티를 만듦 • 비오는 날이나 흐린 날에도 항상 존재

그림 1-17 자외선의 피부침투 개념도

바깥에 나가지 않고 집에만 있다고 해서 자외선에 노출이 안되는 것은 아니다. 자외선은 햇볕이 강한 날씨뿐만 아니라 구름이 있는 날씨에도 80% 가량이 지표면에 도달한다. 집안에 있다고 느끼지 못할 뿐 창문으로 들어온 자외선으로 노출이 되고 있다

자외선은 비타민D를 생성하여 칼슘 대사에도 관여하고, 아토피나 피부염 치료에도 도움을 주지만 피부에는 좋은 영향이 아니다.

(2) 자외선으로 인한 피부반응

표 1-38 자외선으로 인한 피부반응

증상	반응
피부의 붉어짐 (홍반반응)	• 햇빛 아래 1시간 동안 쬐었을 때 처음으로 피부에 반응하는 현상 • 피부가 건조해지고 피지분비량 감소 • 심하면 통증과 물집 등이 함께 발생함
색소침착	• 피부의 색이 검은색으로 변함(피부가 탔다고 표현) • 피부가 붉어지는 정도에 따라서 색소침착이 결정
일광화상	• UV-B로 인하여 일어나는 현상 • 심하면 표피의 세포가 죽고 피부가 벗겨짐 • 피부가 검게 변하며 시일이 지나면 피부가 칙칙해짐
광노화	• 건조함이 극에 달하고 피부는 까칠함 • 멜라닌세포 활동이 활발해지고 기미와 검버섯이 발생함 • 햇볕으로 인한 피부 조직이 변함 • 노화의 진행이 빠름
광과민반응	• 잠시 햇빛을 보아도 일광 화상을 입음 • 햇볕 알레르기 반응을 보임

(3) UV민감도에 따른 피부타입 구분

UV 빛에 따라 반응하는 피부를 구분하는 것이므로 조금씩 다를 수도 있다. 피츠패트릭은 멜라닌에 의한 피부 반응, 자외선 민감도를 6단계 피부로 구분한 것이다.

표 1-39 피츠패트릭의 분류

I형	항상 일광화상 유발, 색소 침착 거의 없음
II형	가끔 일광 화상 유발, 거의 붉어지고 안 검어짐
III형	일광 화상 유발 없음, 보통 검어지고 원래 피부 돌아옴
IV형	• 일광 화상 유발 없음 • 피부 붉어짐 없고, 원래 피부 안 돌아옴
V형	• 동양인의 피부, 거의 붉어짐 없고, 피부색 안 돌아옴 • 중간 정도 색소침착
VI형	흑인의 피부

(4) 자외선 차단제(SPF)

자외선으로부터 피부를 보호하기 위해서 자외선 차단지수가 함유된 화장품을 피부에 도포한다. 자외선 차단지수(SPF)는 UV-B를 차단하는 제품의 차단 효과를 나타내는 지수이다. 피부붉음증(MED)은 홍반을 일으키는 최소 자외선량이다.

표 1-40 자외선 차단제 종류

SPF	UV–B 차단지수	• 자외선 차단제를 바르기 전과 후 홍반이 나타나는 시간을 비교해서 숫자로 표기한 것 • 자외선 흡수율은 홍반의 발생시간을 말함 • 개인에 따라 차이가 큼 • SFP50 = SPF1 홍반 발생 시간 연장류 × 50 다시 말하면 자외선 흡수율을 1/50로 줄인 것 이것을 숫자로 환산하면 2.0%가 된다. • 즉, SPF = 자외선 차단이 98%이다 • SPF 지수가 높다는 것은 화학흡수제 함량이 높다는 것 • 화학제품이기 때문에 피부에는 부담스러울 것 • SPF15와 SPF30는 두 배의 차이가 날것처럼 보이지만 자외선 차단율은 불과 3% 차이 • SPF30과 SPF50의 차단율 차이는 1.5% 차이 • 피부를 혹사시키면서까지 SPF 지수가 높은 것이 좋은 것은 아니다.

PA	UB-A 차단지수	• + – 1시간에서 2시간 차단(늦가을) • ++ – 2시간에서 4시간 차단(봄이나 여름) • +++ – 3시간에서 5시간 차단(야외 활동이 많은 경우) • ++++ – 장시간 야외활동 또는 물놀이할 때

그림 1-18 자외선 차단

표 1-41 자외선 차단제의 성분 구별법

종류	특징
화학적 차단 (유기자차)	• 화학물질을 이용하여 빛을 흡수, 빛을 다시 내보내 피부를 자외선으로부터 보호 • 비누나 폼클렌징에 잘 지워지지 않음 • 실내 활동에 용이함 • 덧발라 주어야 한다. • 눈이 따갑거나 트러블을 생기게 할 수 있는 단점이 있음 • 백탁현상 덜함. 발림성은 부드러움 • 옥시벤존 성분 UV 유기필터 성분(사용시 주의 임산부 조심)
물리적 차단 (무기자차)	• 징크옥사이드, 티타늄디옥사이드 성분이 피부표면에서 방어막을 만들어 자외선을 반사시켜 피부 보호 • 정착성과 방수성이 좋다. • 야외활동을 할 경우에 적합 • 지속력이 있음

종류	특징
	• 얼굴이 하얘지는 백탁 현상이 있음 • 부드러운 발림보다는 꾸덕한 제형으로 발림
화학적 차단 + 물리적 차단 (혼합자차)	• 유기자차와 무기자차의 장단점을 보완 • 백탁 현상이 적으면서 효과도 좋음 • 물리적 · 화학적인 성분 둘 다를 함유하고 있기 때문에 민감성 피부에는 주의 필요

2) 적외선이 미치는 영향

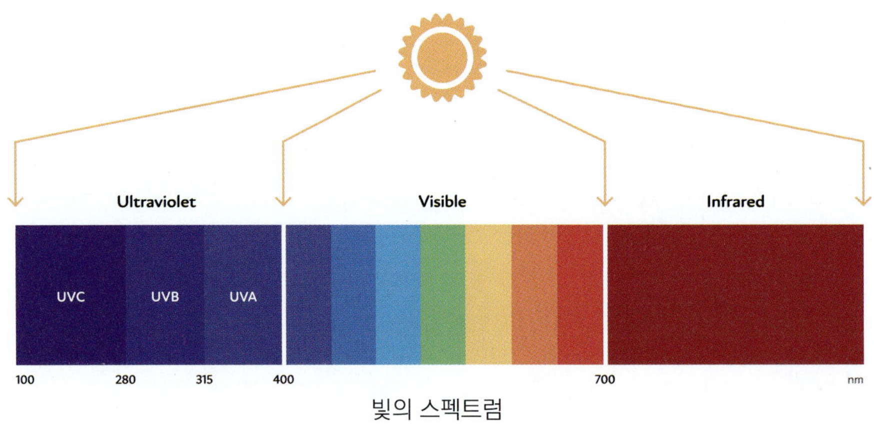

그림 1-19 빛의 스펙트럼

적색보다 밖에 있다 해서 적외선이라 한다. 인프라 레드, IR이라고도 한다. 적외선은 심부층, 근육까지 침투하는 것이 특징이며, 사람의 눈으로는 볼 수 없다. 가시광선보다 길이가 길며, 열을 발생시키는 특징이 있어 열선이라고도 불린다(열선으로 인하여 물리치료실에서 흔히 볼 수 있다).

(1) 적외선의 종류

표 1-42 적외선의 종류

종류	특징
근적외선	진피 침투, 자극 효과 모세혈관을 확장하여 세포활동이 활성화되어 노화 지연
원적외선	표피 전층, 진정 효과 사우나에서 많이 사용하고, 고혈압이나 류마티스 관절염 치료에 효과

(2) 적외선의 효과

적외선 노출 부위는 혈액량이 증가하여 혈액 순환 및 신진대사를 촉진시키고, 근육 조직의 이완과 수축을 원활하게 하여 통증을 감소시키는 효과가 있으며, 피부 온도 상승으로 혈관 이완 및 혈압을 감소키고 통증 완화 및 진정 효과가 있다.

9. 피부면역

1) 피부면역의 종류와 작용

면역은 우리 몸 안에서 작동하고 있는 군대 또는 경찰 조직과 같다고 할 수 있다. 백혈구와 적혈구로 구별한다.

면역은 부족하게 되면 건강에 이상 신호가 오게 된다. 하지만 면역이 과해도 안되므로 우리의 건강 지킴이인 면역체계들을 지켜내야 한다.

표 1-43 적혈구와 백혈구

구분	내용
적혈구	• 가운데가 음푹 들어간 형태 – 핵이 빠져나가기 때문에 음푹 들어간 형태가 됨 • 세포에 산소 운반 역할 – 표면이 넓어 산소 운반에 효율적 – 탄력성이 좋아 혈관도 쉽게 지나감 • 주로 무핵임 • 헤모글로빈의 상태에 따라 색이 결정 – 헤모글로빈은 산소가 많은 폐에서 먼저 결합 – 산소가 부족한 조직에서 분리되는 특징 • 일산화탄소나 이산화탄소를 옮기는 일도 함 • 골수에서 생성 • 특정 당단백질 항원의 종류에 따라 혈액형 결정
백혈구	• 병균과 바이러스와 싸우는 역할 (우리 몸의 세포들은 면역에 대해 일을 한다. 제일 많은 역할을 하는건 백혈구) • 혈구의 한 종류로 병균과 바이러스로부터 우리 몸을 보호 (피부염, 알레르기성 비염과 같은 알레르기 반응은 백혈구의 면역반응이다.) • 림프계와 혈액 등 몸의 전신에서 발견 • 핵을 가지고 있음 • 과립의 유무에 따라 과립혈구, 무과립혈구로 구분 • 기원의 계보에 따라 골수계세포, 림프계세포로 분류 • 혈구 호중구, 호산구, 호염기구, 림프구 및 단핵구 5가지 유형으로 세분화하여 물리적 특성으로 구별함 – 식균성: 단핵구와 호중구 – 림프구: B세포 , T세포 및 NK세포 등으로 분류

참고

면역력을 올리는 방법

- 충분한 수면
- 균형 잡힌 식생활
- 적당한 운동하기
- 스트레스 받지 않기(스트레스 = 부종)

면역 기능을 수행하는 백혈구는 크게 5가지 세포로 구성되어 있다.

표 1-44 백혈구의 종류

호중구 (neutrophil)	• 백혈구 중에서 가장 숫자가 많은 것이 호중구 • 백혈구의 약 40~70%를 차지 • 식균작용으로 박테리아, 곰팡이로 인한 감염 방어 • 감염됐을 때 초기에 움직여서 빠르게 대응 • 세균이나 진균이 몸에 들어오면 감염 부위로 곧바로 이동 • 직접 병원체를 잡아 먹음 • 병원체를 녹여서 죽이는 단백질이 있음 • 최전선에서 병원균과 싸움(싸우고 난 뒤 생기는 것이 고름) • 세균이나 진균이 들어왔을 때 즉각 대처해서 싸움 • 감염으로 인한 첫 번째 대응자
호산구 (eosinophil)	• 전체 백혈구의 4% 차지함 • 기생충을 죽이는데 싸움 • 호중구가 잡아먹기 너무 큰 세균이나 기생충 진드기에게 부착하여 파괴(세균보다 큰 균들이 들어오면 부착하여 움직이지 못하게 끌어안아 죽임. 알레르기, 기생충, 질병 등으로 인하여 증가함) • 암세포를 파괴하는데 도움을 줌 • 꽃가루 같은 알레르기 반응을 관여하는 면역세포(꽃가루 알레르기, 두드러기에 인하여 급증함) • 세포질에 산성의 에오신에 잘 염색되는 과립 가득 함유

호염구 (basophil)	• 항원반응이나 알레르기를 담당 • 혈관 확장을 유발하고 신체 방어에 도움이 되는 히스타민 방출 – 히스타민: 혈관을 확장하여 손상된 조직에 혈액의 흐름을 증가시킴 • 신체 방어에 도움을 주는 헤파린 등 화학물질을 분비 – 헤파린: 혈액이 딱딱해지지 않게 해주고 항응고 역할을 함 • 호중구와 호산구를 감염 부위로 유인하는 화학 신호를 방출 – 조직이 손상되었을 때, 몸에 상처가 났을 때 손상된 조직 안에서 히스타민인 알레르기 반응 물질을 분비하고, 상처 부위로 다른 백혈구인 호중구나 호산구 면연 체계를 유인하는 물질을 생산
림프구 (lymphocyte)	• 림프구에는 세 가지 면역세포가 있음 ① B세포 – 항체를 생산하는 세포(백신을 맞으면 항체가 생김) – 항체공장, 항원, 즉 병원균이 들어오게 되면 항체가 병원균에 붙어서 움직이지 못하게 하여 호중구나 대식세포가 찾아내어 잡아 먹음 ② T세포 – 힘이 없는 바이러스나 세균에 감염된 세포를 죽이거나 B세포 항체를 생산할 수 있도록 도와주는 역할 ③ NK세포 – 자연살해세포라고 한다. Natur Killer세포는 암세포를 죽이는 기능이 있으며, 혈액을 타고 순찰을 다니는 세포 경찰관
단핵구 (morocyte)	• 대식세포나 수지상세포로 변신함 • 아주 큰 세균, 병원체를 많이 잡아 먹기 때문에 대식세포라 함 • 대식세포는 우리 몸의 면역세포 중에서 가장 큰 세포 • 면역계의 진공청소기 • 죽은 세포의 파편도 제거 • 단핵구는 대식세포뿐 아니라 수지상세포로도 변신 • 나뭇가지 모양이어서 수지상세포라는 이름이 붙음 • 수지상세포도 병원체를 먹음 • 먹고 난 파편을 B세포와 T세포로 가져감 – 나쁜 세균으로 인식하여 찾아 공격

혈액 속 백혈구의 수치는 질병의 지표가 되기 때문에 면역세포는 각각의 역할을 수행하고 있다. 세포간에 협력하면서 우리 몸이 건강할 수 있도록 병균과 싸운다.

하지만 이런 면역시스템인 백혈구가 언제까지 버텨줄 수는 없다. 나이가 들면 백혈구 수는 감소하고 효과도 떨어지게 된다. 가장 먼저 세균이 몸안에 들어오면 나쁜 세균인지 좋은 세균인지 구분을 해야 하는데, 이런 식별 능력이 떨어져서 정상세포를 공격하게 된다. 정상세포를 공격하는 것을 자가면역질환이라 하며, 젊었을 때보다 나이 들었을 때 더 자주 발생을 하게 된다. 대식세포가 세균을 발견하면 빨리 잡아야 하지만 세균을 잡아먹는 능력이 떨어져 천천히 파괴하게 된다. 이러한 현상으로 면역체계가 둔화되고, 암이 더 빈발하게 되는 현상이 일어난다. 백신으로 항체가 생기더라도 병원체를 공격하는 기능이 떨어지므로 폐렴이나 독감이 젊었을 때보다 빈번히 걸리게 되고 심하면 사망에 하게 된다.

2장 모발생리학

1. 모발의 모주기

1) 모발의 성장주기

(1) 모발의 개요

신체의 모발은 약 100만 개 정도이며, 두피의 모발은 약 10만 개 정도이다. 두피의 모발인 머리카락은 하루 평균 0.38~0.44mm씩 밀려 나오며 각각의 모발은 출생과 함께 그 수가 결정되고, 출생 후엔 모낭이 새로 생겨나지 않는다. 모발의 모모세포가 동시에 모발을 만드는 것이 아니라 각각의 모근세포가 성장기(anagen), 퇴행기(catagen), 휴지기(talogen), 발생기(return to anagen)의 모주기를 갖는다.

표 2-1 모주기 유형

모주기 유형	모자이트 유형 (mosaic type)	싱크로나이즈드 유형 (synchronistic type)
특징	독립적 모주기	일치하는 모주기
구분	사람, 돼지, 원숭이	개, 소, 양 등

(2) 모발의 성장주기

모발은 인간의 출생부터 15~20번의 성장주기를 갖는다. 모발의 성장주기가 일찍 끝나면 탈모가 일어나며, 부위별, 영양 상태별, 성별, 체질 등으로 각기 다른 성장속도를 갖는다.

표 2-2 모발의 성장주기별 특징

모발의 주기	특징
성장기 (anagen)	• 모세혈관으로부터 영양분을 공급받음 • 세포분열이 가장 왕성한 시기 • 성장기의 수명 평균 5년(남성 3~5년, 여성 4~6년) • 하루 평균 0.38~0.44mm 정도 자라남 • 전체 모발의 80~90%를 차지함
퇴행기 (catagen)	• 대사과정이 느려지는 시기 • 세포분열이 느려지며 정지하는 시기 • 모구부의 수축으로 모유두와 분리 시작 • 퇴행기의 수명 2~3주 • 전체 모발의 1%를 차지함
휴지기 (talogen)	• 모발이 탈락되기 시작하는 시기 • 휴지기의 수명은 3~4개월 • 모구부와 모유두가 떨어진 상태 • 전체 모발의 10~15%를 차지함 • 산후탈모증의 경우 휴지기는 30% 차지
발생기 (return to anagen)	• 모유두와 모근부의 결합 모발이 다시 생성되는 시기 • 휴지기 모와 발생기 모의 공존

① 신체 부위별 일일 성장 속도

표 2-3 신체 부위별 일일 성장 속도

부위	성장 속도
모발	0.35~0.4mm
겨드랑이	0.23mm
음모	0.2mm
수염	0.27~0.38mm
눈썹	0.18mm

② 인종별 모발 성장 속도

표 2-4 인종별 모발 성장 속도

인종	한 달 성장 속도(cm)
한국인	1.3cm
인도인	1.24cm
미국 흑인	0.95cm
미국 백인	1.17cm
서아프리카 흑인	0.88cm
브라질인	1.13cm
페루인	1.14cm

③ 인종별 모의 두께

표 2-5 인종별 모의 두께

인종	머리카락 두께(㎛)
한국인	88㎛
인도인	79㎛
백인	77㎛
미국 흑인	55㎛
브라질인	77㎛
북미원주민	78㎛

Tip 흑인 모발은 건조한 자연환경으로부터 체내의 수분 손실을 방지하기 위해 자연환경과 기온에 적응하며 진화해 온 결과로, 백인과 아시아인에 비해 수분 흡수율이 현저히 낮다.

④ 인종별 모경지수

모경지수가 100에 가까울수록 모발의 단면은 원형을 이룬다. 곱슬머리일 경우 80 미만일 경우가 많다.

표 2-6 인종별 모경지수

인종	흑인	백인	동양인	에스키모인	티베트인
모경지수	50~60	62~72	75~85	77	80

Tip 흑인의 모경지수가 낮은 이유는 두피와 모발 사이의 공간 확보로 땀 배출을 잘 하기 위해서이다.

⑤ 성별 모주기

표 2-7 성별 모주기

위치	남성	여성
모발	3~5년	4~6년
수염	2~3년	2~3년
겨드랑이	1~2년	1~2년
눈썹	4~5년	4~5년
속눈썹	3~4년	3~4년
음모	1~2년	1~2년
솜털	2~4년	2~4년

Tip 남성보다 여성의 모발 밀도가 높다.

⑥ 계절별 모주기

표 2-8 계절별 모주기

계절	특징
봄	3월에 성장기 모 최대
여름	6~7월 퇴행기(강력한 햇빛에 의한 자극)
가을	9월에 휴지기 모 증가(8~9월 모발 손실 최대)
겨울	12월에 모발 성장 가장 느림

Tip 낮보다 밤에 더 잘 자란다.

2. 모발과 호르몬

1) 인체 호르몬의 기능 구조

(1) 호르몬의 개요

호르몬이란 생체의 내분비샘에서 분비되는 체액과 함께 체내를 순환하여 다른 기관이나 조직의 작용을 촉진, 억제하는 물질이다. 세포에서 만들어짐으로써 혈액을 통해 먼 곳에 있는 세포에 생화학적인 작용도 한다. 이러한 호르몬들은 작용하는 신체 장기에 특이하게 결합 되는 호르몬 수용체가 있어 호르몬 수용체라는 복합체를 생성하여 장기 특이 항원에 필요한 것을 골라 합성하여 생화학적 효과를 일으킨다. 어떤 호르몬은 하나의 표적 장기에만 작용하고, 인슐린이나 갑상선 호르몬처럼 간, 뇌, 피부 등 여러 세포에 작용하기도 한다.

(2) 호르몬의 기능 및 구조

표 2-9 호르몬의 기능 및 구조

내분비샘	호르몬	특징
뇌하수체	성장호르몬 (growth homone)	• 뇌하수체 전엽에서 분비되며, 발육과 인체성장을 촉진한다. 결핍 시 왜소증, 과다 시 거인증
	갑상샘자극 호르몬 (TSH)	• 뇌하수체 전엽에서 분비되며 물질대사를 조절, 티록신의 분비를 촉진함. 체온이 낮아지거나 스트레스에 노출될 때 분비
	생식샘자극 호르몬	• 뇌하수체 전엽에서 분비되며, 난소와 정소의 성장에 관여하고, 성호르몬의 분비를 촉진
	항이뇨 호르몬 (ADH)	• 뇌하수체 후엽에서 분비되며, 소변량과 인체의 수분량을 조절
갑상샘	티록신 (thyroxin)	• 체내의 물질대사, 이화작용 촉진, 신경세포의 분화와 성숙, 기초대사의 중요한 역할을 함
	칼시토닌 (calcitonin)	• 혈액의 칼슘량 조절, 혈액의 칼슘농도가 높을 때 낮춰줌

내분비샘	호르몬	특징
부신	아드레날린 (drenalin)	• 혈관 수축과 혈압 상승에 관여, 근육의 혈관을 확장
이자	인슐린 (insulin)	• 높은 혈당을 낮춰줌. 포도당을 글리코겐화하여 근육과 지방에 저장하여 혈당을 낮춰줌 • 세포 호흡에 의한 혈당 저하
	글루카곤 (glucagon)	• 낮은 혈당을 높여준다. 글리코겐을 포도당화하여 혈액으로 방출
난소	에스트로겐 (estrogen)	• 스테로이드 호르몬의 일종으로 여성의 2차 성징에 관여 • 비타민D와 함께 칼슘의 흡수를 돕는다. 콜레스테롤 농도를 조절
	프로게스테론 (progesterone)	• 생리주기 조절, 임신유지 호르몬, 혈당농도를 조절하고, 신경발달에 영향, 이뇨작용, 항우울작용
	릴랙신 (relaxin)	• 치골의 이완과 결합, 자궁의 연화 촉진, 분만 촉진
정소	테스토스테론 (testosterone)	• 남성의 2차 성징에 관여하고, 근육과 뼈 성장, 성욕 증진
	안드로겐 (androgen)	• 스테로이드 호르몬, 생식기의 성장 촉진, 골격근 세포성장 촉진, 지방 축적을 억제

① 뇌하수체 호르몬

뇌하수체 호르몬은 신체 내 호르몬 분비 조절을 맡고 있는 뇌의 밑면에 짧은 줄기 모양으로 붙어 있으며, 무게가 0.5~0.6 g이다.

표 2-10 뇌하수체 호르몬의 종류

위치	호르몬	기능
전엽	황체자극 호르몬 (LTH)	• 젖분비자극 호르몬, 프로락틴이라 불리며 젖샘에서 모유가 분비된다.
	황체형성 호르몬 (LH)	• 여성의 배란을 촉진한다. 폐경기–황체형성 호르몬의 증가
	성장 호르몬 (GH)	• 뼈의 성장, 근육의 발달, 신진대사에 관여한다.
	난포자극 호르몬 (FSH)	• 난포와 정자를 성숙시키고 에스트로겐의 분비를 촉진시킨다.
	갑상샘자극 호르몬 (TSH)	• 물질 대사에 관여한다. 갑상샘항진증 – 감정 불안, 맥박 증가, 돌출된 안구 등 갑상샘저하증 – 기초 대사량 낮아짐, 정신장애, 부종
	부신피질 호르몬 (ACTH)	• 스트레스 저항성 증가, 항염증작용
중간엽	멜라닌자극 호르몬 (MSH)	• 멜라닌 색소합성 및 항염증반응에 관여하고, 섭식 중추에 작용, 식이조절에 관여한다.
후엽	옥시토신 (Oxytocin)	• 자궁수축, 감정조절, 스트레스 완화, 모성반응
	항이뇨 호르몬 (ADH)	• 혈관 수축, 수분의 재흡수

② 갑상선 호르몬

갑상선에서 분비되는 호르몬으로 주 성분은 요오드(I)이다. 생리작용으로는 세포의 이화작용을 촉진하고, 기초대사량을 높여 체온을 높이고 뇌의 흥분을 강화한다. 또한 지방질 대사에 관여하고, 간의 글리코겐의 분해를 촉진시킨다.

표 2-11 갑상선 호르몬의 종류

위치	호르몬	특징
소포세포	티록신 (thyroxin)	• 갑상선의 소포세포에서 만들어지며, 포도당 분해를 촉진시켜 몸의 체온을 상승시킨다. • 어린아이의 성숙 및 신경세포 분열 증식에 관여하고 성인의 기초대사에 기여한다.
소포곁세포	칼시토닌 (valcitonin)	• 갑상선의 C세포(소포곁세포)에서 만들어지며, 혈액 내의 칼슘농도를 낮춰준다.

Tip 티록신의 분비가 저하되면 모발이 가늘어지며 체간 부위 털도 적어진다.

③ 부신 호르몬

부신은 콩팥의 위쪽에 위치하며, 콩팥위샘(Suprarenal gland)이라고도 한다. 부신의 피질과 수질로 구성되어 있으며, 부신피질은 음성되먹임 기전에 의해 조절되고, 부신수질은 신경자극에 의해 분비된다. 교감신경의 자극 또는 스트레스에 의해 아드레날린 호르몬 분비가 활성화된다.

표 2-12 부신 호르몬의 종류

	호르몬	특징
부신피질 (ACTH)	당류 코르티코이드	• 혈당조절, 면역억제, 항염작용
	염류 코르티코이드	• 체내이온균형, 혈액량과 혈압을 조절
	안드로겐 (androgen)	• 성 생식계 발달, 성 기능 영향
부신수질 (AMH)	에피네프린 (epinepHrine)	• 에너지 생성, 대사조절에 관여 • 간 – 생성된 글리코겐이 혈액으로 방출(혈당 증가) • 근육 – 아미노산 흡수, 단백질 합성(ATP 생산) • 지방조직 – 글리세롤의 가수분해(지방합성) • 심박동 증가, 미세동맥 수축
	노르에피네프린 (norepinepHrine)	• 신경 전달물질, 강한 신경성 자극을 조절 • 혈압상승 미세동맥 수축에 의한 말초혈관 확장

Tip 부신피질 호르몬의 과다분비 시 여성의 얼굴, 구렛나루와 체모의 성장이 촉진된다.

④ 이자(췌장) 호르몬

이자는 소화기관인 외분비샘과 동시에 호르몬 분비가 이루어지는 내분비기관이다. 이자는 하루에 1,200cc 이자액을 분비하고 이자의 내분비샘인 랑게르한스섬은 α세포, β세포, δ세포로 이루어져 있다. 이자에서 분비되는 인슐린과 글루카곤 호르몬의 길항작용으로 혈당이 조절된다.

표 2-13 이자 호르몬의 종류

부위	호르몬	특징
랑게르한스섬	인슐린 (insulin)	• 베타세포(α 세포)에서 분비되는 인슐린은 혈액 내의 포도당을 글리코젠 형태로 저장한다. • 글리코젠의 분해에 관여한다.
	글루카곤 (glucagon)	• 알파세포(β 세포)에서 분비되는 글루카곤은 간의 탄수화물 대사, 지방 및 단백질 대사, 세포간 포도당의 이동에 관여한다.
	소마토스탄틴 ₩(somatostatin)	• 델타세포(δ 세포)에서 분비되는 소마토스탄틴은 인슐린과 글루카곤의 억제작용에 관여한다.

⑤ 난소 호르몬

여성 호르몬이라 불리고 난소에서 생성된다. 생식샘 호르몬인 난소 호르몬은 난포에서 분비되는 에스트로겐과 황체의 프로게스테론, 릴랙신 호르몬이 분비된다. 여성의 생식 주기인 배란일과 배란 전 난포기, 배란 후 황체기의 기간을 구분하여 뇌하수체의 난포자극 호르몬(FSH)에 의해 분비된다.

표 2-14 난소 호르몬의 종류

부위	호르몬	특징
난포	에스트로겐 (estrogen)	• 여성의 2차 성징, 난포를 성숙시켜 배란을 도와준다. • 폐경기 여성 – 에스트론(estron) • 가임기 여성 – 에스트라디올(estradiol) • 임신기 여성 – 에스트리올(estriol)
황체	프로게스테론 (progesterone)	• 가임기 여성의 황체에서 분비, 자궁과 젖샘 생장, 배란 억제
	릴랙신 (relaxin)	• 자궁경관과 질을 이완시키고, 치골인대 연화

Tip 에스트로겐은 모발의 성장을 증진시키며 체모의 성장을 지연시킨다.

⑥ 정소 호르몬

남성의 정소에서 분비되는 테스토스테론은 스테로이드계의 호르몬으로 정자의 생산에 직접적인 영향을 주며, 단백질의 생산 및 저장 기능을 한다. 생식선을 자극하여 성욕을 일으키며 프로스타 글란딘의 분비로 전립선의 성장에 관여한다.

표 2-15 정소 호르몬의 종류

부위	호르몬	특징
고환	테스토스테론 (testosterone)	• 남성의 2차 성징, 정자형성 및 성숙, 생식기 발육, 성욕

2) 모발과 호르몬의 상관관계

(1)모발의 호르몬 영향

내분비기관은 모모세포의 활동을 직접적으로 관여하여 모발의 성장을 돕지는 않는다. 단, 호르몬의 분비에 의해 모발의 생성을 촉진 또는 억제하는 작용을 한다. 인체의 털은 남성 호르몬인 안드로겐의 분비와 함께 성장하고, 안드로겐에 의한 모질과 모량의 차이는 각 모낭에 따라 다르다. 크게 세 가지 형태로 구분되며 모발의 성장에 관여하는 호르몬의 종류는 다음과 같다.

표 2-16 모발과 호르몬의 상관관계

호르몬	부위
성 호르몬과 무관	속눈썹, 눈썹, 후두부, 팔꿈치 이하, 무릎 이하 다리
저농도의 안드로겐(여성형 안드로겐 농도)	겨드랑이털, 체간의 털
고농도의 안드로겐	정수리 이마, 수염, 가슴, 음모

(2) 에스트로겐

부신피질에서 분비되는 안드로겐은 연모를 종모가 되도록 생성을 촉진하는 호르몬으로, 고농도의 안드로겐은 더 많은 모낭의 모를 생산하고 주로 남성의 턱수염에 작용하며, 두피의 모발에는 종모를 연모화시키는 작용을 한다.

(3) 에스트로겐

여성 호르몬인 에스트로겐은 남성 호르몬인 테스토스테론과는 반대로 모발의 성장을 촉진시키는 작용을 하며, 체모와 모낭의 활동을 억제하는 작용을 한다.

(4) 코르티솔

스트레스에 반응하여 분비되는 호르몬으로 체모와 모발의 털의 성장을 억제하는 작용을 한다.

(5) 프로게스테론

여성 황체 호르몬인 프로게스테론은 모발 생성의 억제 효과가 있으며, 체모의 성장을 촉진시키는 작용을 하며 몸의 체온을 높여준다.

(6) 갑상선

대사작용을 하는 갑상선 호르몬은 모모세포 분열을 일으켜 휴지기의 모발을 생장기의 모발로 전환하는 작용을 한다. 체모와 두피의 성장을 촉진시킨다.

(7) 뇌하수체 전엽

뇌하수체의 기능이 낮아지면 모발의 성장도 낮아진다.

3. 모발의 구조

모발은 단백질과 아미노산의 구조로 되어있고 기능분, 지질 등으로 이루어져 있다. 모발의 4원소(아미노산과 미네랄, 비타민, 호르몬)로 자율신경계가 원활하게 분비될 때 비로소 건강한 모발이 나오고, 멜라닌 색소에 문제가 생길 경우엔 새치가 올라온다.

털은 털구멍인 모낭에서 자라며, 모낭은 표피에서 피하조직까지 깊이 들어가 묻혀 있는 관 모양처럼 생겼다.

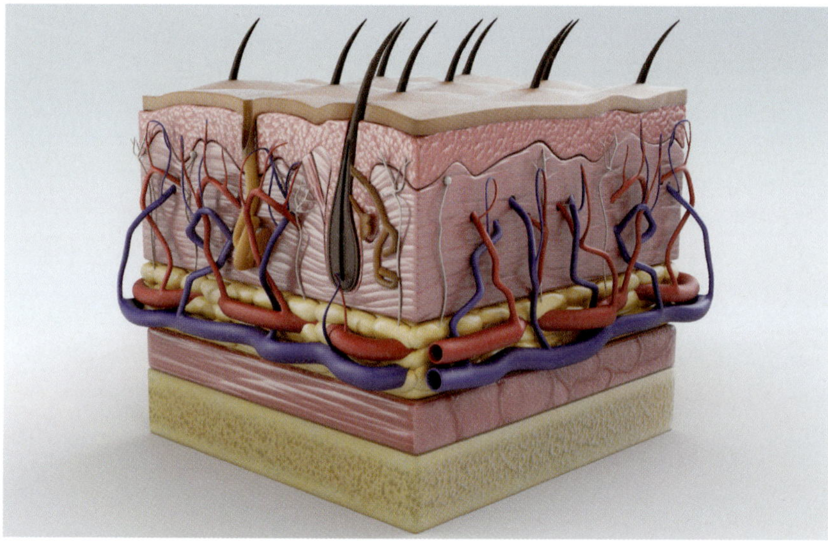

그림 2-1 모발

1) 모발의 형태 및 구조

(1) 모발의 형태

표 2-17 모발의 형태

형태	모양	인종	형태
직모	둥근 모양	황인종/92%	일직선으로 세워짐
파상모	타원형	백인종/2.3%	비스듬히
축모	납작	흑인종/5.7%	굽어진 형태

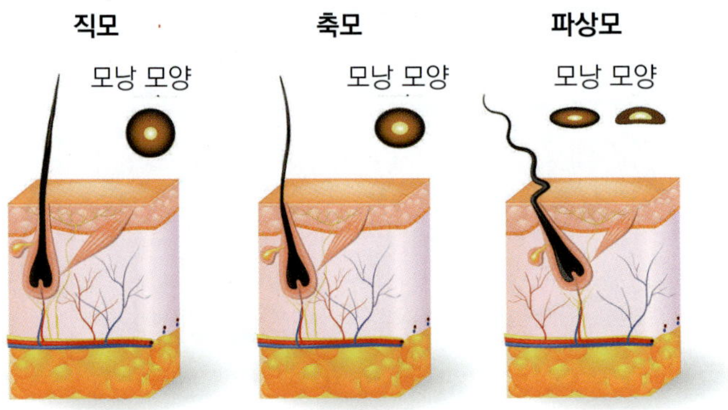

그림 2-2 모발의 종류

표 2-18 모발의 구분

모발의 굵기	모발의 직경	굵기	형성시기
가는 모발/취모	0.05~0.07mm	약 0.02mm	태아 시기
보통 모발/연모	0.08~0.09mm	0.05~0.08mm 이하	사춘기 이전
굵은 모발/경모	0.10~0.15mm	0.15~0.20mm	30대 이후
종모			경모화된 이후

(2) 모간과 모근

표 2-19 모간과 모근

모발의 형태	내용
모간 (hair shaft)	• 털이 외부로 나와 눈에 보이는 부분 • 털줄기 또는 모간부 • 외측에서 모소피(cuticle), 모피질(cortex), 모수질(medulla)로 구분
모근 (hair root)	• 피부의 구조 중 표피 바로 아래에 위치 • 모근과 관계되는 주요 구조: 모낭, 모구, 모유두 • 피부 내부에 눈에 보이지 않는 부분(모낭에 둘러싸여 있음) • 털 뿌리 또는 모근부 • 섬유층과 비늘층

2) 모발의 기능

(1) 모발이란?

우리 몸은 털로 덮여있다. 인간의 몸에는 손바닥, 발바닥, 배꼽, 유두, 눈꺼풀, 입의 점막 등을 제외한 몸의 전신에서 털이 자란다.

털은 포유류만 가지는 특징이다. 그래서 포유류는 환경의 온도 변화가 있을 때 털의 수축과 이완으로 체온을 조절하여 생명을 유지하는 항상성을 가진다.

추우면 털을 세움으로써 근육을 수축하여 열이 밖으로 나가지 못하게 하여 털 사이에 공간을 만들고, 더우면 근육을 이완하여 털을 눕혀 열을 밖으로 내보내 피부 온도를 낮춰주며, 주변 환경으로부터 피부를 보호해주는 역할을 한다.

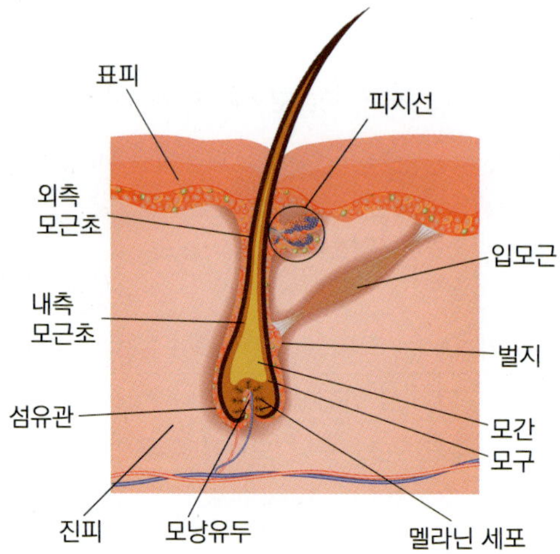

그림 2-3 모발의 구조

(2) 모발의 기능

표 2-20 모발의 기능

모발의 기능	내용
충격완화	충격으로부터 뇌를 보호, 쿠션 역할
온도유지	모발 사이에 작은 공간 형성으로 온도 유지
보호 기능	태양열, 즉 자외선을 차단, 수축과 이완으로 체온조절 우리 몸의 잔털들은 피부와 피부 사이에 마찰을 막아주며, 벌레나 외부로부터 첫 번째 보호막 역할을 하고 두부를 보호
이물질 침투 방지	먼지, 땀, 벌레 등 침투 방지
배출 기능	수은, 비소, 아연 등의 중금속, 노폐물 배출(모모세포에서 흡수하여 밖으로 배출)
장식의 기능	남성, 여성의 특징 부여, 개성과 이미지를 표현

(3) 부위별 모발 기능

털이 나 있는 부위에 따라 체모, 두발 ,음모, 수염 등으로 구분한다.

① 얼굴 털

표 2-21 얼굴 털 종류

눈썹	• 땀이 눈에 들어가는 것을 막아줌 • 눈부심 방지 • 보호장치 • 눈썹 디자인을 통해 이미지 변화가 가능
속눈썹	• 추가 보호막 • 아름다운 눈을 보호 • 눈의 온도 유지(작은 개인용 그늘) • 속눈썹은 눈을 보호하는데 중요한 역할 • 미적 아름다움을 주는 장식의 기능
코털	• 최고의 방어수단으로 꽃가루가 코에 들어가는 것을 방지. 먼지로부터 보호
귀털	• 귀안에 작은 털세포 소리에 감지하는 감각세포를 스치며 소리 들음 • 달팽이관 안에 작은 액체와 털세포들이 진동하여 소리를 감지 • 귀털이 없다면 위아래 감지 못하여 걷지 못함

코나 볼, 눈썹 사이에 나는 가시털은 탈락되어야 하는 털이 털과 피지에 뭉쳐 떨어지지 못하고 작은 가시처럼 얼굴에 남아있는데 블랙헤드처럼 보이기도 한다.

② 팔(손가락)

모공이 열려있어 세균과 자외선을 막기 위함이지만 점점 없어질 수 있다. 온갖 기름때와 먼지로부터 몸을 보호한다.

③ 다리(발가락)

체온을 유지하고 감각기능을 완화하기 위하여 존재하며, 외부의 노폐물과 미세먼지로부터 몸을 보호해준다.

④ 겨드랑이

겨드랑이 피부는 얇기 때문에 팔을 움직일 때 발생하는 마찰 감소와 페르몬을 분비한다.

(4) 모발의 특성

표 2-22 모발의 특성

특성	내용
모발의 인장 강도	• 모발을 당겼을 때 끊어지지 않고 견디는 힘. 모발의 강도 • 인장특성은 축 방향으로 힘을 작용시켜 인장시킬 때 작용하는 힘과 변형과의 관계를 나타내는 것 • 60%의 상대습도에서 측정. 측정조건은 수분율, 전처리 이력, 길이, 굵기, 시험 속도, 실험실의 온도와 습도, 손상 정도 등에 따라 인장강도에 영향을 미침 • 모표피보다는 모피질의 특성에 의해 영향 • 신장률은 40~50%, 물에 젖었을 때는 60~70%
모발의 팽윤	• 물체가 액체를 흡수하여 본질은 변하지 않고 체적을 늘리는 현상 • 물에 담가두면 길이 1~2%, 직경 15%, 무게 30% 정도 증가 • 모발은 무한 팽윤을 하고 케라틴은 유한 팽윤
모발의 열에 의한 변화	• 모발에 영향을 미치는 열은 건열과 습열 ① 건열은 외관적으로 120℃ 전후에서 팽화. 130~150℃에서 변색 시작, 270~300℃는 타서 분해하기 시작 ② 습열은 100℃ 전후와 화학적 열 발생으로 150℃ 전후 시스틴 감소, 습열 130℃에서 10분간 방치 또는 화학적으로 180℃가 되면 모발케라틴의 α 형은 β 형으로 변화

특성	내용
모발과 자외선	• 모발에 영향을 주는 것은 적외선과 자외선 • 자외선이 멜라닌 색소를 파괴, 탈색반응으로 모발 손상에 영향을 미침 • 광학적 반응에 의해 시스틴이 감소, 알칼리 용해도 증가 • 알칼리 용해도는 케라틴의 손상에 비례하여 증가 • 자외선에 의한 변성은 모발의 외견상의 변화는 볼 수 없지만, 모발 케라틴의 화학성분인 아미노산이 변성되어 시스틴의 함유량 저하로 모발의 탄력성이 약해짐

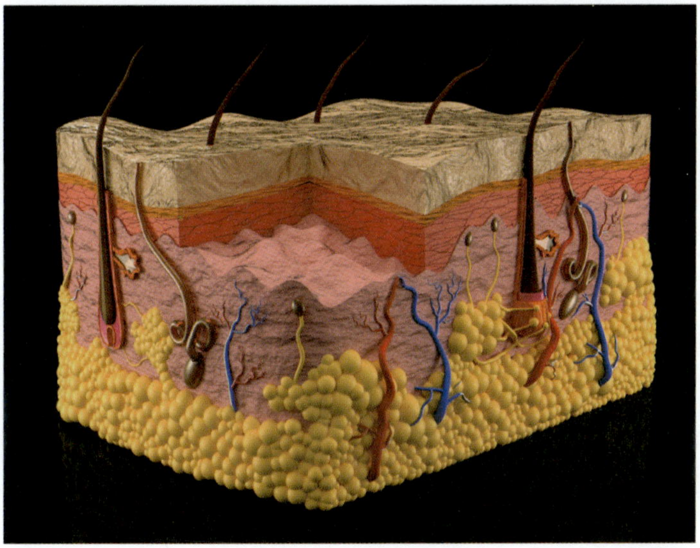

그림 2-4 모발의 단면

3) 모발의 주성분

모발은 80~90%가 단백질의 일종인 경케라틴이고, 나머지는 멜라닌 색소(3%), 지질(1~8%), 수분(10~15%), 미량원소(0.6~1%) 등으로 구성되어 있다.

표 2-23 모발의 성분

성분	내용
케라틴 (keratin)	• 신체의 구조에 관여하는 단백질(collagen, fibrin, elastin, keratin) • 8종류의 아미노산 • 시스틴(cystine)이라는 비필수아미노산이 가장 많이(14~18%) 차지 • 시스틴은 케라틴의 물리적, 화학적 성질을 특징짓는 것 • 피부의 표피는 연케라틴, 모발은 경케라틴으로 구별
지질 (lipids)	• 피지선에서 분비된 피지, 피질세포, 자신이 가지고 있는 지질을 함유 • 분비량과 조성은 개인차가 있다. 내부요인과 외부요인에 따라서 영향 • 두부에 가장 많이 분포 • 피지막 자체에 있는 피지는 피부와 모낭에 항상 존재 • 미생물, 효소 리파제의 작용에 의해 중성지방 일부가 가수분해되어 글리세린과 유리지방산으로 됨 • 유리지방산, 땀, 젖산, 아미노산 등에 의해 약산성(pH 4.5~5.5)의 특징 • 피지막의 pH라고 칭함
수분 (moisture)	• 유연함, 광택, 통풍, 인장강도, 정전기량 등 모발의 기계적인 성질과 미용상의 특성으로 영향을 받음 • 수분을 흡수하는 성질로 평소에 10~15%의 수분을 함유 • 수분 측정은 일정한 온도 25℃, 습도는 65% 이하에서 실시 • 샴푸 직후에는 30~35%, 드라이로 건조를 하여도 10% 정도 함유 • 모발손상도가 크면 수분의 보유력이 약화 • 수분 함량이 10% 이하가 되면 건조모
미량원소 (trace element)	• 금속의 종류에 따라서 색이 다르게 나타남 • 백발=니켈, 흑발=구리, 코발트, 철, 황색모=티탄산염, 적색모=철, 몰리브덴이 함유 • 이외는 탄소, 수소, 질소, 황의 기본 요소와 인, 규소 등의 비금속과 30여 종의 무기성분 • 모발 케라틴은 금속과 쉽게 결합하는 산성기를 가지며, 칼슘, 카드뮴, 크롬, 구리, 수은, 아연, 납, 비소, 규소 등은 모발 세정용 제품, 모발화장품, 모발 스타일링 제품, 땀, 환경오염, 먼지 등에 함유되어 있는 금속이온과 부착되어 모발섬유조직에 포함 • 모발 세정용 화장품 1회 사용 시(10g 사용)에 중금속 노출량 = 납 0.46㎍, 망간 = 0.67㎍, 크롬 = 0.69㎍, 니켈 = 0.46㎍, 구리 = 0.22㎍이 모발에 축적

4. 모근의 구조 및 기능

모근은 나무뿌리 같은 모발 성장의 근본이라 할 수 있다. 모발 성장에 필요한 영양분을 혈관에서 공급받아 세포분열을 통해 모발을 만들어내는 부분이다.

태아의 경우 9~12주 경에 생성되는 모근은 피부 배아세포의 세포분열에서부터 시작한다. 두피 안쪽에 위치하는 부분으로 크게 모누두부(infundibulum), 협부(isthmus), 모낭하부(inferior)로 구분하고, 각각의 부위 안에는 피지선(sebaceous gland), 입모근(arrector pili muscle), 모구부(모모세포, 모유두), 모낭(hair follicle) 등이 있다

표 2-24 모근의 종류

모근의 구성	내용
모낭 (follicle)	• 태아의 경우 9주경 발생 • 두피 속에 함몰되어 있는 내외피층의 피막주머니 모양 • 피부, 두께, 위치에 따라 깊이가 각각의 다른 모낭 • 피지선이 각각의 모낭에 달려있음 • 종단면은 하단부터 누두부(infindibulum), 협부(isthmus), 모낭하단부(suprabular), 모구(bulb)부로 구분
모구 (bulb)	• 모공에 들어가 골을 이루고 있음 • 모근의 아래 부분에 형성. 모발이 생장하는 장소 • 전구 모양으로 털뿌리가 들어 있는 부분 • 두꺼운 곤봉형 모양 • 모구 크기에 따라 모발 굵기가 달라짐 • 세포 분열을 위한 모세혈관, 모유두, 모모세포가 연결 • 케라틴의 모양 및 강도, 성질 등이 결정되고 개인차가 있음 • 퇴화기 때에는 혈관이 남아있고, 휴지기에는 혈관이 안 보임 • 성장기로 진입하면서 새로운 혈관망을 형성하여 모구가 생성

모근의 구성	내용
모유두 (papilla)	• 산성분과 영양분 흡수로 원활한 세포 대사활동 • 모발의 발생과 순환 주기에 관여하는 핵심 세포 • 새로운 모발을 유일하게 형성할 수 있는 세포 • 작은 원추형으로 솟아 있음 • 혈관과 신경이 많이 분포 • 모낭 아래에 위치해 있으며 모근과 붙어있음 • 모구에 영양분 전달 역할 • 18가지 아미노산을 만들어내는 원료공장 • 모유두 크기로 모발 굵기 결정 • 입모근(털세움근)은 인체의 체온조절 기능을 하는 부분
모모세포	• 모기질 세포라고도 불림 • 여러 종류의 세포로 분화할 수 있는 능력 • 세포 분열을 통해 모발생장에 중요 역할(모표피, 모피질, 모수질). 멜라닌 색소 포함 • 모유두에서 영양을 공급받아 분화하는 만큼 영양공급이 중요 • 모발손상 원인 중 생리적 원인에 기반하여 영향을 받음 • 서로 다른 4가지 형질인 모표피, 모피질, 모수질, 내모근초로 분화하여 서로 다른 조직을 구성 • 모모세포가 성장하게 되면 모발 성장도 자연스럽게 재생이 됨
피지샘	• 모낭과 연결되므로 모공을 통해 피지는 피부로 배출 • 하루 배출되는 양은 1~2g이 정상. 적게 배출되면 건성, 많으면 지성 • 기름샘(피지선, sebaceous gland)은 털구멍벽 쪽에 붙어있음 • 피지(sebum)를 분비함으로써 털을 매끄럽게 함
입모근	• 입모근 또는 기모근, 털세움근 등 여러 명칭으로 불림 • 인체의 체온조절 기능을 함 • 자율신경의 지배를 받음 • 불수의근 • 공포를 느끼면 근육을 수축하여 털을 세우는 기능을 함

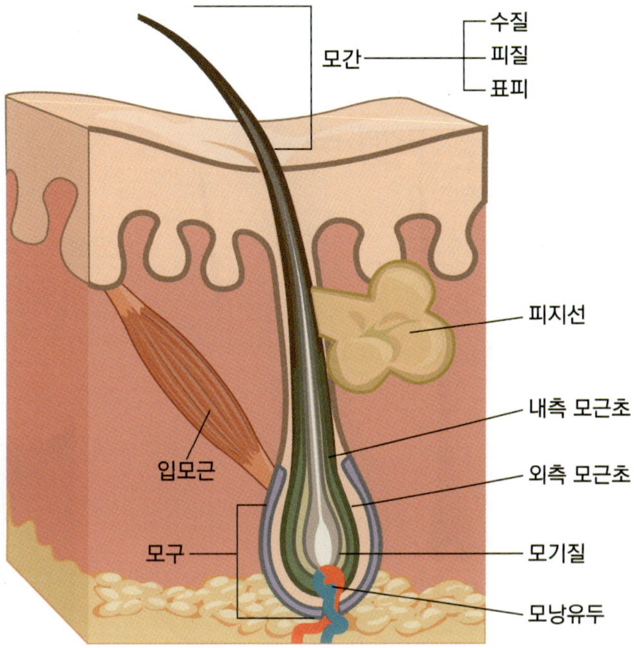

그림 2-5 모근의 구조

표 2-25

구분(머리카락을 부드럽게 하는 성분)	기능	구성
내모근초(innerroot sheath)	모간의 방향을 정해주고 모발의 성장에 관여	
외모근초(outerroot sheath)	막이 한정된 과립(granule)과 각질 소체(cementosome)를 생성	두 개의 층으로 구성
결직초(dermal sheath)		

5. 모간의 구조 및 기능

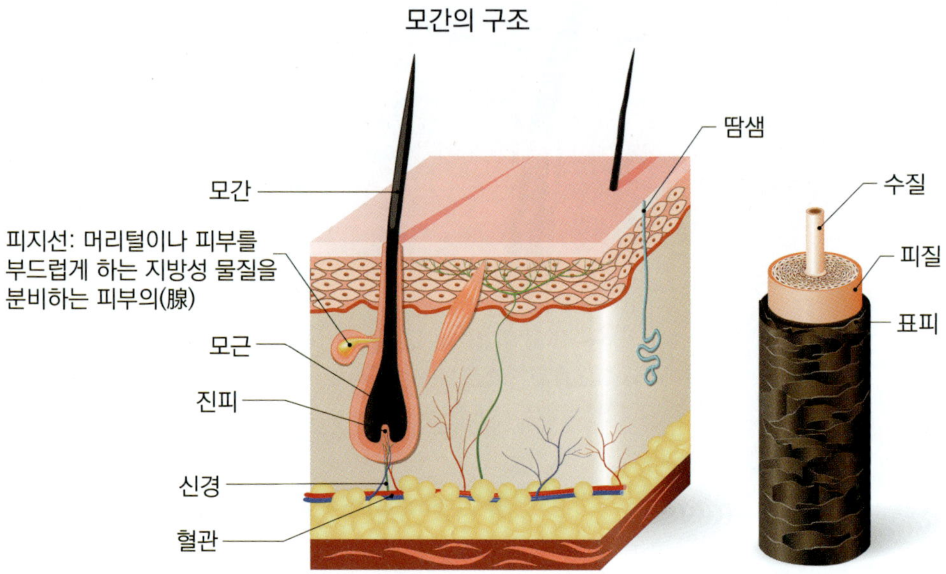

그림 2-6 모간의 구조

1) 모표피

① 화학적 저항이 강한 층으로 무색투명. 무핵의 각질세포. 큐티클이라고도 한다.

② 모발의 10~20%를 차지, 가장 외측에 위치

③ 5~9층의 얇고 딱딱한 비늘 모양

④ 투명한 친유성, 보호층이며 광택을 낸다.

⑤ 모표피가 자극에 의해 손상되면 모피질을 보호하는데 문제가 생긴다.

2) 모피질

① 모발의 70~90%를 차지. 중간에 위치. 18종의 아미노산 단백질로 구성

② 3층 중 가장 두꺼운 층. 모발을 지탱하는 가장 중요한 부분

③ 모발 탄력, 강도, 질감, 모양, 감촉 등 모발의 성질을 나타낸다.

④ 모발의 응집력과 색상을 결정하는 멜라닌 색소 함유

(1) 큐티클의 3종류

표 2-26 큐티클의 종류

종류	분류	위치	시스틴 (모발견고성)	특징	강도
에피큐티클 (epicuticlel)	친유성	모발외측, 최외표피	각질 시스틴 많음	저항성은 강, 기계적 작용은 약	화학약품에 강함
엑소큐티클 (exocuticlel)	중간적 성질, 불안정층	외표피	시스틴 함량이 높 음(웨이브반응)	멜라닌 색소 함유 케라틴층	펌제에 약함
엔도큐티클 (endocuticl)	친수성	모발의 가장 안쪽, 내표피	시스틴 함량이 낮음	케라틴 단백질의 침식성 약품에는 강하지만, 친수성이나 알칼리성 용액 등의 단백질 침식성 약품에는 약함	알칼리에 약함

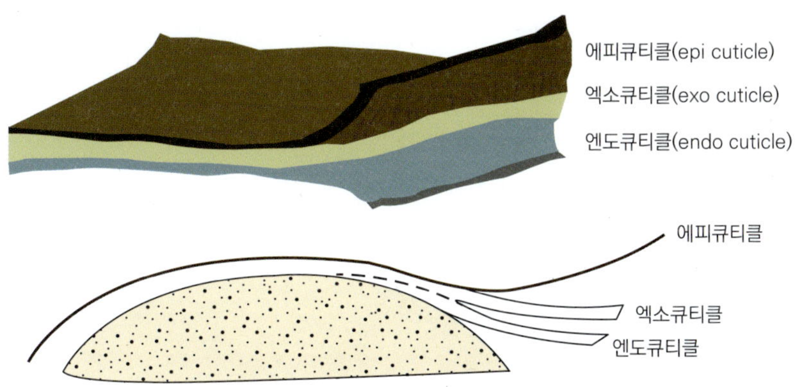

그림 2-7 큐티클의 구조

(2) 케라틴 단백질의 주요 성분

모수질의 종류	조직	단백질 구성
매크로파브릴 (macrofibril)	거대섬유	가늘고 조직화된 미세섬유와 조직화되지 않은 기질
마이크로파브릴 (microfibril)	미세섬유	원섬유의 다발
프로토파브릴 (protofibril)	원섬유	3가닥으로 된 이중나선형 구조

(3) 모피질 세포 = 세포막 복합체에 의한 단위세포막이 융합으로 모피질을 형성

구분	내용
결정성 영역	• 피질세포, 폴리펩티드(polypeptide)가 규칙적으로 배열 • 많은 수소 결합으로 인해 화학 반응이 어렵다.
비결정성 영역	• 피질세포와 피질세포 사이를 채우는 세포간충물질 • 적은 분자량의 폴리펩티드로 이중나선형 구조의 단백질이 불규칙적으로 배열

3) 모수질

① 모발의 가장 안쪽에 위치, 액체로 채워진 부드러운 각화세포

② 이온성 아미노산과 금속이 적은 케라틴으로 구성

③ 벌집 형태의 다각형의 세포가 세로로 나열되어 존재

④ 벌집 형태의 구멍 사이에 있는 공기의 양이 많을수록 광택이 난다.

표 2-27

굵기	모수질	탄력 유무	웨이브 형성도	기계적 · 화학적 손상도
굵은 모	많다	많다	우수하다	많다
가는 모 (0.09mm)	없을 수도 있다	작다	잘 안된다	거의 받지 않는다

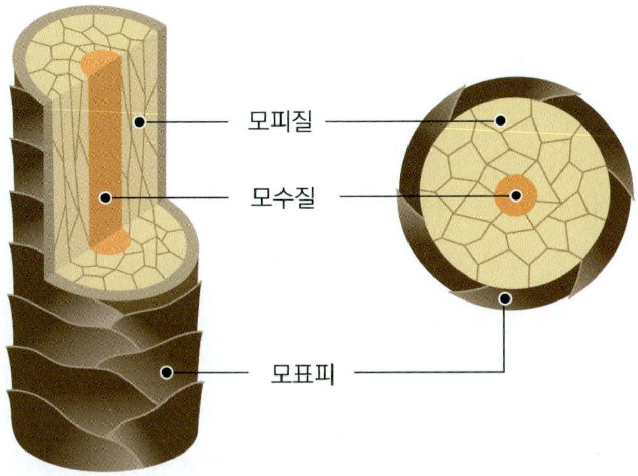

그림 2-8 모수질의 구조

6. 내분비계 호르몬

1) 내분비계

우리 인체의 내부 혈관을 통해 분비되는 것, 즉 호르몬을 내분비계라고 한다. 신체 전반에 생리적 조절을 위해 순환하는 화학적 전달 물질이 호르몬(hormone)이다. 화학물질이 분비세포로부터 혈액 내로 방출되며, 내분비계는 신경계와 함께 생체 기능을 조절하는 조절계이다. 신경계는 정보의 전달을 위해 상호간에 유선적으로 연결되어 있다.

내분비계는 무선 연결로 호르몬이 혈액에 의해 표적기관으로 운반되어 기능을 수행한다. 외분비계와는 다르게 관을 통해 이동하지 않고 세포에서 혈관을 통해 직접 이동한다.

내분비계는 어떠한 분비물(호르몬)이 안쪽으로 분비되고, 외분비계는 땀과 피지, 즉 땀은 땀샘, 피지는 피지선의 분비도관 통로를 통해 분비된다. 배출되는 땀과 피지, 타액선, 췌정선 등이 외분비계에 해당된다.

분비계는 호르몬의 이야기라고 할 수 있다. 내분비계의 종류는 뇌하수체, 송과선, 갑상선, 흉선, 부신, 췌장, 여성과 남성 생식샘을 포함한다.

표 2-28 내분비계 종류

단독 내분비선	뇌하수체, 송과선, 갑상선, 부갑상선
혼합형 분비선	소화계 – 췌장(이자), 남녀생식계 – 고환, 난소

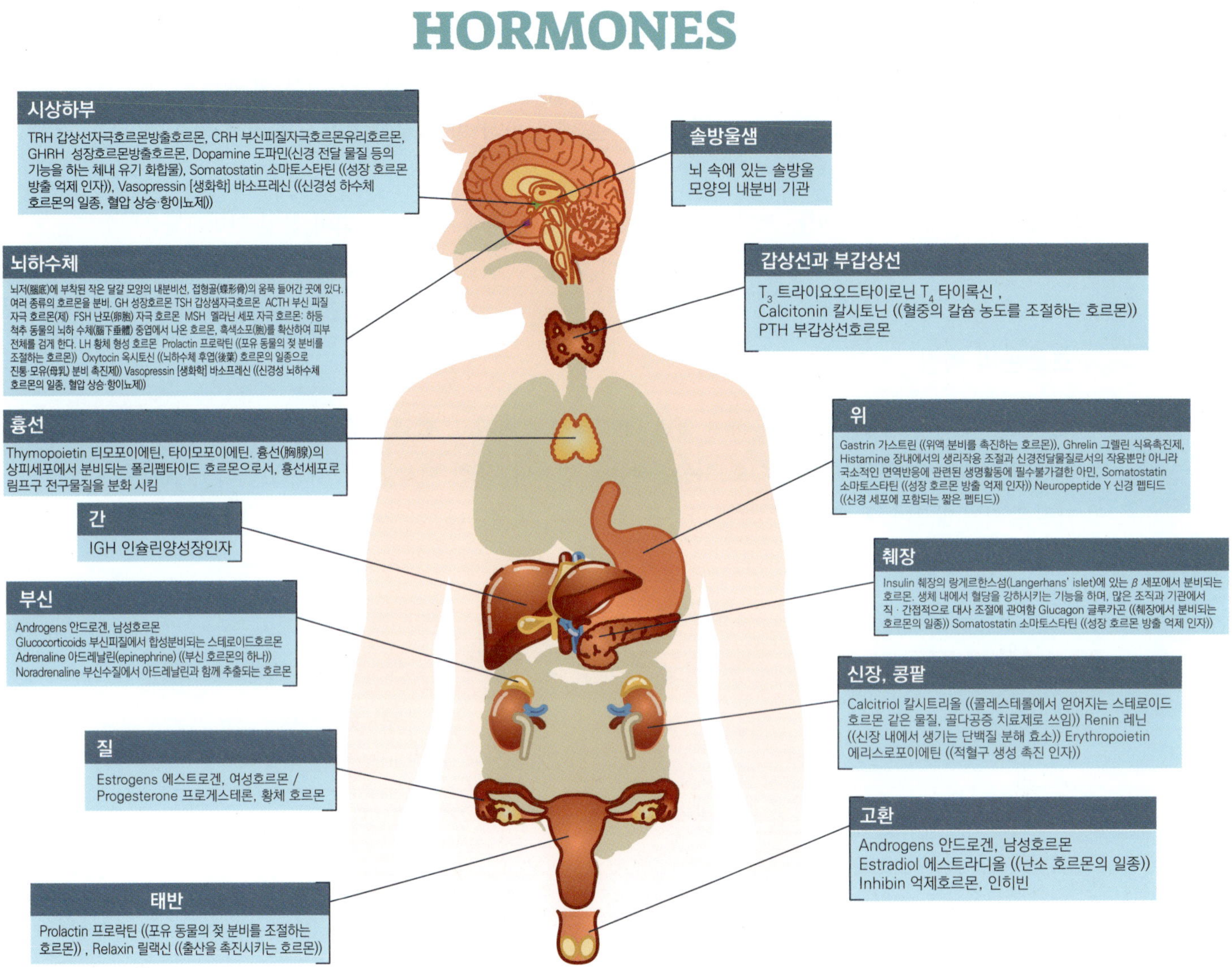
HORMONES
시상하부
TRH 갑상선자극호르몬방출호르몬, CRH 부신피질자극호르몬유리호르몬, GHRH 성장호르몬방출호르몬, Dopamine 도파민(신경 전달 물질 등의 기능을 하는 체내 유기 화합물), Somatostatin 소마토스타틴 ((성장 호르몬 방출 억제 인자)), Vasopressin [생화학] 바소프레신 ((신경성 하수체 호르몬의 일종, 혈압 상승·항이뇨제))
솔방울샘
뇌 속에 있는 솔방울 모양의 내분비 기관
뇌하수체
뇌저(腦底)에 부착된 작은 달걀 모양의 내분비선, 접형골(蝶形骨)의 움푹 들어간 곳에 있다. 여러 종류의 호르몬을 분비. GH 성장호르몬 TSH 갑상샘자극호르몬 ACTH 부신 피질 자극 호르몬(제) FSH 난포(卵胞) 자극 호르몬 MSH 멜라닌 세포 자극 호르몬: 하등 척추 동물의 뇌하 수체(腦下垂體) 중엽에서 나온 호르몬, 흑색소포(胞)를 확산하여 피부 전체를 검게 한다. LH 황체 형성 호르몬 Prolactin 프로락틴 ((포유 동물의 젖 분비를 조절하는 호르몬)) Oxytocin 옥시토신 ((뇌하수체 후엽(後葉) 호르몬의 일종으로 진통·모유(母乳) 분비 촉진제)) Vasopressin [생화학] 바소프레신 ((신경성 뇌하수체 호르몬의 일종, 혈압 상승·항이뇨제))
갑상선과 부갑상선
T_3 트라이요오드타이로닌 T_4 타이록신 ,
Calcitonin 칼시토닌 ((혈중의 칼슘 농도를 조절하는 호르몬))
PTH 부갑상선호르몬
흉선
Thymopoietin 티모포이에틴, 타이모포이에틴. 흉선(胸腺)의 상피세포에서 분비되는 폴리펩타이드 호르몬으로서, 흉선세포로 림프구 전구물질을 분화 시킴
위
Gastrin 가스트린 ((위액 분비를 촉진하는 호르몬)), Ghrelin 그렐린 식욕촉진제, Histamine 장내에서의 생리작용 조절과 신경전달물질로서의 작용뿐만 아니라 국소적인 면역반응에 관련된 생명활동에 필수불가결한 아민, Somatostatin 소마토스타틴 ((성장 호르몬 방출 억제 인자)) Neuropeptide Y 신경 펩티드 ((신경 세포에 포함되는 짧은 펩티드))
간
IGH 인슐린양성장인자
췌장
Insulin 췌장의 랑게르한스섬(Langerhans' islet)에 있는 β 세포에서 분비되는 호르몬. 생체 내에서 혈당을 강하시키는 기능을 하며, 많은 조직과 기관에서 직 · 간접적으로 대사 조절에 관여함 Glucagon 글루카곤 ((췌장에서 분비되는 호르몬의 일종)) Somatostatin 소마토스타틴 ((성장 호르몬 방출 억제 인자))
부신
Androgens 안드로겐, 남성호르몬
Glucocorticoids 부신피질에서 합성분비되는 스테로이드호르몬
Adrenaline 아드레날린(epinephrine) ((부신 호르몬의 하나))
Noradrenaline 부신수질에서 아드레날린과 함께 추출되는 호르몬
신장, 콩팥
Calcitriol 칼시트리올 ((콜레스테롤에서 얻어지는 스테로이드 호르몬 같은 물질, 골다공증 치료제로 쓰임)) Renin 레닌 ((신장 내에서 생기는 단백질 분해 효소)) Erythropoietin 에리스로포이에틴 ((적혈구 생성 촉진 인자))
질
Estrogens 에스트로겐, 여성호르몬 /
Progesterone 프로게스테론, 황체 호르몬
고환
Androgens 안드로겐, 남성호르몬
Estradiol 에스트라디올 ((난소 호르몬의 일종))
Inhibin 억제호르몬, 인히빈
태반
Prolactin 프로락틴 ((포유 동물의 젖 분비를 조절하는 호르몬)) , Relaxin 릴랙신 ((출산을 촉진시키는 호르몬))

그림 2-9 내분비계

2) 호르몬의 기능

호르몬은 신체의 성장과 발육에 관여한다. 생식기, 골격 등의 발달, 세포 대사작용 및 전해질, 에너지와 영양소의 균형 및 유지, 내부환경 조절과 스트레스 방어 및 신체의 항상성 유지에 매우 중요한 역할을 한다.

왁싱 관리 시 중요 대상이 되는 모발은 내분비계의 자극에 의해 성장하게 되어 왁싱 관리자들은 인체해부학적으로 내분비계의 모발 성장을 이해해야 한다.

3) 호르몬의 특징

내분비선으로 나와 저장, 자극에 응하여 혈관 내에 직접 분비되고, 혈액을 통해 운반된다. 표적세포를 가지고 있고, 호르몬 수용체로 호르몬의 작용을 받는다. 또한 대사 조절, 대사반응의 직접적인 기질은 되지 않으며, 촉매작용에 의해 반응을 촉진 또는 억제한다.

표 2-29 호르몬의 특징

호르몬의 공통적인 작용		
생장, 발육 조절 및 생식기, 골격	발달에 관여	하수체, 갑상선, 성선, 부신 피질, 흉선, 수액
자율 기능, 본능적인 행동	성행동, 모성행동, 교감신경, 긴장상태 등	하수체 성선, 부신
내부환경의 조절	전해질, 영양소의 균형, 축적처리 등	하수체, 부갑상선, 부신, 췌장, 소화관

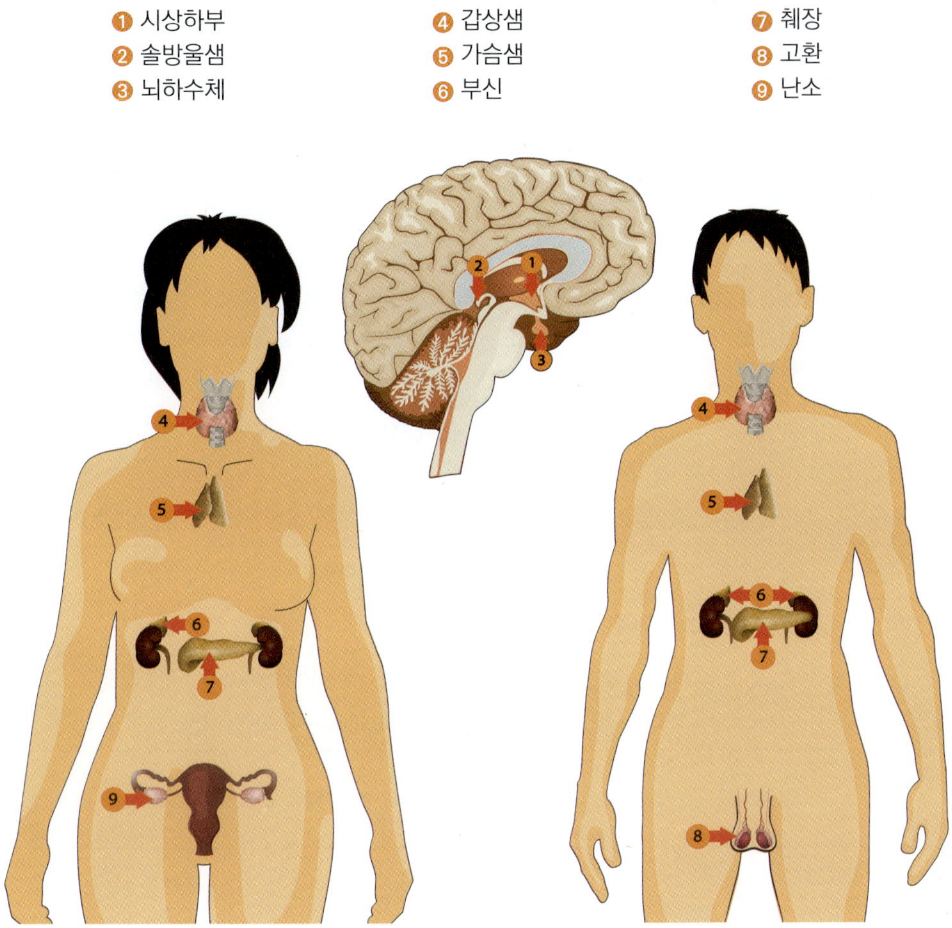

그림 2-10 호르몬의 종류

4) 내분비계의 종류

(1) 시상하부

① 뇌 전체 부피의 1% 이하를 차지, 자율신경계의 최고 중추이며, 생체 항상성 기전이나 내분비 기능의 최고의 조절중추로 작용한다.

② 인체 호르몬의 99%를 간뇌가 통제한다.

③ 실제 간뇌의 기능은 위쪽은 시상, 아래쪽을 시상하부. 간뇌의 주기능은 시상하부가 담당한다.

④ 뇌하수체의 전엽에 작용하는 호르몬의 분비

⑤ 촉진시키는 호르몬과 분비를 억제하는 호르몬

표 2-30 시상하부의 기능

기능	내용
감정 표출	감정은 대뇌겉질의 작용이지만, 감정의 신체적 표현(감정 표출)에는 시상하부의 통합 작용이 필요하다. 뒤시상하부의 앞쪽 핵을 자극하면 동물은 분노를 나타낸다.
체온조절	온열중추: 초혈관확장, 땀, 호흡 촉진, 심장 박동수 감소, 혈압 강하 등의 체열발산활동이 활발 한랭중추: 말초혈관 수축, 심장박동수 증가, 털세움(소름돋기), 떨림, 혈당치 상승
음수조절	음수중추: 혈액의 삼투압이 높아질수록 갈증이 난다.
음식물 섭취조절	포만중추: 과도한 음식물 섭취를 억제 섭식중추: 섭식행동, 식욕을 증진
순환기와 소화기에 대한 작용	뒤시상하부 자극: 혈압 상승 앞시상하부 자극: 혈압 하강, 위액이 분비. 파괴하면 소화관 궤양, 출혈 발생
뇌하수체 기능의 조절	신경세포는 시삭상핵 = 항이뇨 호르몬 분비, 실방핵 = 옥시토신(oxytocin) 분비

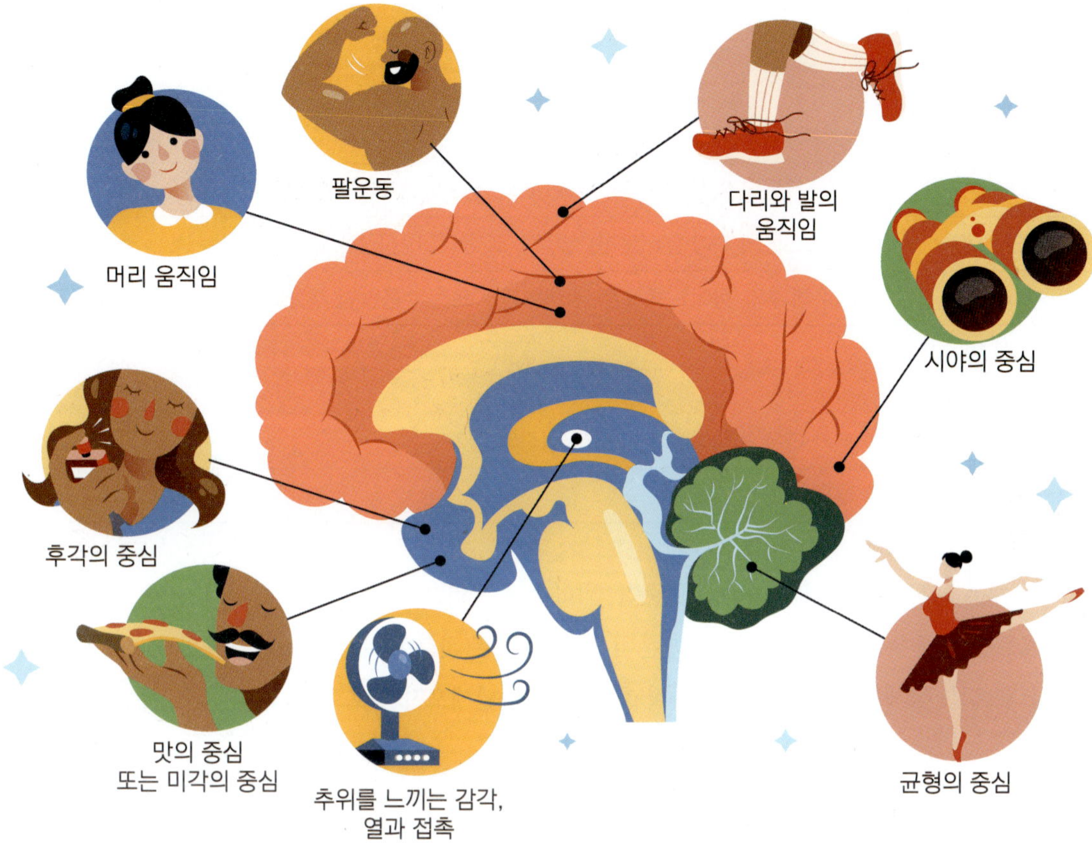

그림 2-11 뇌의 구조

(2) 뇌하수체

① 뇌가 아닌 뇌분비샘으로 간뇌 쪽으로 이어지는 첫 번째 뇌분비샘이 뇌하수체이다.

② 내분비계에서 지배하는 내분비선으로 생식선을 포함하고, 다른 내분비선의 모든 활동을 조절하며, 성장을 포함한 모든 대사과정에 영향을 미친다.

표 2-31 뇌하수체 관련 질환

관련된 질환	증상
거인증	장골 성장이 지나치게 키가 크는 병
왜소증	성장 호르몬의 분비 부족으로 1~1.25m 정도의 신장을 보이는 것
말단거대증	성장 호르몬의 과다 분비로 손, 발, 턱, 코, 귀가 비정상적으로 커보이는 병
요붕증	뇌하수체 후엽, 항이뇨 호르몬 분비량 과소 또는 수용능력 저하로 소변량 증가와 탈수, 갈증

호르몬 분비량	증상
과다 분비	피부가 매우 거칠어진다. 모발의 성장이 증가
결핍 시	피부노화, 모발 탈모

뇌하수체는 뇌하수체 전엽과 뇌하수체 중엽, 뇌하수체 후엽으로 구분된다. 간뇌의 영향을 받아 분비되는 호르몬의 종류는 성장 호르몬, 유즙분비 자극 호르몬(젖분비, 유선분비), 갑상선자극 호르몬, 난포자극 호르몬, 항체형성 호르몬, 부신겉질 호르몬, 멜라닌세포자극 호르몬 등 자극 호르몬이 있다.

③ 뇌하수체 전엽 호르몬

표 2-32 뇌하수체 전엽 호르몬

성장 호르몬(GH)	• 연골세포를 증식, 골격 발달, 장골의 성장
유즙분비자극 호르몬 (LTH)	• 모유 수유 시 배란을 지연 • 프로락틴은 성숙, 유선 작용, 젖분비 조절 • LTH는 임신 5주부터 분비 시작, 출산직전 분비량 최대치
갑상선자극 호르몬 (TSH)	• 요오드를 포함하고 있는 호르몬을 분비 • 혈액을 타고 갑상샘을 자극, TSH(티록신) 분비를 증가시켜 갑상샘 자극으로 합성 및 분비 촉진, 체온 조절, 심장박동수 등 증가, 3대 영양소의 대사작용에 관여, 증가 시 갑상샘종이 발생한다.
부신겉질(피질)자극 호르몬(ACTH)	• ACTH가 과잉분비: 여성의 안면 모발의 성장을 촉진 • 증가: 쿠싱증후군, 감소 시 에디슨병 발생 • 부신수질: 엔돌핀 심리조절, 부신피질: 면역 주관

항체형성 호르몬 (LH)	• 난포의 성숙 촉진으로 배란 후 황체 형성을 촉진 • 프로게스테론(항체 호르몬), 테스토스테론 분비 촉진 • 여성 호르몬은 모발 발육 촉진, 남성 호르몬은 발육 저해
여포자극 호르몬 (난포자극 호르몬, FSH)	• 남녀 모두에게 분비. 15~49세까지 400개 생산. 폐경 시 생성 불가 • 여성: 난소를 자극하여 에스트로겐과 프로게스테론 분비 촉진 • 남성: 정소를 자극하여 테스토스테론 분비, 정자 성숙, 생성 촉진

④ 뇌하수체 중엽

멜라닌세포자극 호르몬(MSH)은 피부색을 그을리거나 기미, 주근깨 등이 원인이 된다. 또한 피부에서 강력한 항염 및 면역 억제 효과가 있다.

⑤ 뇌하수체 후엽

표 2-33 뇌하수체 후엽 호르몬

항이뇨 호르몬 (ADH)	• 신장에서 수분 재흡수를 촉진시켜 소변량을 감소시키는 호르몬 • 혈량일 때 수분배출을 최소화 • 분비 과다: 핍뇨증(소변량 500cc), 감소 시 요붕증(소변량 4~6cc)
분만촉진 호르몬 (옥시토신)	• 자궁의 평활근 수축을 통해 분만 및 유즙 분비를 촉진 • 마지막에 분비 호르몬: 친말감 유도, 포옹할 때 분비, 모성애 자극 호르몬 • 증가 시 분만 촉진, 유즙 과다 분비
갑상샘 (갑상선)	• 나비 같은 형상, 무게 20~30mg, 적갈색 내분비선인 티록신 생산 • 신체 모든 세포에서 대사를 촉진, 물질대사 항진 및 신체 발육 성장 촉진, 교감신경 활동, 두뇌 발달 신경계 자극 • 기능항진: 바세도우씨병, 체중 감소, 여드름, 피지 증가 • 기능저하: 탈모현상, 피부건조증, 체중 증가, 근육통증
부갑상선	• 갑상선과는 관계없이 파라트 호르몬 분비 • 체액의 칼슘과 인의 대사를 조절하는 기능 • 기능저하: 근육 경련(테타니증 발생), 아기 = 골격 발육 저하, 성인 = 뼈 형성 불량 • 기능항진(종양 발생): 뼈의 골절, 골연화, 구루병, 골다공증 등의 증상

(3) 송과선

표 2-34 송과선의 질환

호르몬량 변화	현상	증상
멜라토닌 호르몬 증가	어둡거나 밤	졸음 유발
멜라토닌 호르몬 감소	밝거나 낮	불면

(4) 이자(췌장)

표 2-35 이자의 기능

위치	• 위 뒤쪽
크기	• 약 15cm의 가늘고 긴 장기
기능	• 소화 효소와 호르몬을 분비, 혈당 감소, 세포로 포도당 이동 촉진 • 인슐린 = 혈당 저하, 글루카곤 = 혈당 상승
작용	• 내분비 기능 10% = 인슐린 분비 및 혈당 저하, 글라카곤 분해, 혈당 상승 • 외분비 기능 90% = 소화효소, 탄수화물, 지방, 단백질 분해효소 분비

(5)흉선

표 2-36 흉선의 기능

위치	기도와 심장 상부 흉골의 후방, 심막에 붙어 있음
구성	림프 조직, 타이모신 호르몬을 분비
발육	신생아 때부터 12~14세
퇴화	사춘기 이후

(6) 부신

신장 위에 위치하는 두 개의 샘을 부신이라 하며, 부신피질(겉질)과 부신수질로 나뉜다.

표 2-37 부신의 종류

부신피질	• 약 50개 이상의 호르몬을 분비 • 지용성 물질 스테로이드 콜레스테롤에서 생성하여 호르몬을 생성 및 분비
당류코르티코이드	• 아미노산을 포도당으로 전환, 혈당수준 유지, 탄수화물, 단백질과 지방대사에 영향, 코르티솔 스트레스 호르몬을 분비
염류코르티코이드	• 인체의 염분, 칼륨 등 미네랄의 균형 • 땀의 과다 분비 등 염분 부족 시 분비 • 알도스테론 = 신장에서 염분을 재흡수, 소변으로 배출되지 않고 혈중에 유지, 알도스테론이 과다 분비되면 염분수치가 상승하여 부종 발생
성코르티코이드	• 사춘기의 2차 성징을 조절 • 여성: 에스트로겐 생산, 부작용(다모증 = 안드로겐 과다분비) • 남성: 안드로겐 생산, 부작용(유방확대질환 = 에스트로겐 과다분비)
부신수질	• 노르아드레날린, 아드레날린 호르몬 분비
노르아드레날린	• 혈관 수축, 혈압 상승
아드레날린	• 혈당과 심장박동수 증가, 혈압 상승, 기관지 확장 • 흥분된 상태에 시상하부에서 자율신경계 교감신경을 통해 부신에 신호를 보내면 분비되어 혈액을 통해 전신으로 전달 • 당류코르티코이드 분비 촉진, 갑상선 호르몬 분비 촉진으로 인체 대사 관여 • 간에 글리코겐 형태에서 포도당으로 전환하는데 속도를 높여주는 보조 역할

(7) 생식샘

호르몬을 분비하고, 난자와 정자를 생산한다. 여성 호르몬은 난소에서, 남성 호르몬은 정소에서 분비된다.

표 2-38

여성생식기 = 에스트로겐과 프로게스테론을 생산, 혈관과 조직 사이 림프관과 림프절이 형성	
질	• 방광과 직장 사이에 위치 • 자궁에서 외음부까지 연결 • 출산 시 태아의 분만통로
자궁	• 자궁단면 = 두터운 근육층인 자궁내막층으로 구성 • 자궁 앞쪽 = 방광 • 자궁 양쪽 옆 = 난관 • 자궁 뒤쪽 = 직장
난소	• 난관 양쪽 끝 위치. 난자 생성 여성 호르몬 분비
대음순	• 피부융기로서 음모가 있고, 그 사이에 음열이 존재
소음순	• 지방조직이 없고, 외측면은 색소가 많다.

표 2-39

남성생식기 = 음낭 내 정자의 생성, 테스토스테론과 안드로겐 분비	
구성	• 고환과 정관, 정낭, 전립선, 음경, 부고환
부고환	• 고환으로부터 체외로 정자를 수송하는 관
전립선	• 알칼리성 정액 분비
음낭	• 고환 보호
음경	• 소변, 정액 통로, 혈액이 충만하면 발기, 성적인 흥분이 극도에 도달 시 정액 배출
안도로겐	• 사춘기 남자의 2차 성징의 특징, 생식계 성장과 발달에 영향 • 정소에서 분비되지만 일부는 부신피질과 여성난소에서 분비 • 모발이 풍성, 탈모의 원인 중 대부분을 차지 • 디하이드로테스토스테론(DHT) 자극을 받으면 대머리가 되기도 한다.
부작용	• 여성은 턱수염, 굵은 수염 발생 = 다낭성난소증후군, 과도한 피지 분비 유도로 피지가 여드름이나 블랙헤드 발생

3장 해부생리학

1. 세포와 조직

1) 세포와 조직

(1) 세포의 구조

세포는 크게 원핵세포와 진핵세포로 구분할 수 있다. 원핵세포와 진핵세포는 핵막과 세포 소기관의 유·무로 구분한다. 세포의 기본구조는 세포질, 핵, 세포막으로 구성되어 있다.

(2) 세포의 구성

① 원형질

생물체를 구성하는 원소로서, 생물체가 어떤 원소로 구성되었는가를 분석·조사한 결과 산소, 탄소, 수소, 질소의 네 원소가 가장 많아 전체 중량의 약 95% 이상을 차지한다. 이 밖에 칼슘, 인, 염소, 황, 나트륨, 마그네슘, 철 등의 원소와 미량의 원소로는 망간, 구리, 요오드, 코발트, 아연 등이 있다.

② 세포막

세포막은 인지질과 단백질로 되어 있으며, 선택적 반투과성의 물질 교환을 하고, 단백질, 인지질, 탄수화물로 구성된 2중층이다.

③ 세포질

원형질의 수많은 화학물질로 전해질 및 영양소로 구성되어 있다.

㉠ 미토콘드리아: 세포 내 호흡을 담당하며 에너지(ATP)를 생산한다. 세포질 내에 있는 작고 얇은 모양의 세포기관이다.

㉡ 리보솜: RNA를 함유하여 단백질 합성에 관여한다.

㉢ 리소좀: 세포내 소화에 관여하며, 노폐물을 처리, 박테리아 파괴를 담당한다.

㉣ 골지체: 적혈구를 제외한 모든 진핵세포에 존재하는 복합성 막계로 구성된 세포소기관이다. 주요 기능은 소포체에서 합성된 전구형단백질을 받아 수식, 가공하여 각각의 소포에 포장하고 세포막, 리소좀이라는 최종 목적지로 선별, 수송한다.

㉤ 소포체: 세포내 망상구조로 리보솜이라는 리보핵 단백질 과립이 부착되어 있는 것을 조면소포체, 이 과립이 붙어 있지 않은 것을 활면 소포체라고 한다.

④ 핵

핵은 세포의 조절중추로 세포 전체의 기능을 통제한다. 유전물질인 DNA가 들어 있고, 진핵세포에 존재하는 대형의 구상 내지는 타원형의 구조이다. 적혈구를 제외하고 거의 모든 세포에 존재하며 보통 핵의 수는 하나로 핵막, 염색질, 핵소체, 핵형질로 구성되어 있다. 특히 염색질에는 유전자의 본체인 CNA가 포함되어 있으며, RNA, 단백질의 합성을 이용하여 세포의 기능을 조절하고 있다.

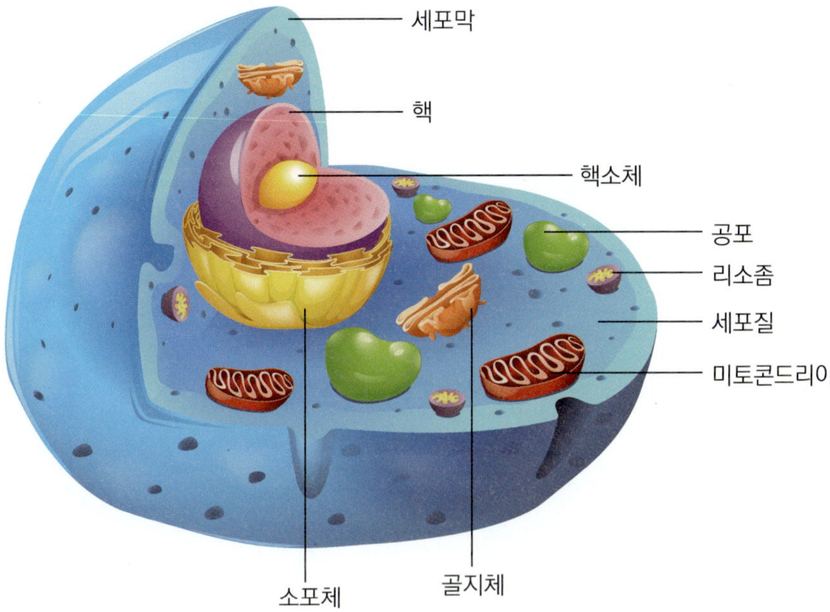

그림 3-1 세포의 구조

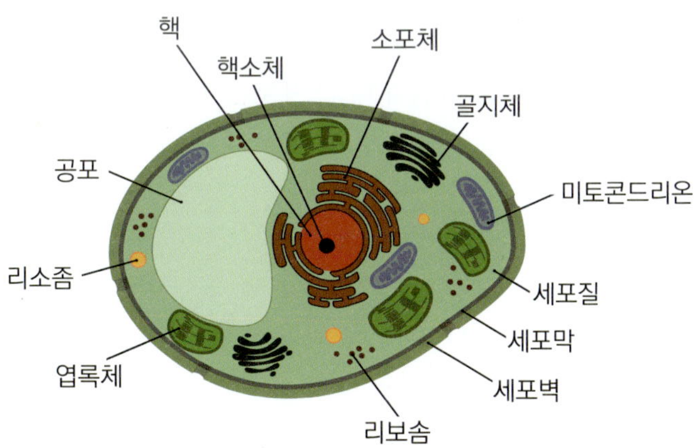

그림 3-2 진핵세포의 구조

(3) 세포막을 통한 물질의 이동

① 수동이동

㉠ 확산: 고농도에서 저농도로 물질의 이동이 일어나는 현상

㉡ 삼투: 물이 이동하는 현상으로 물이 많은 곳에서 적은 곳으로 이동

㉢ 여과: 압력이 높은 곳에서 낮은 곳으로 물과 용해물질이 이동하는 것

② 능동이전

㉠ 능동이동펌프: 윗방향으로 저농도에서 고농도로 물질의 이동에너지 요구

㉡ 세포내반입: 세포막에 의해 물질을 받아들이거나 소화

㉢ 식작용: 세포막에 의해 단단한 입자를 삼킴

㉣ 세포흡수작용: 액체방울들을 흡수

㉤ 세포외반출: 단백질이나 노폐물을 세포 밖으로 분비

(4) 항상성

항상성이란(homeostasis)이란 인체 내의 환경을 비교적 일정하게 유지 및 존속시키는 것이다. 기관계는 비교적 일정하게 유지될 수 있도록 세포 환경을 조절하는 것을 돕는다. 예를 들어, 소화기, 호흡기, 순환기. 비뇨기계는 함께 작용하여 인체 내 각 세포가 적절한 산소와 영양분을 공급받아 독성 수준까지 축적되지 않게 한다.

2) 조직

비슷한 구조와 기능을 가진 세포군과 이들 사이에 위치한 세포의 물질을 합한 것으로, 인체를 구성하는 기본조직은 상피조직, 결합조직, 근육조직, 신경조직 등 네 가지로 나뉜다.

(1) 상피조직

체표면이나 체강, 관의 내강 등의 표면을 싸고 있는 세포조직이다. 상피조직은 편편상피, 입방상

피, 원주상피 등이 있다.

① 단층편평상피세포

혈관, 심장, 림프관, 장막, 폐포의 내면을 덮고 있는 세포로 얇고 편평한 세포가 단층으로 존재한다. 확산, 여과 그리고 마찰에 대한 보호작용을 한다.

② 단층입방상피세포

신세관, 많은 선과 그 관, 폐의 종말세기관지로 입방체 모양의 세포가 단층으로 존재한다.

③ 단층원주상피세포

위, 장, 선, 일부선의 관, 폐의 세기관지, 자궁, 난관에 존재하는 좁고 키가 큰 세포가 단층으로 존재한다.

④ 중층편평상피세포

피부, 입, 인후, 식도, 항문, 질 및 각막에 존재하며 바닥층의 입방형의 세포가 자유면으로 갈수록 편평해지면서 여러 층으로 존재한다.

⑤ 이행상피세포

방광, 요관, 요도의 일부로 기관이나 관이 이완된 상태에서 여러 층의 입방체 모양의 세포, 액체에 의해 팽창된 상태에서는 편평세포로 나타난다. 기관이나 관의 용적에 따라 변화한다(소변의 자극 효과에 대한 보호 기능).

⑥ 섬모원주상피세포

비강, 부비동, 이관, 인두, 후두, 기관 및 폐의 기관지이다. 일부는 가늘고 키가 커서 자유면에 닿고 있지만 나머지는 그렇지 못하다. 이들은 거의 모두 섬모를 갖고 있으며 점액을 분비하는 배상 세포와 관련이 있다.

(2) 결합조직

수많은 세포의 기질들에 의해 둘러싸인 세포들로 구성되어 있는 주요한 조직형태이다. 인체에 있어서는 뼈대 역할을 하며 물질을 운반하기도 한다(혈액). 결합조직은 세포와 세포 사이에 있는 기질(matrix)이라고 하는 많은 세포외 물질을 가지고 있다. 세포외 기질의 구조는 결합조직의 기능적인 특성을 결정한다.

① 치밀결합조직

교원섬유로 구성되어 있는 세포외 물질로 되어 있다. 교원섬유는 인체에 있어서 가장 일반적인 단백질이다. 이것은 유연성을 가지고 있지만 신장하기는 어렵다. 결합조직을 구성하는 구조들은 근육을 뼈에 부착시키는 건(tendon)을 포함하고 있으며, 인대(ligament)는 뼈와 다른 뼈 사이를 부착시키는 역할을 하고, 진피층은 피부의 안쪽층을 형성하는 결합조직층을 말한다.

② 지방조직

전형적인 결합조직은 아니다. 기질은 거의 없으며 지방세포들은 크고 서로서로 밀접하게 구성되어 있다. 지방세포들은 에너지를 저장하는 지방성분으로 채워져 있다. 지방조직은 인체를 보호하거나 체온을 유지시켜 주는 역할을 한다.

③ 연골(cartilage)

연골은 많은 지질을 포함하고 있는 골소와(lacuna)라 불리는 공간에 위치해 있는 연골세포(chondrocyte)로 구성되어 있다. 기질 내의 교원섬유는 연골에 강도를 준다. 연골은 비교적 견고하고 지지작용을 하지만 약간 굽히거나 눌러도 본래의 모습으로 회복한다. 연골은 혈관이 연골 내로 관통하지 않기 때문에 상처를 받은 후에 천천히 치유된다. 조직을 치유하기 위해 영양물질이 쉽게 연골에 도달하지 못하기 때문이다.

④ 골(bone)

살아있는 세포로 구성된 단단한 결합조직이다. 골세포(osteocytes)라고 불리는 세포들은 골소와라고 불리는 지질 내의 공간 내에 위치해 있다. 광물성 기질인 강인함과 견고성은 인체의 조직과 기관을 유지하고 보호하도록 한다.

⑤ 혈액(Blood)

혈액은 그 기질이 액체성을 띠고 있기 때문에 혈액세포들로 하여금 자유롭게 움직일 수 있도록 하는 특징을 가지고 있다. 혈액이 인체에 신속하게 영양분, 산소, 노폐물 등을 운반시켜 주는 역할을 한다.

(3) 근육조직

근육조직(muscle tissue)의 중요한 특성은 움직일 수 있는 수축력을 갖고 있다. 근세포는 가느다란 실 모양을 하기 때문에 근섬유(muscle fiber)라고 한다. 근섬유는 골격근, 심장근, 평활근 등 세 종류로 나누어진다.

① 골격근

근육 부분으로 체중의 약 40%에 해당한다. 골격에 부착되어서 인체운동을 일으킨다. 골격근은 정상적으로 수의근에 해당하며 세포마다 몇 개의 핵을 가지고 있는 기다란 원주 형태이다. 몇몇 골격근세포들은 근육 전체에 걸쳐서 뻗어 있다. 골격근세포들은 세포 내에 있는 수축단백질의 배열 때문에 가로줄무늬가 나타난다.

② 심장근

혈액을 펌프작용하는 능력이 있다. 불수근으로 심장근 세포는 원주 모양을 하지만 골격근에 비해서 짧다. 심장근 세포들은 세포마다 한 개의 핵을 가지며 가로줄무늬를 띤다.

③ 평활근

심장을 제외한 유강기관의 벽을 형성하며 피부와 눈에서도 발견된다. 평활근은 소화관을 통한 음식물의 이동이나 방광의 내강을 비우는 능력을 가지고 있다. 평활근의 끝은 뾰족하며 한 개의 핵을 갖고, 가로줄무늬가 없다.

(4) 신경조직

신경조직은 뇌, 척수 그리고 신경을 형성하며 많은 인체 활동을 통합시키거나 조절하는 능력이 있다. 신경조직은 골격근의 수의적인 억제와 심장근의 불수의적인 조절작용을 한다. 신경세포들이 서로서로의 교통작용 능력에 좌우되며 활동전압(actin potential)이라고 하는 전기적인 신호 작용에 의해 다른 조직들에게 영향을 미친다. 세포체는 핵을 포함하고 일반적인 세포의 기능을 갖는 부위이다.

수상돌기와 축삭은 신경세포 돌기들이다. 수상돌기들은 일반적으로 활동전위를 수용하여 세포체로 전도하며, 뉴런마다 한 개로 되어 있는 축삭은 보통 세포체로부터 받은 활동전위를 전도한다.

2. 뼈대(골격) 계통

1) 뼈(골)의 형태 및 발생

(1) 뼈(골)의 형태

① 단단한 부분과 그 안의 골수, 부드러운 연골로 구성되어 있다.
② 바깥 부분은 인산칼슘과 수분 등으로 이루어진 딱딱한 조직이다.
③ 안쪽 빈 공간의 골수는 젤리처럼 연하다.
④ 수분 함량이 20% 정도로 몸에서 가장 수분이 적은 조직이다.
⑤ 딱딱하지만 단백질 성분이 포함되어 탄력성이 있다.
⑥ 단단한 정도는 무기질 성분에 의해 결정된다.
⑦ 체내 칼슘의 99%, 인의 90%가 뼈에 있다.
⑧ 뼈를 연소시켜 유기질을 제거하면 본래의 형태와 크기는 같으나 부스러지거나 깨지기 쉽다.

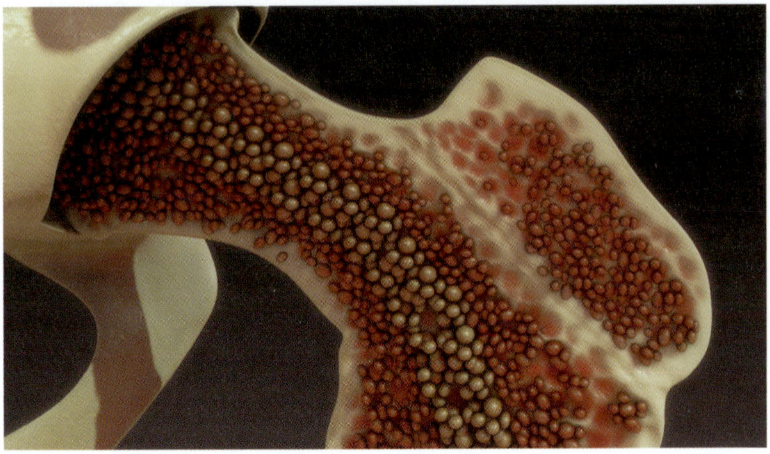

그림 3-3 뼈의 구조

(2) 뼈의 기능

표 3-1 뼈의 기능

지지 기능	• 신체의 형태를 제공하고 모양을 유지한다. • 206개의 뼈는 5배나 무거운 장기와 근육들을 지지한다. • 연조직이나 기관들이 부착된다.
보호 기능	• 머리뼈와 뇌, 척수를 감싸고 있다. • 가슴뼈는 심장과 폐를 보호한다. • 척추뼈는 척수를 보호한다. • 골반뼈는 소화기관과 생식기관을 보호한다.
운동 기능	• 뼈의 고정된 힘은 근육이 수축할 때 지렛대 역할을 한다. • 뼈대근육의 고정장치 역할을 한다. • 배열과 관절의 구조는 움직임을 결정한다. • 골격근의 수축에 의해 발생한 힘의 크기와 방향을 바꾼다.
조혈 기능	• 혈액세포가 생성되는 과정이다. • 골수공간 내 적색골수에서 일어난다. • 두개골, 척추, 늑골, 어깨, 골반의 골수에서도 적혈구가 생성한다.
지방 저장 기능	• 다른 뼈의 골수공간에는 지방조직이 저장되는데 이를 황색골수라 부른다.
무기질 저장 기능	• 약 95%의 칼슘과 90%의 인은 인체의 치아와 뼈에 축적되어 있다. • 무기질 바탕질은 무기질, 칼슘과 인으로 형성되어 있다. • 칼슘은 혈액 응고, 근육 수축, 세포막에서 이온과 영양소의 이동에 필수이다. • 인은 핵산 DNA와 RNA의 활동과 ATP 이용에 꼭 필요하다. • 무기질의 혈중 농도가 저하되면 뼈에 저장된 무기질이 혈액으로 빠져나간다. • 소량의 마그네슘, 불소, 나트륨 등이 뼈조직 안에 저장되어 있다.

2) 전신 뼈대(전신 골격)

(1) 몸통 뼈대

① 직립 부문을 형성하고 있고 머리, 가슴우리, 몸통으로 구성되며, 대략 80개의 뼈로 이루어져 있다.

② 머리뼈는 8개, 얼굴뼈는 14개, 목뿔뼈 1개, 귓속뼈 6개, 척추는 목뼈 7개, 등뼈 12개, 허리뼈 5개, 엉치뼈 1개, 꼬리뼈 1개로 총 26개이며, 엉치와 꼬리뼈는 성인이 되면서 하나로 합쳐지게 된다.

③ 가슴우리는 복장뼈 1개와 갈비뼈 12쌍, 25개로 구성된다.

(2) 팔다리 뼈대

① 몸통뼈에 부착되며, 약 126개의 팔다리뼈로 이루어져 있다.

② 엄지발가락과 엄지손가락의 굽힘 근힘줄에서와 같이 추가적인 종자뼈를 가질 수 있지만, 총 206개의 뼈에는 불포함이다.

표 3-2 전신 뼈대의 종류

<table>
<tr><th>구조</th><th colspan="2">구분</th><th>구성</th></tr>
<tr><td rowspan="6">몸통 뼈대</td><td rowspan="6"></td><td>머리뼈</td><td>이마뼈, 관자뼈, 마루뼈, 뒤통수뼈, 나비뼈, 벌집뼈</td></tr>
<tr><td>얼굴뼈</td><td>광대뼈, 위턱뼈, 아래턱뼈, 눈물뼈, 코뼈, 아래코 선반, 보습뼈, 입천장뼈</td></tr>
<tr><td>귓속뼈</td><td>망치뼈, 모루뼈, 등자뼈</td></tr>
<tr><td>목뿔뼈</td><td>목뿔뼈</td></tr>
<tr><td>척추뼈</td><td>목뼈, 등뼈, 허리뼈, 엉치뼈, 꼬리뼈</td></tr>
<tr><td>가슴우리</td><td>복장뼈, 갈비뼈</td></tr>
<tr><td rowspan="6">팔다리 뼈대</td><td rowspan="3">상지뼈대
(팔뼈대)</td><td>팔이음뼈</td><td>쇄골, 어깨뼈, 상완골,</td></tr>
<tr><td>팔뼈</td><td>위팔뼈, 노뼈, 자뼈</td></tr>
<tr><td>손뼈</td><td>손목뼈(손배뼈, 반달뼈, 세모뼈, 콩알뼈, 큰마름뼈, 작은마름뼈, 알머리뼈, 갈고리뼈), 손허리뼈, 손가락(첫마디뼈, 중간마디뼈, 끝마디뼈)</td></tr>
<tr><td rowspan="3">하지뼈대
(다리뼈대)</td><td>볼기뼈</td><td>엉덩뼈, 궁둥뼈, 두덩뼈</td></tr>
<tr><td>다리뼈</td><td>넙다리뼈, 무릎뼈, 정강이뼈, 종아리뼈</td></tr>
<tr><td>발뼈</td><td>발목뼈(발배뼈, 목발뼈, 발꿈치뼈(안쪽, 중간, 바깥쪽), 쐐기뼈, 입방뼈, 발허리뼈, 발가락(첫마디뼈, 중간마디뼈, 끝마디뼈)</td></tr>
</table>

분류	구분	구성
얼굴뼈	이마뼈(전두골)	머리뼈 앞쪽과 윗벽을 형성하고 있다.
	마루뼈(두정골)	사각형 모양이며 두뼈가 한 쌍이다.
	코뼈(비골)	사다리꼴의 얇은 뼈로 한 쌍이다.
	벌집뼈(사골)	코 뒤의 두 눈알 사이에 있다.
	눈물뼈(누골)	두 개의 면과 네 개의 가장자리가 있다.
	나비뼈(접형골)	좌우의 뼈가 연결된 하나의 뼈이다.
	뒤통수뼈(후두골)	머리 뒤쪽 아래쪽을 감싸고 있다.
	관자뼈(측두골)	대뇌의 관자엽을 감싸고 보호한다.
	광대뼈(관골)	마름모꼴 모양이다.
	위턱뼈(상악골)	머리뼈 중앙에 있다.

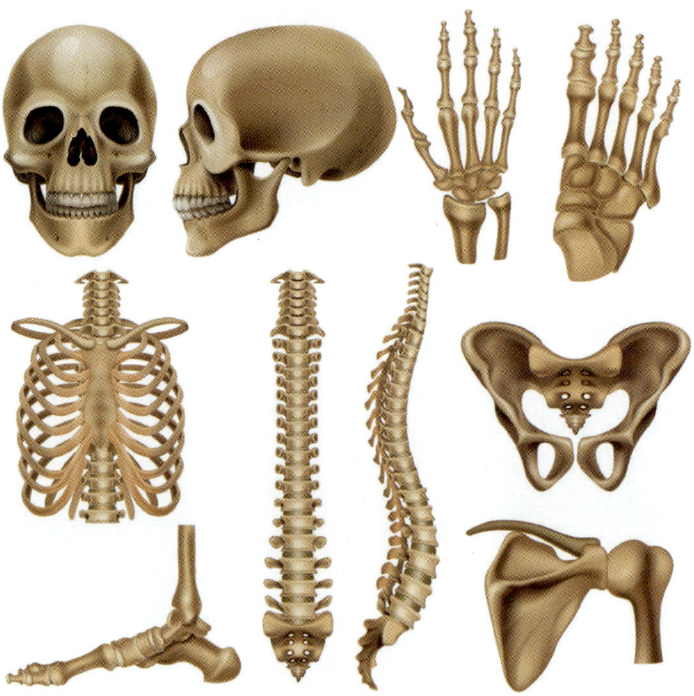

그림 3-4 뼈의 구분

(3) 뼈의 종류

① 긴뼈(long bone)

두 개 이상의 뼈끝으로 구성된 것으로 뼈끝은 뼈몸통의 길이가 모두 자라면 뼈몸통과 결합을 이룬다. 표면은 얇고 단단한 치밀뼈조직으로 되어있고, 빗장뼈를 제외한 긴뼈의 뼈몸통 중심 속에는 골이 있는 골수강이 존재한다.

② 짧은뼈(short bone)

넓이와 길이가 비슷한 뼈로 내부는 해면뼈와 표면은 치밀뼈로 구성되며, 골수강은 존재하지 않는다.

③ 종자뼈(sesamoid bone)

관절과 힘줄이 교차하는 곳에서 보이는 짧은 뼈의 하나로 작은 씨앗 모양이며, 개수가 사람마다 차이가 있다.

④ 납작뼈(flat bone)

길이보다 넓이가 큰 뼈로 치밀뼈 사이에서 해면뼈가 있다.

⑤ 불규칙뼈(irregular bone)

모양이 불규칙한 형태로 구성된 뼈이다.

표 3-3 뼈의 분류

모양	분류
긴뼈(long bone)	위팔뼈, 넙다리뼈, 노뼈, 자뼈, 정강이뼈, 종아리뼈, 손가락뼈, 발가락뼈
짧은뼈(short bone)	갈고리뼈, 콩알뼈, 반달뼈, 목말뼈, 발배뼈
종자뼈(sesamoid bone)	무릎뼈
납작뼈(flat bone)	복장뼈, 어깨뼈, 갈비뼈, 머리뼈
불규칙뼈(irregular bone)	척추뼈, 볼기뼈, 얼굴뼈, 머리뼈바닥

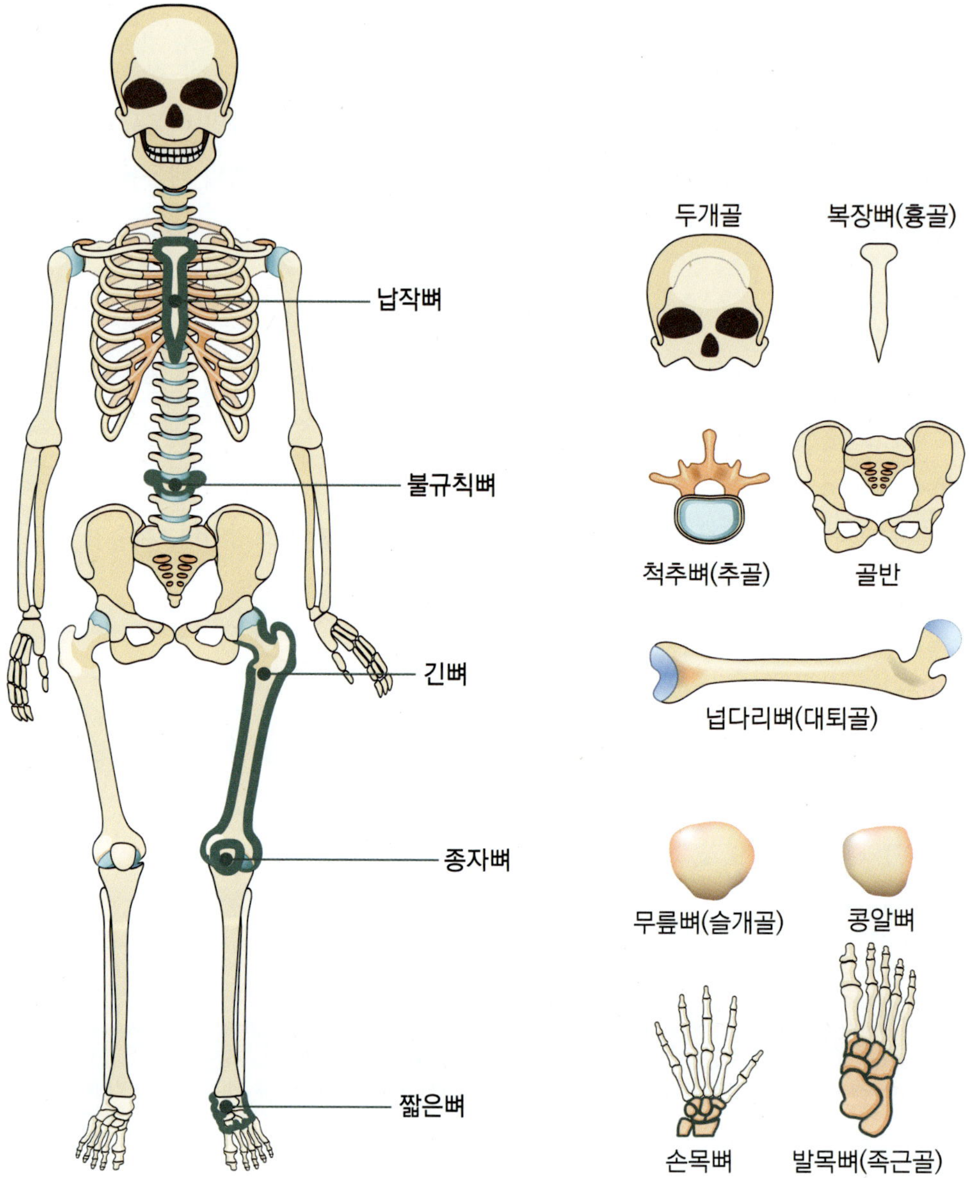
납작뼈
불규칙뼈
긴뼈
종자뼈
짧은뼈
두개골
복장뼈(흉골)
척추뼈(추골)
골반
넙다리뼈(대퇴골)
무릎뼈(슬개골)
콩알뼈
손목뼈
발목뼈(족근골)

그림 3-5 뼈의 분류

3. 근육 계통

1) 근육의 기능

① 힘줄과 살을 통틀어 운동을 맡은 기관이다.

② 기능은 수의근인 골격근과 불수의근인 내장근이 있다.

③ 구조는 가로무늬근과 민무늬근이 있다.

④ 근육은 근막이라는 막에 의해 많은 근섬유가 싸여있는 구조이다.

⑤ 그 근섬유는 섬유가 그물 모양의 격벽으로 되어 많은 다발로 나뉜다.

⑥ 근육의 양끝엔 콜라겐 섬유의 힘줄이 있다.

⑦ 이것으로 인해 근육이 뼈에 붙어 있을 수 있다.

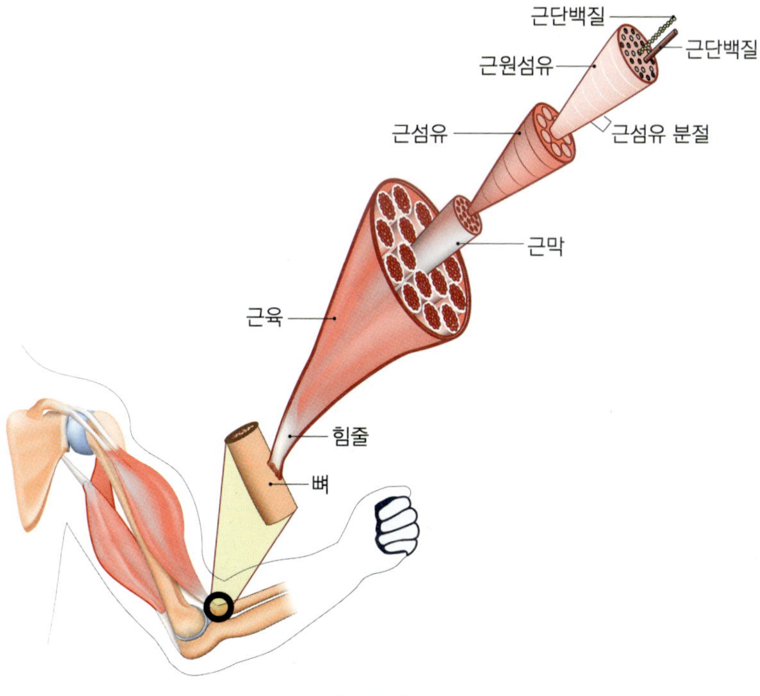

그림 3-6 근육

2) 형태

표 3-4 근육의 형태

구분	특징
가로무늬근 (striated muscle)	• 뜻대로 움직일 수 있다 하여 수의근 또는 맘대로근이라 불린다. • 전체적인 움직임을 통제하는 기구가 있다. • 골격근과 심근과도 같은 형태의 근육으로 다른 이름은 횡문근이다. • 가로줄무늬를 갖는 근섬유로, 세포질 속의 Z막이 가로줄로 가늘게 이어진다. • 인체를 구성하는 대부분이 골격근이고 그 골격근이 가로무늬근이다. • 얼굴 표정과 후두, 혀에 관여하는 표정근도 가로무늬근이다. • 심근은 가로무늬근이지만 불수의근의 성질을 가졌다.
민무늬근 (smooth muscle)	• 심장근 이외의 내장근은 민무늬근 또는 불수의근이라고도 한다. • 근육 중 가로무늬가 없고 세포는 가늘고 긴 방추형이며 드물게는 다핵인 것도 있으나 보통 중앙부에 타원형의 핵이 1개 있다. • 내장이 혈관에 널리 존재하며, 자율신경에 의해 지배되기 때문에 의식적으로 수축시킬 수 없다.

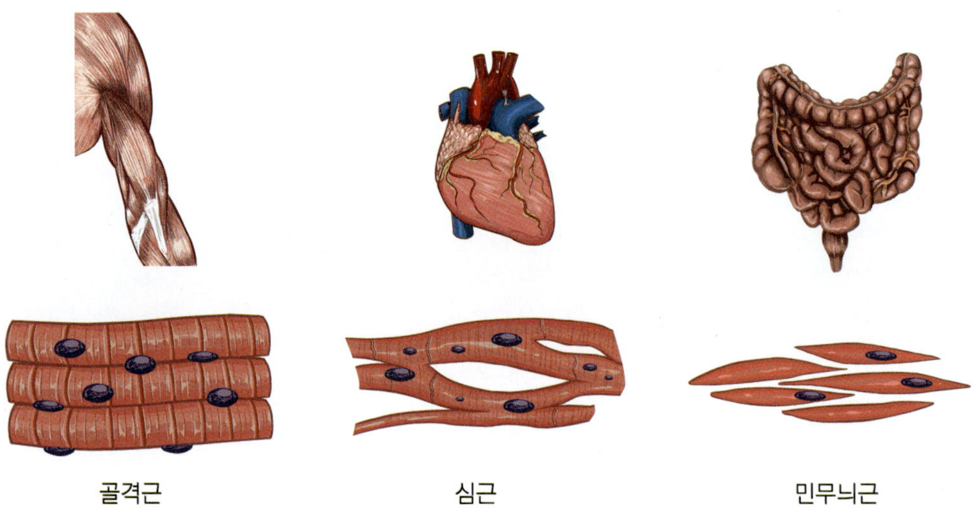

그림 3-7 근육의 형태

3) 전신 근육

① 인체의 근육계는 대략 650여 개의 근육들로 이루어져 있으며 체중의 약 40~45%를 차지한다.

② 원활한 운동을 위해서는 뼈, 관절과의 협동이 필요하다.

③ 근육은 신체의 운동을 담당하는 조직으로 혈관, 신경, 근막, 힘줄 등을 포함하여 구성되어 있다.

표 3-5 근육의 종류

얼굴 근육	입으로 향하는 근육	입꼬리내림근(구각하제근)
		아랫입술내림근(하순하체근)
		입꼬리당김근(소근)
		큰광대근(대관골근)
		작은광대근(소관골근)
		입꼬리올림근(구각거근)
		위입술올림근(상순거근)
		입둘레근(구륜근)
		볼근(협근)
	코로 향하는 근육	코근(비근)
		눈살근(비근근)
		비중격내림근(비중격하체근)
	눈과 이마로 향하는 근육	눈둘레근(안륜근)
		뒤통수 이마근(후두전두근의 이마근)
		눈썹주름근(추미근)
	귀로 향하는 근육	위귓바퀴근(상이개근)
		앞귀바퀴근(전이개근)
		뒤귓바퀴근(후이개근)
	넓은 목근	아래턱
		목의 얕은 근막
		가슴의 위쪽에 걸쳐 있는 근육으로 대부분이 목에 위치하나 얼굴 신경의 지배를 받음

<table>
<tr><td rowspan="17">등
근
육</td><td rowspan="5">얕은 무리</td><td colspan="2">등세모근(승모근)</td></tr>
<tr><td colspan="2">넓은등근(광배근)</td></tr>
<tr><td colspan="2">어깨올림근(견갑거근)</td></tr>
<tr><td colspan="2">큰마름근(대능형근)</td></tr>
<tr><td colspan="2">작은마름근(소능형근)</td></tr>
<tr><td rowspan="2">중간 무리</td><td colspan="2">위뒤톱니근</td></tr>
<tr><td colspan="2">아래뒤톱니근</td></tr>
<tr><td rowspan="10">깊은 무리</td><td rowspan="2">널판근(판상근)</td><td>머리널판근(두판상근)</td></tr>
<tr><td>목널판근(경판상근)</td></tr>
<tr><td rowspan="3">척주세움근(척주기립근)</td><td>엉덩갈비근(장늑근)</td></tr>
<tr><td>가장긴근(최장근)</td></tr>
<tr><td>가시근(극근)</td></tr>
<tr><td rowspan="3">가로돌기가시근육 (황돌기극근)</td><td>반가시근(반극형근)</td></tr>
<tr><td>뭇갈래근(다열근)</td></tr>
<tr><td>돌림근(회전근)</td></tr>
<tr><td colspan="2">머리널판근과 목널판근은 목덜미인대와 7번째 목뼈에서 3번째나 4번째 등뼈의 가시돌기에서 시작하여 각각 위 가쪽의 목뼈나 머리뼈에 닿는다</td></tr>
<tr><td colspan="2"></td></tr>
<tr><td rowspan="5">복
부
근
육</td><td rowspan="3">납작근육</td><td colspan="2">배바깥빗근(외복사근)</td></tr>
<tr><td colspan="2">배속빗근(내복사근)</td></tr>
<tr><td colspan="2">배가로근(복횡근)</td></tr>
<tr><td rowspan="2">수직근육</td><td colspan="2">배곧은근(복직근)</td></tr>
<tr><td colspan="2">배세모근(추체근)</td></tr>
<tr><td rowspan="6">상
지
근
육</td><td rowspan="2">어깨근육(얕은층)</td><td colspan="2">등세모근(승모근)</td></tr>
<tr><td colspan="2">어깨세모근(삼각근)</td></tr>
<tr><td rowspan="3">어깨근육(깊은층)</td><td colspan="2">어깨올림근(견갑거근)</td></tr>
<tr><td colspan="2">작은마름근(소능형근)</td></tr>
<tr><td colspan="2">큰마름근(대능형근)</td></tr>
<tr><td>어깨뼈(견갑골)앞부위</td><td colspan="2">어깨밑근(견갑하근)</td></tr>
</table>

<table>
<tr><td rowspan="28">상지근육</td><td rowspan="4" colspan="2">어깨근육 (어깨뼈 앞.뒤)</td><td>가시위근(극상근)</td></tr>
<tr><td>가시아래근(극하근)</td></tr>
<tr><td>작은원근(소원근)</td></tr>
<tr><td>큰원근(대원근)</td></tr>
<tr><td rowspan="3" colspan="2">위팔앞칸근육</td><td>부리위팔근(오훼완근)</td></tr>
<tr><td>위팔두갈래근(상완이두근, 이두박근)</td></tr>
<tr><td>위팔근(상완근)</td></tr>
<tr><td colspan="2">위팔뒤칸근육</td><td>위팔세갈래근(삼두근=삼두박근)</td></tr>
<tr><td rowspan="8">아래팔 앞칸 근육</td><td rowspan="4">얕은층</td><td>자쪽손목굽힘근(척측수근굴근)</td></tr>
<tr><td>긴손바닥근(장장근)</td></tr>
<tr><td>노쪽손목굽힘근(요측수근굴근)</td></tr>
<tr><td>원엎침근(원회내근, 원형회내근)</td></tr>
<tr><td>중간층</td><td>얕은손가락굽힘근(천지굴근)</td></tr>
<tr><td rowspan="3">깊은층</td><td>깊은손가락굽힘근(심지굴근)</td></tr>
<tr><td>긴엄지굽힘근(장무지굴근)</td></tr>
<tr><td>네모엎침근(방형회내근)</td></tr>
<tr><td rowspan="12">아래팔 뒤칸 근육</td><td rowspan="7">얕은층</td><td>위팔노근(완요골근)</td></tr>
<tr><td>긴노쪽손목폄근(장요측수근신근)</td></tr>
<tr><td>짧은노쪽손목폄근(단요측수근신근)</td></tr>
<tr><td>손가락폄근(수지신근)</td></tr>
<tr><td>새끼폄근(소지신근)</td></tr>
<tr><td>자쪽손목폄근(척측수근신근)</td></tr>
<tr><td>팔꿈치근(주근)</td></tr>
<tr><td rowspan="5">깊은층</td><td>손뒤침근(회외근)</td></tr>
<tr><td>긴엄지벌림근(장무지외전근)</td></tr>
<tr><td>짧은엄지폄근(단무지신근)</td></tr>
<tr><td>긴엄지폄근(장무지신근)</td></tr>
<tr><td>집게폄근(시지신근)</td></tr>
</table>

<table>
<tr><td rowspan="11">상지근육</td><td rowspan="11" colspan="2">손 근육</td><td rowspan="3">새끼두덩</td><td>새끼발림근(소지외전근)</td></tr>
<tr><td>짧은새끼굽힘근(단소지굴근)</td></tr>
<tr><td>새끼맞섬근(소지대립근)</td></tr>
<tr><td rowspan="3">엄지두덩</td><td>짧은엄지벌림근(단무지외전근)</td></tr>
<tr><td>짧은엄지굽힘근(단무지굴근)</td></tr>
<tr><td>엄지맞섬근(무지대립근)</td></tr>
<tr><td rowspan="5">손바닥</td><td>짧은손바닥근(단장근)</td></tr>
<tr><td>벌레근(충양근)</td></tr>
<tr><td>엄지모음근(무지내전근)</td></tr>
<tr><td>바닥쪽뼈사이근(장측골간근)</td></tr>
<tr><td>등쪽뼈사이근(배측골간근)</td></tr>
<tr><td rowspan="19">하지근육</td><td rowspan="3" colspan="3">넙다리 앞칸 근육</td><td>엉덩허리근(장요근)</td></tr>
<tr><td>넙다리네갈래근(대퇴사두근)</td></tr>
<tr><td>넙다리빗근(봉공근)</td></tr>
<tr><td rowspan="6" colspan="3">넙다리 안쪽칸 근육</td><td>두덩정강근(대퇴박근)</td></tr>
<tr><td>두덩근(치골근)</td></tr>
<tr><td>긴모음근(장내전근)</td></tr>
<tr><td>짧은모음근(단내전근)</td></tr>
<tr><td>큰모음근(대내전근)</td></tr>
<tr><td>바깥폐쇄근(외폐쇄근)</td></tr>
<tr><td rowspan="3" colspan="3">넙다리 뒤칸 근육</td><td>넙다리두갈래근(대퇴이두근)</td></tr>
<tr><td>반힘줄근(반건형근)</td></tr>
<tr><td>반막모양근(반막양근)</td></tr>
<tr><td rowspan="7">종아리 뒤칸 근육</td><td rowspan="3" colspan="2">얕은 무리</td><td>장딴지근(비복근)</td></tr>
<tr><td>넙다리빗근(족적근)</td></tr>
<tr><td>가자미근(넙치근)</td></tr>
<tr><td rowspan="4" colspan="2">깊은 무리</td><td>오금근(슬와근)</td></tr>
<tr><td>긴엄지굽힘근(장무지굴근)</td></tr>
<tr><td>긴발가락굽힘근(장지굴근)</td></tr>
<tr><td>뒤정강근(후경골근)</td></tr>
</table>

하지근육	종아리 가쪽칸 근육	긴종아리근(장비골근)
		짧은종아리근(단비골근)
	종아리 앞칸 근육	앞정강근(전경골근)
		긴엄지폄근(장무지신근)
		긴발가락폄근(장지신근)
		셋째종아리근(제3비골근)

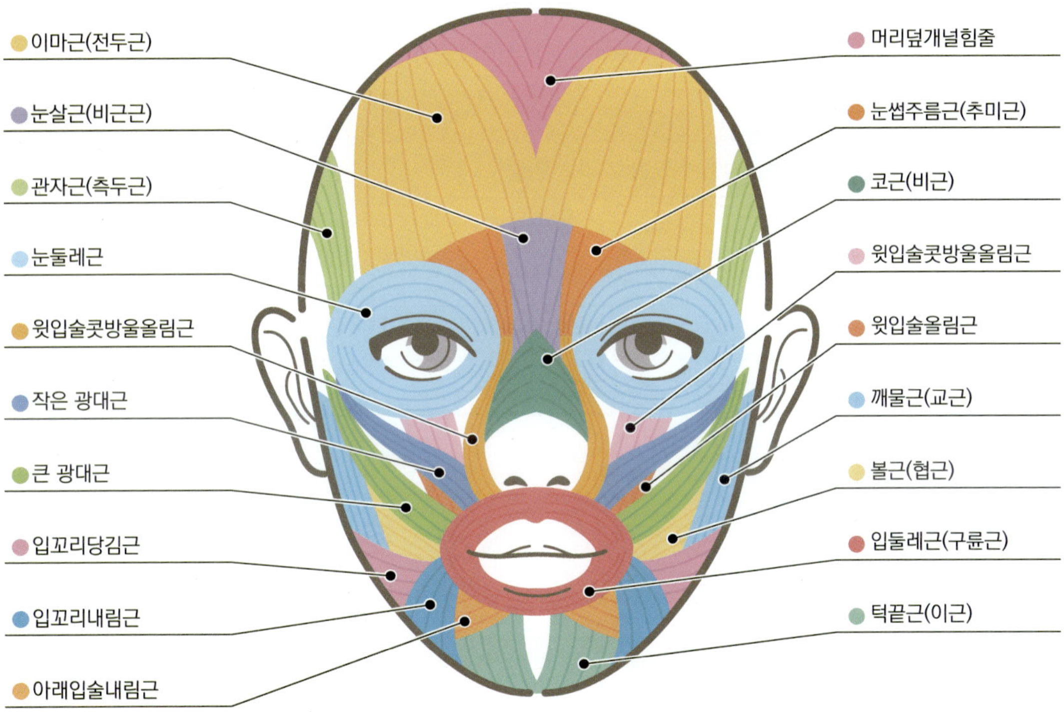

그림 3-8 근육의 종류

4. 신경 계통

1) 신경 조직

① 자극에 감응하여 다른 세포에게 전달해주는 작용을 한다.
② 시냅스와 인접한 신경세포의 구조를 통해 신호를 호환한다.
③ 평균적 사람의 뇌의 대뇌피질에서만도 약 100억 개 정도의 신경세포가 존재한다.

표 3-6 신경조직의 종류

구분	특징
전두엽	작업기억에 필요한 기억을 인출
후두엽	시각 기억을 처리
편도체	정서를 조절해 기억에 영향을 담당
측두엽	언어의 발음과 의미 기억을 담당
해마	사실이나 경험 서술 기억을 담당

2) 중추신경

표 3-7 중추신경의 종류

중추부	신경명	분포와 기능
대뇌	후각신경	코의 후각 상피에 분포 냄새 감각
간뇌	시신경	눈의 망막에 분포 보기 감각
중뇌	동안신경	눈의 동안근과 모양체 홍채에 분포 동안근의 수축

중추부	신경명	분포와 기능
연수	활차신경	눈의 동안근에 분포 동안근의 감각
	삼차신경	얼굴의 피부, 턱, 혀에 분포 턱과 혀 등의 감각과 운동
	외선신경	동안근에 분포 동안근의 감각
	안면신경	얼굴의 피부에 분포 얼굴의 근육 운동, 표정 등 조절
	청신경	내이에 분포 청각과 평형 감각
	설인신경	목, 혀, 목구멍에 분포 미각
	미주신경	심장, 위 등의 내장에 분포 부교감신경이 함께 들어있으며 내장의 운동 조절
	부신경	인두, 어깨의 근육에 분포, 목의 근육운동
	설하신경	혀의 근육에 분포 혀의 운동

3) 말초신경

① 우리 몸의 감각, 근육 자극과 무의식적으로 이루어지는 반사에 필요한 모든 정보를 중추신경에 전달한다.

② 중추신경의 운동자극을 다시 우리 몸으로 전달하는 통로 역할을 한다.

③ 체성신경계와 자율신경계로 나눌 수 있다.

표 3-8 말초신경의 종류

말초신경	신경명	분포와 기능
체성 신경계	뇌 신경	• 43마디의 신경 중 12마디는 뇌 줄기와 연결되는 뇌 신경이다. • 감각 신경과 운동 신경이 쌍으로 되어있다. • 뇌 줄기로 감각 정보를 받아들인다. • 뇌 줄기로부터 운동 명령을 전달한다. • 후각, 시각, 미각, 청각, 안면 근육과 목, 어깨 근육이 운동명령에 해당된다.
	척수 신경	• 43마디의 신경 중 31마디가 척수 신경이다. • 목신경 8쌍, 가슴신경 12쌍, 허리신경 5쌍, 엉치신경 5쌍, 꼬리신경 1쌍이다. • 운동, 감각, 자율 신호를 모두 전달할 수 있는 신경이다.
자율 신경계	교감 신경	• 부교감신경과는 길항작용의 관계이다. • 분하면 맥박 증가, 혈압 상승, 소화 억제 등 긴장상태가 된다. • 아드레날린을 신경전달물질로 이용한다.
	부교감 신경	• 흥분하면 맥박 감소, 혈압 감소, 소화촉진 등 편안한 상태가 된다.

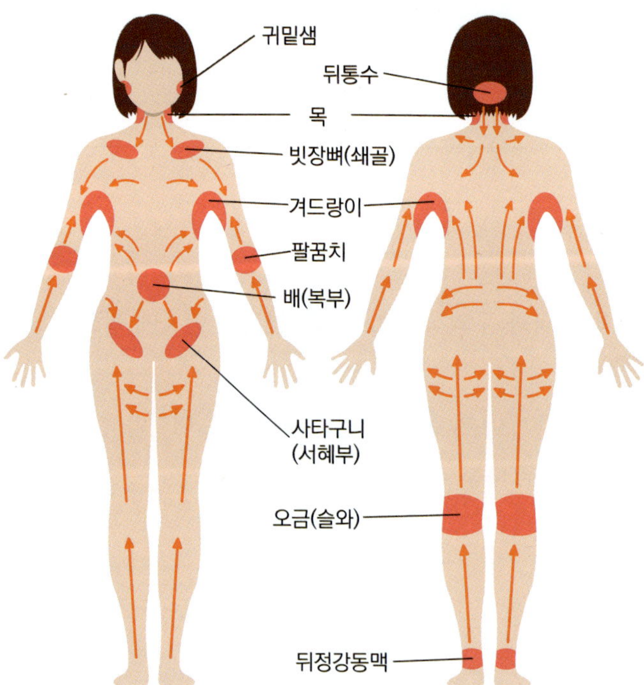

그림 3-9 말초신경의 종류

5. 순환 계통

순환계는 몸 안의 각 기관으로 영양과 산소와 에너지 등을 공급하고, 생명유지 활동으로 생기는 각종 노폐물과 이산화탄소 등을 비뇨계 또는 호흡계로 전달하여 몸 밖으로 배출하도록 하는 혈액이나 림프액의 체액 흐름을 담당하는 계통이다. 순환 중인 혈액은 영양분의 공급과 노폐물의 제거, 산소의 운반과 더불어 체온 유지를 위해 표피에 열을 공급, 호르몬의 운반과 같은 역할을 한다.

1) 심장과 혈관

표 3-9 심장과 혈관

구분	특징
심장	• 심장은 불수의근으로 된 속이 빈 배 모양의 근육 주머니이다. • 2겹의 심막으로 싸여 있으며 순환계의 원동력이다. • 2개의 심방과 2개의 심실로 심장에서 오른쪽에 있는 것을 우심방, 우심실이라 하고, 왼쪽에 있는 것을 좌심방, 좌심실이라고 한다. • 혈액이 심방을 통해 심실로 가며 심방과 심실이 교대로 수축, 이완을 반복해 전신에 끊임없이 혈액을 공급해준다.
혈관	• 구조와 기능에 따라 정맥, 동맥, 모세혈관으로 나뉜다. • 인간의 혈관 길이는 총 120,000km이고, 무게는 체중의 약 3%이다. • 심장에서 내보내는 것이 동맥이고, 들어오는 것이 정맥이다.
혈액	• 인체의 세포에 산소와 영양소를 공급, 세포의 신진대사에 의해 발생하는 노폐물과 이산화탄소를 회수, 운반하는 역할을 한다. • 적혈구, 백혈구, 혈소판, 혈장으로 되어있다. • 몸을 보호하고 혈액응고기능을 한다.

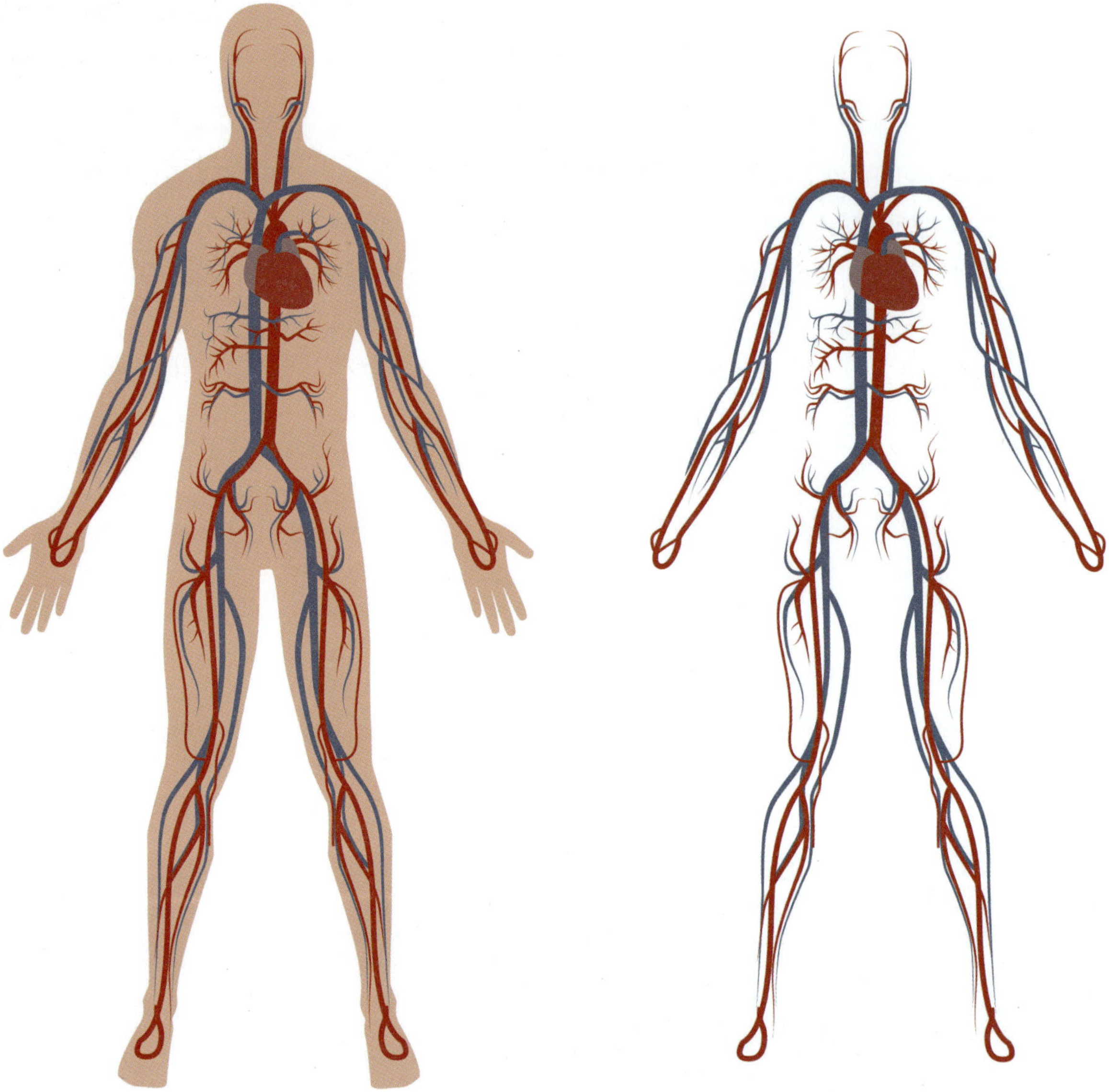

그림 3-10 심장, 동맥과 정맥의 순환

그림 3-11 혈액, 백혈구, 적혈구, 혈소판

2) 림프

① 혈액으로부터 유출된 액체를 되돌리는 기능을 한다.

② 림프절을 비롯한 림프기관들의 림프구 생산에 의한 신체방어작용에 관여한다.

③ 장에서 흡수한 지방성분들의 운반통로이다.

표 3-10 림프의 특징

구분	특징
림프액	혈장성분과 비슷하며, 맑고 투명한 우윳빛 액체이고, 백혈구가 많다.
림프관	판막이 발달해 있으며, 곳곳에 림프절이 존재하여 독성물질을 파괴한다.
림프절	여과 및 식균작용을 하고 림프가 혈류로 들어가기 전 해로운 물질을 걸러내며, 림프구와 항체를 형성한다.

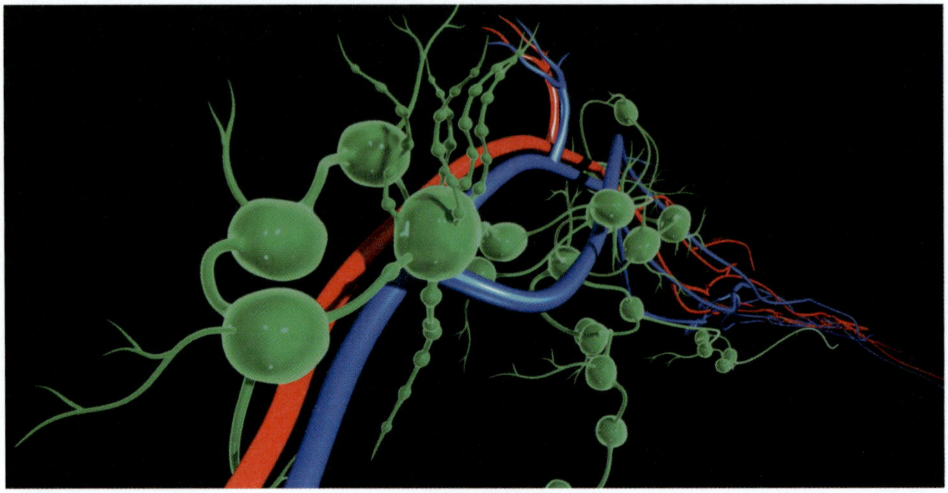

그림 3-12 림프절

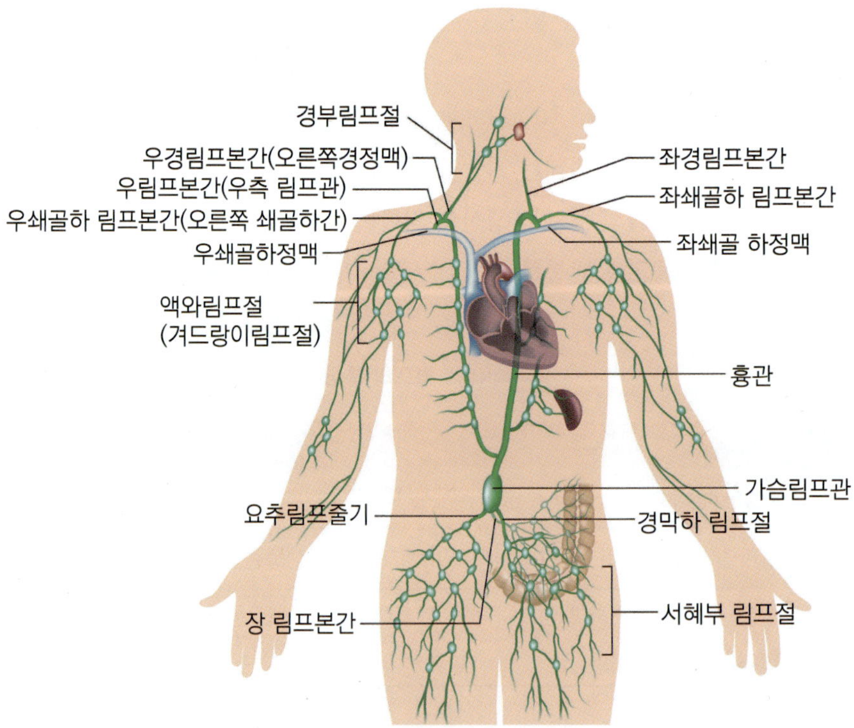

그림 3-13 림프계 라벨

6. 소화기 계통

1) 소화기관의 종류

표 3-11 소화기관의 기능과 특징

기관	기능과 특징
구강 (oral cavity)	• 소화기관의 첫 부분으로 앞은 입술, 옆은 볼, 위는 경구개와 연구개, 아래는 구강 바닥으로 이루어져 있다. • 구강의 측면에는 귀밑샘과 턱밑샘, 혀밑샘이 있다. • 소화기관의 첫 부분으로 저작, 소화, 미각, 구음작용을 수행한다. • 자율신경계의 영향을 받아 아밀라아제는 녹말을 포도당과 엿당으로 분해한다.
인두 (pharynx)	• 인두의 가장 중요한 기능은 음식물을 삼키는 일이다. • 공명과 조음 기능에 중요하게 관여하여 발성에 도움을 준다. • 구강과 비강이 합쳐졌다가 후두와 식도로 나뉘는 부분이다. • 인두에 발달되어 있는 림프절을 편도라고 하며 설근에는 설편도, 좌우에는 구개편도, 뒷벽에는 후두편도가 인두를 둘러싸고 있기에 이를 림프 인두륜이라고 한다. • 음식이 코로 들어가는 것을 막아준다.
식도 (esophagus)	• 위와 후두 인두부를 연결하여 음식물이 구강에서 위로 가는 통로 역할을 한다. • 상부는 가로무늬근으로 되어있으나 민무늬근처럼 작용하여 음식물이 통과할 때 수축 이완을 한다. • 하부는 민무늬근으로 되어있어 음식물을 위쪽으로 밀어내는 기능을 한다. • 교감신경과 부교감신경에 의해 조절하며 근육의 수의 운동에 의해 시작되어 자율적인 반사작용을 통해 진행되는 복잡한 과정의 연하운동을 한다.
위 (stomach)	• 다른 기관에 비해 비교적 단순하지만, 스트레스에 아주 민감하고 음식을 일시 저장하며 소화시키는 기관이다. • 위에서 분비된 소화효소와 침샘에서 분비된 침을 섞어 유미즙을 만들고 이것을 간헐적으로 샘창자로 보낸다. • 성인의 위는 약 1,500ml 정도 담을 수 있지만 비어있을 때 50~75ml에 불과하다. • 위액은 무색의 투명한 액체로서 수분 외의 점액질, 염산 및 펩신이 포함되어 하루양은 500~1,000ml이고, 식사를 할 때는 수백 ml가 생산된다. • 위액은 맛을 느낄 때 더욱 분비가 증가한다. • 주세포의 펩시노겐 분비는 음식물 섭취 후에 분비된 산에 의해 촉진된다.

기관	기능과 특징
소장 (small intestine)	• 길이 7m의 소화관으로 십이지장, 공장, 회장으로 구성된다. • 내면에 많은 주름과 융모가 있어서 흡수면적이 매우 넓다. • 소장 주변의 림프관인 유미관을 통해 지방을 흡수한다.
대장 (large intestine)	• 소장의 말단부에서 대장으로 연결된다. • 음식물의 수분, 전해질, 비타민을 재흡수한다. • 식후에 내용물을 S상행 결장 및 직장으로 이동시킨다. • 알칼리성 점액이며 주로 대장벽을 보호하는 역할을 하고 소화효소는 거의 없다.
간 (liver)	• 인체에서 가장 큰 장기로 재생력이 강하다. • 탄수화물 대사에 관여하여 글리코겐의 형태로 에너지를 저장한다. • 체내에 들어온 유해물질을 해독한다. • 비타민을 저장한다.
담낭 (gallbladder)	• 간에서 분비된 담즙을 농축, 저장시키는 역할을 한다. • 담관을 통해 담즙을 소장으로 배출하여 지방분해에 관여한다.
췌장 (pancreas)	• 인슐린과 글루카곤을 분비한다. • 소화액을 분비하여 소화 영양흡수에 관여한다. • 단백질을 분해하는 트립신을 분비한다. • 지방을 분해하는 리파아제를 분비한다.

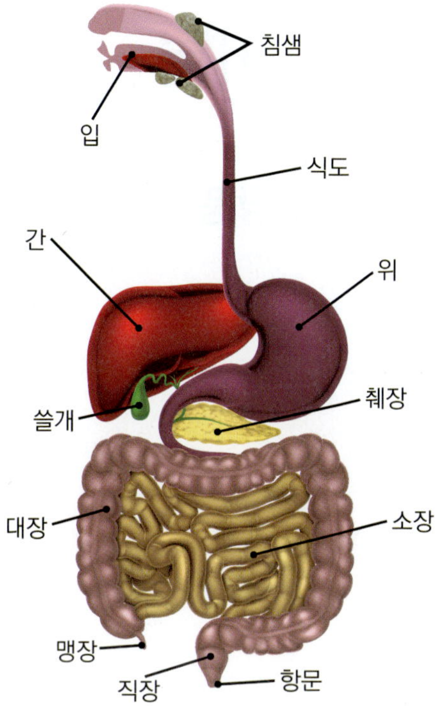

그림 3-14 소화기관의 구조

2) 소화와 흡수

① 섭취한 음식물과 그 속에 함유되어 있는 여러 가지 영양소를 흡수하기 쉬운 형태로 변화시키는 작용을 한다.

② 분해된 산물을 혈액 내로 이동시키는 과정이다.

③ 음식물의 섭취, 소화, 분해흡수, 배설의 전 과정을 수행한다.

4장 왁싱 미용기기 및 화장품학

1. 피부 미용기기

1) 기본 용어 및 개념

(1) 물질(material)

자연계의 다양한 자연 현상을 일으키는 원인인 물질은 온도와 압력에 따라 고체, 액체, 기체로 존재한다. 기체에 높은 열을 가하면 기체를 이루고 있던 원자나 분자가 전자와 이온으로 분리되는 상태의 물질을 플라즈마라고 한다.

① 물질의 구성

표 4-1 물질의 구성

	물질의 분류
물질 (material)	• 원소: 하나의 단일 원자로 이루어진 순물질(금 Au, 철 Fe 등)
	• 화합물: 두 종류 이상의 원소들이 일정한 화학적 결합으로 이루어진 물질(H_2O– 수소 원소(H) 2개, 산소 원소(O) 1개의 화합물질)
	• 혼합물: 두 종류 이상의 원소들이 물리적으로 결합한 물질 (설탕물 – 설탕과 물의 특성이 유지되며 설탕의 농도에 따라 변화한다)

	물질의 구조
	• 원자: 물질을 구성하는 최소 단위, 원자핵(양성자, 중성자), 전자(음성자)
	• 분자: 2개 이상의 원자가 결합한 화학 응집체
	• 이온: 원자 또는 분자가 전자를 잃거나 얻을 때 전하를 띤 입자 • 양이온: 원자가 전자를 잃어 양전하 • 음이온: 원자가 전자를 얻어 음전하 $Na - e^- \rightarrow Na^+$(나트륨 이온)
	물질의 결합
	• 공유결합: 원자가 안정화를 찾기 위해 원자가 전자의 일부를 다른 원자와 공유하는 결합 • 단일결합: 2개의 원자가 각각 1개의 전자쌍을 공유하는 결합 • 이중결합: 2개의 전자쌍을 공유하는 결합 • 삼중결합: 3개의 전자쌍을 공유하는 결합
	• 이온결합: 전자를 잃고 양이온이 되기 쉬운 입자와 전자를 얻어 음이온이 되기 쉬운 입자 간 전기적인 결합
	• 금속결합: 금속원소의 원자가 모여 금속결정을 만드는 결합
	• 전해질: 액체 상태에서 전류가 흐르는 물질. 단, 고체 상태에서는 전류가 흐르지 않는다. • 비전해질: 액체 상태에서는 분자로 존재하므로 전류가 흐르지 않는 물질

2) 전기와 전류

(1) 전기와 전류의 개념

원자를 구성하는 전자 또는 최외각 궤도의 자유전자나 이온들의 움직임에 의한 에너지의 형태를 전기라고 한다. 크게 음전기와 양전기로 나뉘는데 같은 극은 밀어내는 힘(척력)이, 다른 극은 서로 당기는 힘(인력)이 작용한다. 물질 안의 자유전자는 이동하여 전자를 발생시키며 원자에서 다른 원자로 전자가 이동하며 전기를 발생시킨다. 전기의 흐름을 전류라 하며 단위 시간당 흐르는 전하의 양으로 단위는 A(Ampere)라 한다.

① 전기의 종류와 기능

표 4-2 전기의 종류와 기능

전기의 종류	기 능
정전기 (static Electricity)	• 마찰전기라고도 하며 물질 간의 마찰로 전자가 이동
동전기 (dynamic Electricity)	• 화학적인 반응이나 자기장에 의해 발생되며 직류와 교류로 나눠진다. • 화학반응 – 건전지, 축전지 • 자기장 – 자석의 N극과 S극 사이의 코일을 이용하여 발생된다.

② 전류의 종류와 기능

전류는 전하의 흐름으로 단위 시간당 전하의 양을 뜻한다. 전지의 (+)에서 (-)로 흐르며 전자는 전류의 반대 방향인 (-)에서 (+)로 이동한다.

표 4-3 전류의 종류와 기능

전류의 흐름에 따른 분류	기 능
직류 전류 (direct Current)	• 일정한 방향으로 흐르는 전류(건전지, 축전지) • 평류 전류 – 이온 도입법 • 단속 평류 전류 – 리프팅 기기
교류 전류 (smooth Galvanic Current)	• 전류의 방향과 크기가 시간의 흐름에 따라 주기적으로 변하는 전류(엘리베이터, 가정용전기) • 정현파 전류 – 대칭 교류 전류로 중 저주파는 역학적 효과/고주파는 열발생 효과 • 감응전류 – 비대칭적 교류 전류로 신경 근육, 울혈 제거, 진통 효과, 부종 완화, 근육 개선 효과 • 격동전류 – 전류의 세기가 강약으로 변함, 피부에 긴장감을 주어 통증, 탄 력 관리에 효과적

③ 주파수에 따른 분류와 특징

표 4-4 주파수에 따른 분류와 특징

주파수에 따른 분류	특징
저주파 전류 (low Frequency Current)	• 주파수가 1Hz~1,000Hz까지의 전류 • 피부의 근육층까지만 전달되는 전류로 젖산을 분해시켜 통증 완화와 노폐물 배출의 효과가 있다. • 근육의 이완과 수축작용으로 지방을 분해
중주파 전류 (middle Frequency Current)	• 1,000Hz~10,000Hz까지의 전류 • 피하 조직층까지만 적용, 피부의 저항이 가장 적어 통증이나 불쾌감이 없다. • 림프순환 촉진, 근육운동, 부종, 염증 완화
고주파 전류 (high Frequency Current)	• 100,000Hz 이상의 높은 주파수를 가진 전류 • 1초당 진동폭이 매우 빠르므로 무자극으로 온열감을 느낌 • 심부열 발생, 온열 효과, 혈액순환 촉진, 신경 진정효과, 피부 탄력 및 재생 효과
초음파 (super sonic Waves)	• 진동 주파수가 20,000Hz 이상으로 매우 높아서 소리로 들을 수 없는 진동 음파(acoustic vibration) • 온열 효과, 림프순환, 혈액순환 촉진, 피부 세정 효과, 탄력 증가, 근육 강화, 피부의 pH 조절, 피부재생, 지방 분해 등

④ 전류의 효과

표 4-5 전류의 효과와 특징

전류의 효과	특 징
열 효과 (heating effect)	• 전류의 열 효과가 직류 전류의 열 효과보다 더 크다. • 전자의 이동으로 마찰력이 열에너지로 전환하여 온도가 높아진다. • 혈액 및 수분 함량이 높은 곳에서 전류량이 많아 열 효과가 높아진다.
생리 화학적 효과	• 인체 조직은 양이온과 음이온으로 나눠져 직류 전류의 흐름은 화학적인 변화를 일으킨다.
전자기 효과	• 전류가 흐르는 주변의 자기장이 발생한다.
생체 전기	• 생물 체내의 염기성 물질이 이온화하여 전기를 발생시킨다.

3) 올바른 피부 미용기기 사용법

(1) 피부 미용기기 개념

피부 미용기기란 화장품의 유효성분을 피부 깊은 곳까지 침투시키고 림프의 원활한 순환을 도와 피부 관리의 효과를 극대화할 수 있는 기기를 말한다. 관리사의 육안으로 식별이 어려운 피부의 진단과 피부 관리 행위를 효율적인 미용기기 관리를 통해서 고객의 피부를 체계적이고 피부 타입과 부위별 올바른 맞춤 관리를 실시할 수 있다.

(2) 왁싱 미용기기 종류 및 사용 방법

표 4-6 왁싱 미용기기 종류 및 사용 방법

관리 기기	종류	기 능
왁싱 전 피부 분석 기기	확대경	육안으로 식별이 어려운 피부의 상태를 확대해서 보여주는 기기 육안의 5~10배율로 확대하여 관찰 여드름 압출시 사용 가능
	우드램프	육안으로 식별이 어려운 색소침착, 피지량, 각질량을 특수광선 램프를 사용하여 피부 질환 진단에 따른 색상의 변화를 통해 피부 상태를 판별할 수 있는 기기
	유 · 수분 측정기	피부의 유수분의 함유량을 측정하는 기기
	pH측정기	피부의 수소이온 농도를 측정하는 기기 여성 정상 pH: 4.5~5.8 남성 정상 pH: 4.4~5.8
	스킨스코프 (skin scope)	피부측정을 컴퓨터 모니터를 통하여 고객과 함께 피부 상태를 확인할 수 있는 기기

관리 기기	종류	기 능
왁싱 후 관리 기기	스티머	온열 증기를 이용하여 모공을 열어 주는 기기(정제수 혹은 증류수) 노폐물 세정작용, 오존의 살균작용, 피부 이완 및 보습, 각질 제거, 손상 피부 개선 효과, 혈액순환 촉진 및 신진대사 원활
	초음파	미세 진동 효과로 피부의 탄력도를 증가시켜 주는 기기(17,000~20,000Hz) 온열 효과, 지방 분해 효과, 마사지 효과, 클렌징 효과, 림프순환, 노폐물 제거 등
	오메가 라이트	LED 근적외선 파장을 피하조직까지 전달하여 피부의 자극 없이 관리하는 기기 피부재생, 여드름균 살균, 통증 완화에 효과
	LED냉온 마사지 기기	왁싱 전 모공을 열어주어 왁싱 시 모의 제거를 용이하게 하고, 왁싱 후 모공수축 및 진정 관리에 도움을 주는 기기

Tip 확대경과 우드램프 오메가라이트 사용 시 아이패드로 고객의 눈을 가린 후 사용한다.

① 확대경

- 알코올 성분이 함유되지 않은 클렌징을 이용하여 클렌징 후 실시한다.
- 고객의 눈을 아이패드로 가린다.
- 고객과의 거리 10~20cm를 두고 조명을 켠다.
- 밝은 곳에서 사용한다.
- 확대경 사용순서
- 클렌징 → 아이패드 → 확대경 거리조정 → 전원ON → 관찰

② 우드램프

- 알코올 성분이 함유되지 않은 클렌징을 이용하여 클렌징 후 실시한다.
- 고객의 눈을 아이패드로 가린다.
- 고객과의 거리 5~6cm를 두고 측정한다.
- 주변이 어두울수록 측정이 용이하다(검은 가림막 덮기).
- 우드램프 사용순서

  클렌징 → 아이패드 → 빛 차단(검은 가림막 사용) → 우드램프 거리 조정 → 관찰

표 4-7 우드램프의 색상별 특징

우드램프 색상	피부상태
청백색	정상 피부
연보라색	건성 수분 부족 피부
주황색	피지, 면포, 지루성 피부
암적색	노화 피부
진보라색	민감성, 모세혈관 확장 피부
갈색, 암갈색	색소침착 피부
흰색	과각질 피부
노란색	비립종
흰 형광색	먼지 또는 이물질

③ 유수분 측정기

- 알코올 성분이 함유되지 않은 클렌징을 이용하여 클렌징 후 실시한다.
- 클렌징 후 1~2시간 정도 경과 후 측정한다.
- 유수분 측정기는 주변의 온습도에 민감하므로 온도 20~22°, 습도 40~60%로 유지한다.
- 유분 측정 시 - 측정 부위에 지질 흡수 테이프를 붙이고 피부를 지그시 눌러 측정한다.
- 수분 측정 시 - 측정 부위에 수분 탐침을 올린 후 지그시 눌러 측정한다.
- 수분 측정 순서

  클렌징 → 2시간 경과 → 수분 탐침 측정 부위에 부착(30초 이상) → 3회 반복 측정 → 수분 수치(평균) → 판독
- 유분 측정 순서

  클렌징 → 2시간 경과 → 유분 테이프 측정 부위에 부착 → 기기 측정 → 유분 수치 → 판독

Tip 피부 표면의 지질을 흡착하여 유분이 측정되므로 한 부위를 여러 번 측정하면 오류가 생길 수 있으므로 주의한다.

④ pH 측정기

• 알코일 성분이 함유되지 않은 클렌징을 이용하여 클렌징 후 실시한다.

• 클렌징 후 1~2시간 정도 경과 후 측정한다.

• 측정 부위에 pH 탐침을 올린 후 피부와 45°를 유지하여 가볍게 눌러 측정한다.

Tip 건강한 피부는 pH 4.5~6.5의 약산성을 나타내며 건조한 피부일수록 알칼리성을 띤다.

4.0 산성	5 정상	6 알카리성	7	8
모발(4.0)	남성 피부(5.2) 여성 피부(5.8)	어린이 피부 (6.5)	피부(7.3) 혈액(7.4)	눈물(8.2)

• pH 측정순서

클렌징 → pH 탐침 증류수 세척 → pH 탐침 측정 부위에 부착 → pH 수치 → 판독

⑤ 스티머

• 스티머 사용 전에 정제수 혹은 증류수를 물통에 2/3 채운 뒤 전원을 켜둔다.

• 고객과 스티머의 거리를 30cm 정도 띄워 사용한다.

• 스티머의 방향은 얼굴 아랫부분에서 얼굴 윗부분을 향하도록 한다.

• 피부 타입에 따른 분사 시간을 조절한다.

건성 - 8~10분, 지성 - 10~15분, 정상 - 5~10분, 여드름 - 10~15분

Tip 알레르기 피부, 심한 화농성 여드름 피부는 사용을 금지한다.

⑥ 초음파

• 사용 전 초음파 전용 겔을 사용한다(클렌징과 마사지 단계 사용).

• 한 부위에 5초 이상 머무르지 않도록 주의한다.

• 뼈나 관절 부위, 눈동자 부위, 갑상선 부위는 닿지 않도록 주의한다.

Tip 임산부, 심장질환, 혈압 이상, 상처 부위에는 사용을 금지한다.

⑦ 오메가 라이트

- 왁싱 후 피부진정 관리, 붉은기 감소 및 재생 관리에 효과적이다.
- 사용 목적에 따라 파장을 선택하고 아이패드로 눈을 보호한다.
- 광선의 피부 조사 시간을 20분 이내로 관리한다.

표 4-8 오메가 라이트의 색상별 특징

레드 (red light)	블루 (blue light)	그린 (green light)	옐로우 (yellow light)
600~650nm	400~450nm	500~550nm	550~600nm
• 세포의 재생 효과 • 혈액 순환 촉진 • 여드름 상처 완화 • 통증 완화 • 유효성분 활성화	• 여드름균 살균 • 피지선 억제 • 감염 예방 • 피부 진정	• 진정 효과 • 예민 피부적용 • 심신 안정	• 홍조 • 홍반 • 붉음증 완화 • 초기 대상포진

⑧ 냉온 마사지 기기

- 왁싱할 부위를 클렌징한다.
- 토너로 피부결을 정돈한 뒤 아쥴렌 겔을 도포 온마사지 기기로 부드럽게 롤링한다.
- 왁싱 후 자극받은 피부를 진정시키기 위해 아쥴렌 겔을 도포 냉마사지 기기로 부드럽게 롤링한다.
- 기기 사용 후 알코올 스왑을 이용하여 닦고 소독하여 보관한다.
- 냉온 마사지 기기 사용순서

  클렌징 → 토너 → 아쥴렌 겔 도포 → 온마사지 기기 → 왁싱 후 → 토너 → 아쥴렌겔 도포 → 냉마사지 기기

2. 화장품학 개론

1) 화장품의 정의 및 원료

(1) 화장품의 정의

화장품법 제2조 1항에 의하면 화장품은 인체를 청결, 미화하여 매력을 더하고 용모를 밝게 변화시키거나 피부 및 모발의 건강을 유지 또는 증진하기 위하여 인체에 사용되는 물품으로서, 인체에 대한 작용이 경미한 것을 말한다. 위 목적 외에 질병의 진단이나 치료, 처치 또는 예방 등의 신체 구조와 기능에 약리적 영향을 주기 위한 사용은 포함하지 않는다(약사법 제2조 제4호의 의약품에 해당하는 물품은 제외).

① 화장품과 의약품, 의약외품의 구분

표 4-9 화장품과 의약품, 의약외품의 구분

구분	대상	목적	기간	부작용
화장품	정상인	건강유지, 청결, 미화	장기적	없어야 함
의약품	환자	질병치료, 질병예방, 처치	단기적	경미
의약외품	정상인	위생, 청결	장기적	없어야 함

② 왁싱 화장품의 분류

왁싱은 체모의 제거와 함께 피부의 각질도 함께 제거되기 때문에 EWG 그린등급의 화장품을 사용하여 왁싱 전후 피부에 보습력과 진정 효과를 줄 수 있다.

표 4-10 왁싱 화장품의 분류

구분	종 류	특 징
왁싱 전 화장품	클렌징폼	모발 사이의 노폐물을 제거하고 피부를 유연하게 함
	토너	피부결 정돈의 효과 및 모발의 성장 방향 확인
	아쥴렌 겔	왁싱 전 피부의 유수분 밸런스를 맞추기 위해 사용함
	오일	피부 보호막을 형성
	탈컴파우더	피부 보호와 수분 제거
왁싱 후 화장품	토너	왁싱 후 피부 표면의 노폐물 제거
	진정 겔	피부의 진정과 모공수축 효과
	수딩크림	피부의 유수분 균형 유지
홈케어용 화장품	스크럽	왁싱 3일 후 피부 표면의 각질 제거
	AHA	인그로운 헤어 예방
	아쥴렌 겔	왁싱 후 3~5일간 아쥴렌 겔 진정 관리 실시
	수딩크림	왁싱 후 보습 관리

Tip **왁싱을 한 부위는 피부의 각질층이 탈락되고 새로운 각질층이 형성되므로 왁싱 3~5일 후부터는 주 3~4회 스크럽 관리가 필요하다. 건조한 피부는 소양감을 일으킬 수 있으므로 피부 보습 관리에 신경 쓴다.**

③ 화장품의 4대 요소

표 4-11 화장품의 4대 요소

안전성	피부 무자극, 무알레르기, 무독성, 이물감, 용기 파손 등 안전에 무해하여야 한다.
안정성	변색 또는 변취, 발한 등 사용 중 미생물의 오염이나 변질됨이 없어야 한다.
사용성	피부에 흡수성이 좋고 용기의 편리성, 디자인의 기호성 등 사용감이 편리해야 한다.
유효성	사용 목적에 따라 주름 미백개선, 보습, 청결, 자외선 차단, 탈모방지, 색채 표현 등 기능적인 측면이 충족되어야 한다.

Tip **센스 왁스는 화장품 정식 등록 왁스**

(2) 화장품의 원료

① 수성 원료

표 4-12 수성 원료의 종류

수성 원료	종류	특징
정제수	증류수	• 상수를 증류하거나 이온교환수지를 통하여 정제한 물(이온교환수)
	식물추출액	• 식물의 줄기, 잎, 꽃 등을 압착 또는 증류하여 만든 추출물
에탄올	변성에탄올 SD alchol	• 에탄올에 부탄올, 메탄올, 페놀 등을 첨가하여 변성시킨 에탄올이다.
카보머 (carbomer)	젤라틴, 알긴산, 한천	• 제품의 점도 조절제로 쓰인다.

Tip 천연수, 암반수, 해양 심층수 등 미네랄 성분을 함유하는 화장수도 있다.

② 천연 유성 원료

표 4-13 유성 원료의 종류

유성 원료	종류	특징
식물성 오일	야자유 (coconut oil)	• 야자열매의 씨앗에서 추출한 오일
	아보카도유 (avocado oil)	• 아보카도 과육에서 추출하며 비타민A, 비타민E를 함유하여 상처 치유, 건선 완화의 효과가 있다.
	스위트 아몬드유 (sweet amond oil)	• 아몬드씨에서 추출 • 비타민A가 풍부하게 함유되어 여드름 완화 • 피부 컨디셔닝제(수분차단제)와 피부톤 개선 및 임신 중 복부에 사용하면 임신선을 예방
	동백유 (camellia oil)	• 동백씨에서 추출 • 올레산 80~90% 성분 함량이 높아 산화방지의 효과 • 크림, 모발기름

유성 원료	종류	특징
식물성 오일	포도씨유 (grape seed oil)	• 포도씨에서 추출 • 항산화제 성분인 토코페롤 베타씨토스테롤을 함유하여 노화방지 효과
	로즈힙오일 (resehip oil)	• 야생장미 나무의 빨간 열매 또는 씨앗에서 추출 • 프로비타민A, 비타민C가 풍부하여 피부재생 및 보습 효과
	피마자유 (caster oil)	• 피마자(아주까리) 씨앗에서 추출 • 리시놀레인산 80~95%(오메가9, 불포화지방산) 함유되어 감염 및 염증 완화에 효과 • 비타민E 함유 – 모발성장 촉진, 여드름 치료에 도움
	올리브유 (olive oil)	• 올리브 열매에서 추출한 오일 • 썬탠 오일, 피부보습제로 쓰임
	맥아유 (wheat oil)	• 밀의 배아에서 추출한 오일 • 비타민A, B, D, E, 미네랄이 풍부하게 함유 • 임신선 흉터 감소, 습진, 마른 버짐, 화상, 건성피부에 효과적 • 여드름, 민감성 피부는 알레르기 반응 주의
	마카다미아너트유 (macadamia nut oil)	• 마카다미아의 씨앗에서 추출한 오일 • 피지의 성분과 비슷한 팔미트레인산과 25%, 올레인산 50~60% 함유 • 크림, 유액, 립스틱에 사용
	월견초유 (evening primrose oil)	• 달맞이꽃의 씨앗에서 추출한 오일 • 감마리놀렌산 9%, 리놀렌산 70% 함유 – 세포 활성 효과로 아토피 개선, 피부재생, 호르몬 균형, 건선, 비듬, 관절염 완화
	해바라기유 (sunflower oil)	• 해바라기 씨앗에서 추출한 오일 • 리놀레산 60%, 올레산, 트리글리세라이드 주성분 • 신생아의 태지성분과 비슷한 추출물
식물성 왁스	호호바유 (jojoba oil)	• 호호바 열매의 씨에서 추출 • 피지와 유사한 성분으로 여드름 피부에 효과적 • 비듬방지, 모발성장 촉진, 피부의 유연성 증대 • 크림, 핸드로션, 립스틱, 파운데이션에 사용
	카나우바왁스 (Carnauba Wax)	• 브라질 카나우바 야자나무의 잎에서 추출한 왁스 • 피부의 유연성, 컨디셔닝 효과 • 제형의 단단함과 광택, 발림성과 내수성 유지, 립스틱에 사용
	칸델릴라왁스 (candelilla Wax)	• 온도차가 심하고 건조한 지대에 자생하는 칸델릴라 줄기에서 추출 • 광택 및 방수용으로 립스틱에 사용

유성 원료	종류	특징
동물성 오일	스쿠알란 (squalane)	• 심해 상어의 간유에서 얻은 스쿠알렌에 수소 첨가로 얻어진다(보존력을 높임). • 비타민A, D 함유 항산화 효과 • 피부에 저자극 유연 및 보습 효과 탁월, 자외선 차단
	난황 오일 (egg oil)	• 계란 노른자에서 추출 • 레시틴, 비타민, 콜레스테롤, 인지질들을 함유 • 유화제로 주로 사용
	터틀 오일 (turtle oil)	• 거북에서 얻은 오일 • 비타민 A, E 함유
	에뮤 오일 (emu oil)	• 조류인 에뮤새에서 얻은 오일 • 불포화지방산 60~70% 함유, 모공을 막지 않음 • 상처 재생, 피부진정, 항염증, 아토피 치료, 화상치료제로 쓰임
	밍크 오일 (mink oil)	• 밍크의 피하지방에서 추출 • 상처 회복, 피부친화적으로 발림성이 부드럽다. • 선탠 오일, 유아용 오일로 사용
	마유 (horse fat)	• 말의 지방을 녹여서 얻은 오일(유분이 주성분) • 팔미톨레인산, 세라마이드 함유 • 피부보습, 세포재생 촉진, 자외선 차단, 항균 효과 • 민감성, 아토피 피부는 사용금지
동물성 왁스	밀납 (bees Wax)	• 벌집을 가열 압착 여과하여 얻어짐(황납) • 크림, 로션, 파운데이션 등에 사용 • 동물성 왁스 중 화장품의 원료로 가장 많이 사용
	라놀린	• 양의 털을 정제하여 추출 • 피부와 친화력이 좋은 오일, 흡습성이 좋음 • 크림, 연고, 립스틱에 사용
광물성 오일	유동파라핀	• 석유의 원유를 증류하고 남은 부산물 • 크림, 립스틱의 원료
	바세린	• 석유 원료의 부산물의 탈납 시 얻어지는 반고체의 화합물 • 피부 보호막, 수분증발 억제 • 화장품 제조시 유성성분으로 사용

유성 원료	종류	특징
고급 지방산	라우린산	• 야자유를 분해하여 얻음 • 수용성으로 비누, 세안류에 사용
	스테아린산	• 우지 분해 지방산 • 불포화지방산을 포화지방산으로 분해하여 얻음
	팔미틴산	• 팜유를 분해하여 얻음 • 크림, 보조 유화제에 사용
고급 알코올류	세틸알코올	• 유분감을 저하시킴, 왁스류의 점착성을 낮추는데 쓰임
	스테아릴알코올	• 유화안정 보조제로 쓰임

③ 계면활성제

표 4-14 계면활성제의 종류 및 특징

계면활성제의 종류	특징
양이온 계면활성제	• 린스, 헤어트리트먼트에 사용, 정전기방지 효과, 피부 자극이 강함
음이온 계면활성제	• 세안용비누, 샴푸 등에 사용, 세정력 기포형성능력이 좋음, 탈지력 강함
양쪽성 계면활성제	• 저자극 샴푸, 베이비제품에 사용, 음이온에 비해 세정력이 떨어짐, 피부 안정성이 좋음
비이온성 계면활성제	• 화장수, 세정제, 크림의 유화제 사용, 피부자극이 적음

④ 보습제

피부 표면의 수분량을 유지시켜 주는 성분으로 환경에 의한 영향을 받지 않으며, 미세한 주름 완화에 도움을 준다.

표 4-15 보습제의 종류 및 특징

보습제의 종류	특징
글리세린	• 보습력이 뛰어나며, 흡습성이 강하므로 농도가 높으면 피부의 수분을 흡수하여 건조하게 한다.
솔비톨	• 물에 잘 녹으며 보습력이 뛰어나다.
히아루론산나트륨	• 무코다당류로 뛰어난 보습 효과와 유연성이 있다.
부틸렌에틸렌글리콜	• 방부 효과가 있으며 피부에 작성이 있다.
프로필렌글리콜	• 피부 흡수력이 뛰어나며 글리세린보다 덜 끈적인다.
폴리에틸렌글리콜	• 분자량이 높으면 점증제로, 분자량이 낮으면 보습제로 사용한다.

⑤ 방부제

화장품의 변질 또는 부패를 억제하기 위해 쓰이지만 피부에 자극적인 성분으로 최소량을 사용해야 한다.

표 4-16 방부제의 종류 및 특징

방부제의 종류	특징
페녹시 에탄올	• 주로 메이크업 화장품류에 쓰이며 화장품에 사용 시 1% 미만 함유
파라벤류	• 식품에도 첨가되는 자극이 덜하다.
이소치아 졸리논	• 세정제품에 쓰이는 물질
이미다 졸리디니 우레아	• 자극이 적어 베이비제품에 쓰인다.

⑥ 색재

표 4-17 색재의 종류 및 특징

색재의 종류	특징
염료	• 화장품의 색상을 나타내주며 물과 오일에 잘 녹아 기초화장품의 원료로 쓰인다.
안료	• 유기 안료 – 열에 불안정하고 색상이 화려하다(립스틱, 아이섀도 등). • 무기 안료 – 햇볕과 열에 안정적이고 커버력이 좋다(파운데이션, 파우더).
천연색소	• 천연식물과 동물로부터 얻어지며 착색력이 우수하지만, 원료사정이 불안정하며 고가이다(안토시안, 플라보노이드 등).

⑦ 점증제

화장품에 점성을 증가시켜 화장품의 제형 유지 및 사용 용도와 편의성에 맞춰 사용되는 원료이다.

표 4-18 점증제의 종류 및 특징

점증제의 구분	특징
무기 점증제	• 마그네슘 실리케이트
유기 점증제	• 천연고분자: 잔탄검, 펙틴, 전분, 알긴산 • 합성고분자: 카르복시비닐폴리머 • 반합성고분자: 카르복시메틸셀룰로오스

⑧ 향료

화장품에 첨가되는 향기가 나는 유기물질을 말한다.

표 4-19 향료의 종류

향료의 구분	종류
동물성 향료	• 사향, 용현향, 해리향, 영묘향 등
식물성 향료	• 라벤더, 마조람, 네롤리, 티트리, 유칼립투스 등

⑨ 활성성분

화장품에 첨가되는 성분의 약리작용의 효능과 효과로 기대되는 성분을 말한다.

표 4-20 활성성분의 종류

피부타입	활성성분
민감성피부	아줄렌, 클로로필, 위치하 젤 등
건성피부	엘라스틴, 콜라겐, 세라마이드, 히알루론산 등
노화피부	토코페롤, 레티놀, 프로폴리스, 플라센타 등
지성	클레이, 살리실산, 캄퍼 등

⑩ 비타민

표 4-21 비타민의 특징

구분	특징
비타민A (retinol)	• 각질 제거, 주름 개선, 피부의 재생 촉진
비타민B2 (riboflavin)	• 자외선에 불안정, 유연제 또는 보습제에 주로 사용
비타민B3 (niacin)	• 주름 방지 효과
비타민B5 (pantothenic acid)	• 피부의 보습 효과, 세포 재생 효과, 주름 방지
비타민B6 (pyridoxine)	• 보습 효과, 피부 보호, 진정 작용
비타민C (ascorbic acid)	• 미백 효과, 항노화 작용
비타민E (tocopherol)	• 항산화 작용, 혈액 순환 촉진

2) 화장품의 기술

표 4-22 화장품의 기술

화장품제조방법	특징
가용화기술 (solubilization)	• 수성 성분과 적은 양의 유성 성분을 계면활성제의 미셀 형성 작용을 이용하여 투명한 상태로 용해시키는 기술(토너, 세럼, 향수 등)
유화기술 (emulsion)	• 많은 양의 유성 성분을 물에 균일한 상태로 혼합시키는 기술(크림류, 로션류, 파운데이션)
분산기술 (dispersion)	• 수성 또는 유성 성분에 안료를 균일한 상태로 혼합시키는 기술(립스틱, 마스카라, 아이섀도, 아이라이너, 파운데이션)

(1) 유화의 종류

표 4-23 유화의 종류

구분	특징
수중유형 O/W	• 물(W)에 오일(O)이 균일하게 분산되어 있는 상태 • 물에 쉽게 희석된다. • 로션
유중수형 W/O	• 오일(O)에 물(W)이 균일하게 분산되어 있는 상태 • 수분 증발을 방지하고 유분이 많아 끈적임이 있다. • 영양크림, 클렌징크림
다상에멀전 W/O/W	• 유중수형W/O 에멀전을 한 번 더 물(W)에 유화시킨 상태
다상에멀전 O/W/O	• 수중유형O/W 에멀전을 한 번 더 오일(O)에 유화시킨 상태

3) 화장품의 특성

(1) 기초화장품

표 4-24 기초화장품의 종류

구분	특징
피부 세정 (세정제)	• 피부 표면의 노폐물과 메이크업 잔여물을 제거하여 피부를 청결하게 한다(클렌징 워터, 클렌징밤, 클렌징오일, 클렌징크림, 폼클렌징).
피부 정돈 (화장수)	• 피부의 pH 조절과 수분과 유분을 공급하여 피부를 정돈한다. • 유연화장수: 보습제와 피부 유연제의 함유로 피부를 촉촉하게 해준다. • 수렴화장수: 아스트린젠트로 모공 수축, 청량감이 있어 피부결을 정리해준다.
피부 보호 (보호용화장품)	• 외부 환경으로부터 피부를 보호하고 피부가 건조하지 않도록 보호한다(크림, 로션, 세럼, 에센스).

(2) 메이크업화장품

표 4-25 메이크업화장품의 종류

구분	종류
베이스 메이크업 (base make-up)	• 메이크업베이스 – 기초화장품 다음 단계에 사용, 피부톤 보정 효과 • 파운데이션 – 피부의 결점 커버 효과(타입-리퀴드, 스틱, 크림, 케이크) • 파우더 – 파운데이션의 커버력을 고정하는 효과
포인트 메이크업 (point make-up)	• 아이브로우, 아이섀도, 아이라이너, 마스카라, 립스틱, 블러셔

(3) 모발화장품

표 4-26 모발화장품의 종류

구분	종류
세정용 모발화장품	• 샴푸(shampoo) – 모발과 두피를 세정 • 린스(rinse) – 모발의 유수분 공급
트리트먼트용 모발화장품	• 모발의 손상을 방지, 손상모의 복구(헤어팩, 헤어린스, 헤어크림 등)
정발용 모발화장품	• 모발의 스타일링과 모발 형태 고정(헤어스프레이, 헤어왁스, 헤어무스, 헤어오일 등)
염모 탈색용 모발화장품	• 모발 색상의 일시적 또는 영구적 색상변화 효과(헤어매니큐어, 염모제, 탈색제 등)
양모용 모발화장품	• 모발과 두피를 청결하게 관리하는 효과(헤어토닉)

(4) 바디관리화장품

표 4-27 바디관리화장품의 종류

구분	종류
세정제	비누, 바디샴푸, 버블바스
트리트먼트제	바디로션, 바디크림, 바디오일 등
미화제	슬리밍제품
손, 발제품	핸드크림, 풋크림
체취방지제	데오드란트

(5) 네일화장품

표 4-28 네일화장품의 종류

종류	특징
큐티클오일 및 크림	• 단단하고 건조한 큐티클을 유연하게 만들어 손톱 주변 피부를 부드럽고 촉촉하게 한다.
탑코트	• 컬러링의 광택을 부여하고 지속력을 높인다.
베이스코트	• 자연 네일의 착색을 방지, 컬러의 밀착력을 높인다.
네일강화제	• 손상된 손톱 표면에 광택감과 단단함을 부여한다.
네일리무버	• 네일 컬러를 제거할 때 사용한다.

(6) 향수

표 4-29 향수의 종류

구분	향료의 농도	지속시간	특징
퍼퓸 (parfume)	15~30%	6~7시간	향의 발산력과 지속력이 가장 강함
오드 퍼퓸 (eau de perfume)	10~15%	5~6시간	외출 시 사용 권장
오드 토일렛 (eau de toilette)	5~10%	3~5시간	가볍고 경쾌한 느낌의 향수
오드 코롱 (eau de cologne)	3~5%	1~2시간	처음 향수를 접할 때 권장
샤워 코롱 (shower cologne)	1~3%	1시간	샤워 후 산뜻한 사용감

(7) 에센셜(아로마) 오일 및 캐리어 오일

① 에센셜(아로마) 오일의 특징

식물의 꽃, 뿌리, 열매, 줄기, 잎 등에서 추출한 천연오일로 테라피의 기능이 있으며, 스트레스 완화, 통증, 미용적인 효능이 있다. 수증기 증류법, 압착법, 용매추출법, 초임계 이산화탄소 추출법을 통하여 추출한다.

② 에센셜(아로마) 오일 사용시 유의사항

열과 빛에 민감하므로 빛을 투과하지 않는 차광병에 담아 서늘하고 그늘진 곳에 보관한다(최대한 공기와 접촉 차단).

사용 전 손목 안쪽에 패치 테스트를 하여 알레르기 반응을 살핀 후 사용하고, 불순물이 함유되지 않은 순수한 에센셜 오일을 사용한다. 캐리어 오일에 희석하여 사용할 경우 6개월 이내에 사용한다. 순수한 에센셜 오일의 사용기한은 개봉일로부터 2년 안에 사용한다(블랜딩 오일의 제조기한을 라벨링하여 용기에 부착).

임산부, 당뇨병 등 내분비계 질환자는 아로마왁싱 시술자 또는 의사와 충분한 상담 후 사용한다.

③ 에센셜 오일의 종류와 특성

표 4-30 에센셜 오일의 종류

종류	특성
라벤더	• 진정 효과로 스트레스 완화, 항염작용, 화상 치유 효과
자스민	• 호르몬 균형 조절, 세포노화 지연, 모든 피부에 사용 가능
유칼립투스	• 항염 효과, 살균작용, 근육통증 완화
사이프러스	• 셀룰라이트 분해, 소염항균작용
제라늄	• 피부염증 완화, 정화작용
카모마일	• 탈취 효과, 수렴작용
로즈마리	• 살균, 소독 및 방충 효과

종류	특성
티트리	• 진정, 항진균작용
일랑일랑	• 스트레스 완화, 피지분비 정상화
페퍼민트	• 여드름 치유, 피로회복, 항염증작용

④ 캐리어 오일(carrier oil)

에센셜 오일을 희석하여 사용하는 오일로 불포화지방산이 다량 함유되어 있으며, 피부 친화적이고 식물의 씨앗 또는 과육에서 추출한다.

⑤ 캐리어 오일의 종류

표 4-31 캐리어 오일의 종류

종류	특징
호호바 오일	• 피부의 피지성분과 가장 유사한 오일로 피부에 흡수력이 좋으며, 보습 효과가 좋다.
아보카도 오일	• 아보카도의 종자에서 추출 피부의 투과성이 뛰어나 피부의 보습효과에 탁월하다.
해바라기 오일	• 태아의 태지 성분과 유사한 성분으로 모든 피부에 사용 가능하다.
아르간 오일	• 아르가니아나무 열매의 종자에서 추출한 오일로 피부의 유연성과 항산화 작용을 한다.
윗트점 오일	• 밀의 배아에서 추출한 오일로 필수지방산과 토코페롤이 다량 함유되어 보습 효과 및 항산화 작용을 한다.

(8) 기능성화장품 및 왁싱용 화장품

① 기능성화장품의 정의

기능성화장품은 피부 미백에 도움을 주는 제품, 피부의 주름 개선에 도움을 주는 제품, 피부를 곱게 태워 주거나 자외선으로부터 피부를 보호하는데 도움을 주는 제품을 말한다(화장품법 제2조 2항).

② 기능성화장품의 구분 및 특성

표 4-32 기능성화장품의 종류

구분	특성
미백 화장품	• 피부의 미백에 도움을 주며 멜라닌 생성을 억제 또는 방지에 도움을 주는 화장품 • 멜라닌합성과정: 티로신 → 티로시나아제 → 도파 → 도파퀴논 → 멜라닌
주름개선 화장품	• 열노화, 광노화 또는 자연 노화로 인한 주름의 완화와 개선에 도움을 주는 화장품 • 레티놀, 레티닐팔미테이트, 아데노신 성분 등이 있다.
자외선차단 화장품	• 자외선흡수제: 유기자차 – 화학적인 방법으로 자외선을 피부에 무해한 열에너지로 변환하여 소멸시키는 성분 • 자외선차단제: 무기자차 – 무기물질인 이산화티탄, 산화아연이 피부 표면으로 침투되는 자외선을 산란 또는 반사시키는 성분
태닝 화장품	• 태닝 화장품은 자외선에 의한 멜라닌 색소량을 증가시켜 구릿빛의 건강한 피부로 돋보이게 해준다.

3. 미용왁싱 관리

1) 미용왁싱 관리 준비

(1) 관리 공간 준비

왁싱 관리 공간은 고객을 맞이하기 전·후에 점검과 준비, 정리정돈, 도구에 적합한 소독을 반복한다.

① 왁스 워머기의 전선과 플러그에 물이 묻거나 손상되지 않았는지 혹은 온도조절장치가 제대로 작동하는지 점검한다.

- 출근을 하여 왁싱 작업 전에 미리 전원을 켜두어 작업에 적합한 용도의 왁스를 작업온도에 맞게 유지하고, 장시간 자리를 비우거나 퇴근할 때는 반드시 전원을 끄고 플러그를 뽑아둔다.

② 왁스 워머기의 전선과 플러그의 위치가 작업대의 동선과 왁싱시술자의 작업환경에 불편하지 않도록 배치한다.

③ 왁스 워머기 및 워머기 커버에 떨어진 왁스는 도구 전용 왁스 클리너로 깔끔하게 닦아주고, 왁스 워머기의 페이퍼 커버를 사용하는 경우에는 새 것으로 교체한다.

④ 왁싱 전·후 처리제 등 왁싱 제품의 용기를 청결하게 유지하고 작업 시 부족하지 않게 용량 점검하고 충분히 채워 보충한다.

⑤ 멸균되거나 자외선 소독기에 소독된 스파츌라와 스트립 천 등을 부족하지 않게 충분히 채워 보충한다.

⑥ 정제수 혹은 정수된 물에 젖은 화장솜을 작업 시 부족하지 않게 충분히 채워 보충한다.

⑦ 그 외 왁싱 도구(트위져, 커팅가위, 브로우 브러쉬, 디자인 자 등)는 살균비누로 씻어서 물기를 완벽하게 제거하여 소독기에 보관해 두었다가 사용한다.

⑧ 고객의 베드 및 의자는 항상 세탁 혹은 소독하여 청결을 유지하고 베드 커버에 왁스나 이물질이 떨어진 경우 새 것으로 교체한다. 고객용 롤페이퍼 시트는 1인 1회용으로 작업 전 베드 위에 미리 세팅한다.

⑨ 고객 가운은 항상 청결하게 세탁 혹은 소독을 하고, 1회용 가운이나 1회용 팬티는 1인 1회 준비한다.

⑩ 확대경, 보조 조명등은 전구가 켜지는지 미리 점검하고 작업대의 동선과 왁싱 시술자의 작업환경에 불편하지 않도록 배치한다.

2) 자세

(1) 미용왁싱 디자인 왁싱 시술자의 자세

① 관리 전 자세

㉠ 미용왁싱 관리에 대한 고객의 경계심과 긴장을 완화시키고 심리적으로 안정되도록 편안한 음악과 신경안정에 도움이 될 수 있는 향의 캔들 워머 혹은 아로마 오일이 발향될 수 있도록 한다.

㉡ 왁싱샵을 처음 방문하는 고객이나 왁싱 비경험 고객은 왁싱의 시술과정과 왁싱 후 나타날 수 있는 피부 반응에 대해 미리 설명하고 왁싱 관리차트와 고객 동의서를 작성한다.

㉢ 고객 가운 혹은 1회용 팬티를 제공하고 샤워시설 사용안내 혹은 위생 물티슈를 제공한다.

㉣ 작업대의 높이는 왁싱 시술자의 키에 편안하도록 맞추며 불가피할 경우 왁싱 시술자는 어깨와 허리가 구부러지지 않도록 자세를 유지한다.

㉤ 왁싱 시술자의 편안한 작업 자세를 위해 왁싱 베드는 어느 위치에서나 작업이 수월하도록 베드의 위, 아래, 양옆 등 작업대의 공간을 충분히 확보한다.

㉥ 고객에게 왁스를 도포하기 전에 적외선 온도계를 이용하여 온도를 체크하고 왁싱 시술자의 안쪽 팔에 온도 테스트를 실시한 후 왁스를 적용한다.

㉦ 긴장을 한 고객은 통증에 너무 집중하지 않도록 가벼운 대화를 유지하는 것이 좋다.

㉧ 왁스를 제거할 때 '따끔합니다'라고 관리 과정을 안내하고 제거 후에는 진정동작을 반드시 실시하여 통증에 대한 긴장감을 완화시킬 수 있도록 노력한다.

㉨ 노출이 발생되는 관리는 관리에 필요한 이동 외의 자리 이동을 최소화하고 부득이하게 이동이 필요한 경우 노출 부위를 소독된 타올이나 천을 이용하여 반드시 리커버링 혹은 드레이핑을 한다.

㉩ 베드에서 페이스 왁싱 관리 시 터번이나 헤어밴드를 이용하여 귀와 헤어를 감싸 보호하고 눈 주위에 왁스가 떨어지지 않도록 아이패드를 적용한다.

㉪ 브라질리언 관리 시는 다리를 편안하게 받힐 수 있는 쿠션이나 통증으로부터 안고 의지할 수 있는 쿠션 등을 제공한다.

② 미용왁싱 관리 후 자세

㉠ 미용왁싱 후 고객의 주의사항에 대해서 반드시 설명한다.

㉡ 미용왁싱 후 고객의 사후 관리 및 홈케어 제품과 사용방법에 대해서 안내한다.

㉢ 모발 주기에 대해 안내하고 고객의 추후 예약 일정을 안내하고 확인한다.

㉣ 고객이 샵을 떠난 뒤 왁싱 작업공간을 다음 고객을 맞이할 수 있도록 정리정돈과 소독 및 부족한 제품을 보충한다.

3) 미용왁싱 기구 및 도구 사용방법

왁싱샵 창업에 필요한 기구 및 도구의 사용방법에 대해 알아보고 샵 창업에 필요한 기구 및 도구를 준비할 수 있다.

(1) 왁싱 기구

① 왁싱 워머기

전기로 왁스를 가열하는 기기이다. 온도설정이 가능하고 전선 길이가 너무 짧지 않은 제품이 사용하기 편리하다.

② 자외선 소독기

트위져, 가위, 브로우 브러쉬 등 왁싱에 필요한 도구를 소독하고 보관하기 위해 필요하다. 고객이 샵에 들어왔을 때 자외선 소독기가 고객의 눈에 띄는 장소로 작업대와 동선이 가까운 위치에 두고 수시로 위생관리를 하는 것이 고객과 위생에 대한 신뢰감을 형성하는데 도움이 된다.

③ 온장고

깨끗한 습포를 넣어 두었다가 클렌징을 하거나 왁싱 관리 전에 모공을 열어줄 때 사용한다. 고객이 직접 세면대에서 클렌징하거나 온장고를 사용하지 않는 경우는 해면이나 1회용 페이퍼 해면 등으로 대체한다.

④ 냉장고

피부 진정 젤 혹은 깨끗한 습포를 넣어 두었다가 왁싱 관리 후 모공을 닫아주고 차갑게 진정시킬 때 사용한다.

⑤ 확대경

피부 상태를 측정하거나 세심한 모발 제거 작업을 할 때 사용한다. 전원과 조명을 작업대 밖에서 켠 후 고객 피부에 적용한다.

⑥ 보조 조명

세심한 모발 제거 작업을 하거나 그림자가 생겨서 어둡게 보이는 부위에 적용한다.

(2) 왁싱 도구

① 웨건

왁싱 시술자가 사용하기 편리한 순서로 제품 혹은 도구의 위치를 파악하여 진열 후 사용한다.

② 하드왁스

국소부위 혹은 예민 부위에 적용하여 왁스 자체를 떼어 모발을 제거하는 왁스이다. 관리 부위별, 피부타입별, 모발타입별, 계절별, 성분별, 왁스 제형별(파우더형, 디스크형, 왁스통 일체형 등) 여러 가지 종류로 나뉘며 관리부위에 적합한 왁스를 선택하여 미리 사용하기 적합하게 왁스 워머기에 가열해 사용한다.

③ 소프트 왁스

넓은 부위에 묽은 제형의 왁스를 얇고 균일하게 도포하여 한 번만 적용하며 스트립 천을 이용하여 모발을 제거하는 왁스이다. 피부타입별, 계절별, 성분별 여러 가지 종류로 나뉘며 관리부위에 적합한 왁스를 선택하여 미리 사용하기 적합하게 왁스 워머기에 가열해 사용한다.

④ 슈가왁스

100% 천연의 친수성 성분이며 피부 온도와 약 1° 차이의 저온 왁스이다. 임신부 등 민감한 피부 부위에 사용이 가능하고, 우드 스파츌라를 사용하지 않고 손으로 직접 도포하여 여러 번 사용함으로써 재료비를 절감할 수 있다.

⑤ 전·후 처리제

㉠ 왁싱 클렌저

왁싱 전 사용하는 ph 5.5 저자극 왁싱 클렌저로서 메이크업 및 각종 크림, 바디오일 등의 잔여물을 깨끗이 제거해준다.

㉡ 왁싱 전 처리 오일(호호바 오일/포도씨 오일/해바라기씨 오일)

인체의 피지와 지방산의 조성이 가장 흡사한 오일을 사용하여 피부의 친화력이 좋고 보습 및 피지분비조절이 가능하다. 왁싱 관리 전 피부에 흡수시키고 왁스를 적용하면 피부장벽 손상이 최소화될 수 있다. 호호바는 다른 식물성 오일에 비해 쉽게 산화되지 않아 보존성이 좋다.

㉢ 퀵미스트

하드왁스를 순식간에 굳게 해주는 제품이다. 덥거나 습기가 있는 환경에서도 빠르게 왁싱 시술이 가능하다. 홍조 현상을 줄여주고 피부에 닿아도 자극이 없으며 상쾌하고 편안함을 유지시켜 준다.

㉣ 애프터 왁싱 오일

왁스의 잔여물을 제거할 뿐만 아니라 피부를 진정시키고 안정된 상태를 유지한다. 인그로운 헤어 및 박테리아 개선에 효과적이고 왁싱 관리 후 고객에게 부드럽고 깨끗한 느낌을 제공해 준다.

㉤ 알로에 / 아즐렌 진정젤

왁싱 후 자극받은 피부에 수분과 재생을 동시에 주며 염증 방지에 도움이 된다. 수분성분으로 피부조직에 빠르고 깊게 침투하므로 왁싱 직후 진정 관리 시 팩 대용으로 사용한다.

㉥ 애프터 수딩 크림

왁싱 후 건조해진 피부에 보습을 주는 제품으로 피부 재생에 좋은 제품을 사용하는 것이 좋다.

⑦ 일회용 장갑

라텍스 재질/니트릴 장갑으로 사이즈가 크면 벗겨지고 작으면 작업하기 불편하거나 찢어지므로 적절한 사이즈를 선택하여 작업에 불편함이 없도록 사용한다.

⑧ 스파츌라

㉠ 우드 스파츌라

사이즈별로 대, 중, 소로 나뉘며 관리 부위별로 크기에 적합한 사이즈를 선택하여 사용한다.

㉡ 스테인리스 스파츌라

스테인리스 소재의 열전도율이 빠르고 높은 특징으로 인해 소프트 왁스를 얇고 균일하게 도포할 때 주로 사용한다. 고객이 고객 전용 왁스통을 사용할 때 더블 디핑으로 사용하기에 적합하다.

㉢ 플라스틱 스파츌라

왁싱 관리 후에 진정팩이나 진정 마스크를 적용할 때 사용한다.

⑨ 고무볼 혹은 종이컵

모델링팩을 믹싱할 때 사용한다.

⑩ 트위저

㉠ 왁싱 관리 후 길이가 짧거나 성장 방향이 달라서 제거가 되지 않은 모발을 제거할 때 사용한다.

⑪ 가위

㉠ 커트가위

왁싱 작업에 불편하지 않도록 불필요한 긴 모발을 커팅할 때 사용한다.

㉡ 틴닝가위

남겨야 하는 모발의 형태를 자연스럽게 잡아주거나 모발의 양을 줄일 때 사용한다.

㉢ 콧털가위

고객의 피부조직이 손상되지 않도록 가위 끝이 둥글어 콧속 모발을 커팅하거나 인체의 곡선 부위 및 좁은 부위의 불필요한 모발을 커팅할 때 사용한다.

㉣ 뾰족가위

섬세한 커팅 작업을 할 때 사용한다.

⑫ 디자인 펜슬

㉠ 화이트 펜슬

남겨야 하는 모발의 형태를 인라인으로 디자인할 때 피부에 가이드라인을 그려 사용한다. 펜슬의 색상이 흰색이기 때문에 가이드라인을 적용해도 거뭇한 모발의 밀도를 모발이 성장한 그대로 파악하기 쉽다.

㉡ 브로우 펜슬

남겨야 하는 모발의 형태를 아웃라인으로 디자인할 때 피부에 가이드를 그려 사용한다. 펜슬의 색상이 모발과 유사한 색으로 가이드라인을 정확하게 적용할 수 있으며, 메이크업을 적용한 모발의 형태를 미리 예측할 수 있다.

⑬ 고객 가운

㉠ 속가운

속가운은 탑 원피스 형태의 가운으로 고객의 옷에 왁스가 묻지 않도록 착용한다. 바디 혹은 브라질리언 왁싱 관리 시 노출을 최소화하기 위해 착용한다.

㉡ 겉가운

겉가운은 속가운만 착용하고 샤워실에서 관리장소로 이동하기 불편할 때 속가운 위로 착용하며, 페이스 왁싱 관리 시 고객의 옷에 왁스가 묻지 않도록 착용한다.

㉢ 헤어터번·헤어캡

페이스 왁싱 관리를 하거나 고객의 헤어를 정돈해야 할 때 사용한다.

㉣ 일회용 팬티

비키니 왁싱 관리를 할 때 사용한다.

⑭ 스테인리스 바트

㉠ 원형바트

알코올솜 혹은 미용물솜을 보관하는 용도로 사용한다.

㉡ 사각바트

스파츌라, 부직포, 트위져, 가위 등을 보관하는 용도로 사용한다.

⑮ 미용솜 및 면봉

포인트 메이크업을 지우거나 왁싱 관리 부위에 왁싱 전·후 제품을 도포할 때 사용한다.

(16) 티슈 및 물티슈

왁싱 관리 부위에 전·후 제품을 도포하거나 닦아낼 때 사용한다.

(17) 롤페이퍼 시트

왁스 및 전·후 처리제가 새어나오지 않도록 한 면이 코팅된 시트를 사용하며 1인 1회용으로 제공하여 사용한다.

(18) 워머기 보호용 커버 혹은 페이퍼 커버

워머기에 왁스가 떨어져도 닦아내기 쉽도록 보호용 커버가 워머기와 분리가 가능하다. 워머기에 맞는 보호용 커버가 없을 경우 페이퍼 커버를 사용할 수 있다.

(19) 휴지통 및 비닐팩

왁싱 관리 도중 버려야 할 것들은 즉시 버리고, 우드 스파츌라 및 스트립 천 등에는 왁스가 묻어 있으므로 휴지통에 비닐을 씌워 사용하면 휴지통을 세척하고 소독하는데 훨씬 용이하다.

(20) 고객용 손거울

고객이 자신의 왁싱 관리 전·후의 모습을 확인하고 모발의 형태를 디자인한 가이드라인을 점검할 때 사용한다.

4) 미용왁싱 서비스 수행을 위한 주요 제품명 및 특징

표 4-33 미용왁싱 서비스 수행을 위한 주요 제품명 및 특징

구성	제품명	특징
	소프트 왁스	• 인체의 넓은 바디 부위에 묽은 제형의 왁스를 바르고 무슬림 천을 이용하여 털을 제거하는 친유성 왁스로, 고온과 제형 특성상 열화상, 스킨탈락 등 피부 손상에 주의해야 한다. • 주요성분 : 송진(글리세릴로지네이트), 식물성 오일
	하드 왁스	• 안면, 생식기, 겨드랑이 등 국소부위 또는 예민 부위에 사용하며, 소프트 왁스보다 안전하고 일반적으로 왁스 자체를 떼어 털을 제거하는 왁스로서 저온 왁스 형태로 주로 사용한다. • 주요성분 : 밀랍, 카우나우바, 식물성 오일
	슈가왁스	• 100% 천연의 친수성 성분으로 두발, 코와 귀, 속눈썹털을 제외한 전신 왁싱이 가능하며, 화상 위험이 없고 스파츌라 사용 없이 손으로 공 모양을 만들어 말랑말랑한 젤리 제형의 형태로 반복적으로 털을 제거할 수 있는 장점이 있으나 왁싱전문가의 숙련된 전문 기술이 요구된다. 주요성분 : 스크로스, 글루코스, 프록토스
	왁스 워머기	• 왁스를 가열하여 녹여주는 기기로서 각 왁스의 제형에 따른 온도점을 찾아 온도설정이 가능하므로 왁스별 적정 가열점을 찾아 사용한다. 전원 코드 길이는 짧지 않아야 이동이 가능하다.

구성	제품명	특징
	화장품 및 기타 소모품	• 왁싱 시 사용하는 주요 화장품 및 소모품으로서, 화장품은 함유성분이 피부에 저자극이며, pH 5.5 약산성, EWG 그린 등급 항염, 진정, 보습이 가능한 제품을 사용 왁싱 시 발생할 수 있는 피부 반응을 최소화하고 고객에게 홈케어 화장품으로 권장한다. • 주요 사용 제품 종류: 클렌져/수딩토너/수딩진정겔/수딩 보습크림/오일/탈컴파우더/우드스파츌라/부직포/커팅가 위/일회용패드/안심인형/디자인 펜슬/시술장갑

출처: 모블링 홈페이지(www.moblingkorea.com)

5) 제모의 방법

제모의 방법은 일시적 제모법과 영구적 제모법으로 나눌 수 있다. 일시적 제모법에는 털을 물리적으로 제거하는 족집게(Tweezing), 면도(Shaving), 가위(Hair Cutting), 왁싱(Waxing), 실면도(Banding) 등이 있으며, 화학적 제모법에는 제모 크림(Chemical Depilationies Cream), 반영구적으로 털을 제거하는 영구적 제모법은 레이저 제모(Laser Hair Removal), 전기분해요법(Electrolysis) 등으로 구분할 수 있다.

6) 미용왁싱 종류

(1) 하드 왁싱

스파츌라를 이용하여 왁스를 도포하고 왁스 자체를 떼어내어 체모를 제거하는 관리 방법이다.

① 장점

피부 자극이 적어 국소부위 및 피부층이 얇은 예민한 부위의 얼굴이나 겨드랑이 혹은 브라질리언 등 부위에 적합하며, 고객의 피부상태에 따라 많게는 약 4~5번까지도 반복적으로 사용이 가능하다. 짧고 굵은 모발에 효과적이며, 피부 발적 혹은 고객의 통증도 훨씬 줄어든다.

② 단점

스트립왁스에 비해 왁스 적용 부위의 면적이 좁아 시간이 오래 걸리는 단점이 있다.

하지만 피부에 자극이 적고 피부호흡을 막지 않는 카나우바 보습 성분이 함유된 식물성 왁스 등 다양한 제품들의 출시되었다. 그중 넓은 부위를 얇고 균일하게 적용하여도 깨짐이나 부서짐 없이 하드인 소프트 왁스 타입으로 피부에 안전하게 제모가 가능한 일부 제품도 시판되고 있다.

(2) 소프트 왁싱

스파츌라를 이용하여 왁스와 스트립 천을 함께 사용하여 모발을 제거하는 방법이다.

① 장점

가늘고 긴 모발에 효과적이며 적용 부위를 넓고 길게 사용 가능하여 관리시간 단축이 가능하다. 피부에 얇고 균일하게 도포하여 왁스 소모량이 하드왁스보다 경제적이다.

② 단점

하드왁스보다 점성이 높고 스트립 천을 이용하여 패치의 힘이 강하고 그로 인해 피부에 자극이나 부담을 줄 수 있다. 왁스의 도포와 제거 시 모발의 성장방향을 무시할 경우 피부조직 밖으로 자란 모간만 끊기고 피부조직 안의 모근은 제거가 되지 않는다. 예민하고 약한 피부의 경우 혹은 왁스를 두껍게 도포하여 패치의 힘이 너무 강해지면 붉음증, 두드러기, 피부 염증, 색소침착 등을 일으킬 수 있으며, 피부 조직의 일부가 떨어져 나가는 스킨 탈락이 발생할 가능성이 있다.

(3) 슈가 왁싱

스파츌라을 이용하지 않고 손으로 직접 왁싱 관리부위에 슈가왁스를 도포하고 탄력 있게 제거하는 방법이다.

① 장점

100% 천연 성분의 친수성 제품으로 왁스가 물에 녹아 왁싱 관리 시 잘못 도포된 부위의 수정이 가

능하다. 인체의 온도인 36.5℃보다 약 1℃ 차이의 낮은 온도로 피부의 예민함을 최소화할 수 있다.

② 단점

슈가왁스를 손끝으로 도포하여 탄력 있게 제거하는데 피부조직의 텐션이나 각도를 지키지 않거나 한선이 많이 발달한 부위에 유수분 제거를 하지 않으며 피부조직에서 슈가링의 형태로 탄력 있게 제거되는 것이 아니라 피부조직에서 끈적거리며 제거가 되지 않는다.

피부조직의 텐션, 방향, 좁은 부위 혹은 곡선 부위의 각도를 정확하게 적용해야 한다.

7) 미용왁싱 부위별 적용방법

(1) 바디 왁싱의 효과

바디 왁싱은 피부조직과 피부조직 안의 모발의 물리적인 구조와 형태를 제거함으로써 피부 본연의 부드러운 감촉을 부여한다. 그리고 모발로 인해 거무스름하게 보이는 피부의 톤을 밝고 환하게 높여준다. 또한 조명이나 자연광에 반사되어 보이는 실루엣이 매끈하게 정리되는 효과가 있다.

① 팔 왁싱 과정

㉠ 겨드랑이

- 모발의 성장 방향
  - 겨드랑이의 모발은 겨드랑이가 접히는 주름을 기준으로 위·아래로 혹은 위·아래·좌·우 사방의 방사선 형태로 분포한다.
  - 고객의 한쪽 팔을 들고 반대 손으로 겨드랑이 피부조직이 아래 방향으로 팽팽하게 유지되도록 고객에게 협조를 구해 피부조직이 고정될 수 있도록 준비한다.

㉡ 팔 상완·하완

- 모발의 성장방향
  - 팔의 모발은 위에서 아래 방향으로 사선 혹은 가로방향에 가까운 형태로 분포한다.
  - 고객 팔의 외측과 내측, 팔꿈치를 접고 팔 내측의 외측과의 경계부위를 나누어 왁스의 제거 반대방향으로 피부조직이 고정될 수 있도록 준비한다.

- 고객의 통증을 최소화하기 위해 고객의 협조를 구해 관리를 적용할 위치의 길항근을 고객이 잡아 피부조직을 안정감 있게 고정시킬 수 있다.

㉢ 손등·손가락

• 모발의 성장방향

- 손등·손가락의 모발은 손목에서 손가락 끝 방향으로 위에서 아래의 사선방향 혹은 방사선 형태로 분포한다.
- 고객의 손을 주먹을 쥐게 하여 피부조직이 팽팽해지도록 텐션을 유지한다. 손목 받침 쿠션 등으로 관리 시 움직임을 고정한다.

② 다리 왁싱 과정

㉠ 다리 대퇴부·하퇴부

• 모발의 성장방향

다리의 모발은 위에서 아래 방향으로 사선 혹은 가로방향에 가까운 사선의 형태로 분포한다. 전면 관리 시에는 고객의 다리를 쿠션(인조가죽 소재) 등으로 편안하게 받히고 관리 부위에 따라서 무릎을 세우거나 내측을 외측으로 눕히고 후면 관리 시는 고객의 협조를 구해 편안하게 엎드려 누울 수 있도록 한다.

㉡ 발등·발가락

• 모발의 성장방향

발등·발가락의 모발은 발목에서 발가락 끝 방향으로 위에서 아래의 사선방향 혹은 방사선 형태로 분포한다. 고객은 무릎을 세워서 눕거나 앉는다.

③ 가슴·복부 왁싱 과정

㉠ 모발의 성장방향

가슴과 복부의 모발은 백색선 중심을 향해 있으며 위에서 아래 방향으로 사선 혹은 가로방향에 가까운 형태로 성장한다. 배꼽 주변은 배꼽을 중심으로 분포한다.

고객은 편안한 자세로 눕고 왁싱 관리 부위를 제외한 노출은 최소화한다. 피부가 늘어졌거나 피하지방이 많은 경우 고객의 협조를 구해 피부조직을 팽팽하게 고정되도록 텐션을 유지할 수 있다.

④ 뒷목·등 왁싱 과정

㉠ 모발의 성장방향

뒷목의 모발은 헤어방향으로 불규칙하게 성장하거나 특정한 가르마를 중심으로 퍼져 성장한다. 등의 모발은 척주를 중심으로 위에서 아래 방향 혹은 사선 혹은 가로 방향에 가까운 형태로 분포한다.

뒷목 왁싱의 경우 고객의 헤어가 흘러내리지 않도록 터번이나 헤어핀을 이용하여 고정시키고, 등받이가 관리부위보다 높지 않은 의자에 앉거나 테이블 위에 이마에 손을 받히고 엎드린다. 등 왁싱은 고객이 편안하게 엎드려 눕고 누워서 뒷목 왁싱을 할 경우 이마에 손을 받히고 고개를 살짝 숙여 피부조직이 팽팽해지도록 한다.

8) 디자인 왁싱과 이미지 메이크업

(1) 헤어라인의 이미지와 메이크업

이상적인 한국여성의 얼굴은 표준 얼굴길이가 약 18.6cm이고, 이마에서 눈썹 약 6.2cm, 눈썹에서 콧망울 약 6.2cm, 콧망울에서 턱끝 약 6.2cm로 1:1:1의 비율이다. 그래서 이마가 좁은 고객의 경우 이미지가 답답해 보일 수 있는데 이때 헤어라인을 좌·우 균형에 맞게 제거하여 고객의 얼굴 형태를 개선시킬 수 있다. 헤어라인 작업 후에는 가이드라인의 안쪽으로 이마와 경계가 생겨 이마를 함께 관리하는 것이 효과적이다. 이마의 모발을 함께 제거하면 피부조직의 빛 반사율이 높아져 이마가 입체적이고 시원해 보일 수 있기 때문이다.

반대로 모발의 밀도가 낮거나 채워야 할 부위가 함께 있다면 모발색에 어울리는 섀도와 브러쉬 등을 이용하여 자연스럽게 메이크업을 하여 채워준다. 왁싱 후 채워야 할 부위가 있는 고객은 간단하게 셀프 메이크업 안내를 통해 고객의 이미지가 개선될 수 있도록 한다.

(2) 페이스 왁싱의 효과

현재 물광 주사, 물광 메이크업 등 피부 본연의 빛 반사율을 높임으로써 물광 피부는 입체적인 아름다움을 부여할 수 있다. 물광 풀 페이스 왁싱 또한 그러하다. 기존의 페이스 왁싱 관리는 포인트 부위 관리에 주력하였다. 헤어라인, 눈썹, 립라인 등의 관리는 고객의 단점을 보완하고 장점을 강화하여 이미지를 아름답게 개선시킬 수 있었다. 하지만 포인트 관리의 단점은 페이스의 미세한 모발이 얼굴 전체에 고루 분포되어 있다는 것이다. 그러므로 포인트 부위만 관리하면 관리를 한 부분과 하지 않은 부분이 눈에 띌 수 있으며 부자연스러울 수 있다.

물광 풀 페이스 왁싱의 효과는 크게 2가지로 분류할 수 있다. 첫 번째는 물리적인 형태의 제거라고 할 수 있다. 얼굴에 미세한 모발이 있는 구조와 없는 구조에서 조명광이나 자연광에 의한 피부의 빛 반사율은 모발이 없는 구조가 더 높을 수밖에 없다. 메이크업을 할 때에도 빛 반사율이 높은 피부 표현과 눈썹과 헤어라인의 형태를 개선하여 메이크업의 완성도를 높일 수 있을 것이다. 두 번째는 피부의 유효성분을 흡수시키는 경로의 확보이다. 인체의 피부 유효성분의 침투 경로는 소한선, 각질층, 모공 등이 있다.

왁싱 관리는 피부조직의 부속기관인 모공 안의 모발의 모근까지 제거한다. 왁싱 후 피부 진정 관리가 끝나면 유효성분을 침투시킬 수 있는데 모근이 제거되었기 때문에 왁싱 전보다 유효성분을 더 깊이 전달할 수 있다. 모공은 피부조직에서 진피층의 하부 혹은 피하지방 상부층까지 위치한다. 왁싱 후 사용할 수 있는 유효성분은 피부 진피층의 구성 성분인 콜라겐이나 히아루론산이 자극이 적고, 효과적이다. 하지만 물광 풀 페이스 왁싱은 그 효과만큼 2차 감염이나 사후관리가 제대로 되지 않아 피부에 트러블이나 염증이 생길 수 있으므로 주의해야 한다. 흔히 볼 수 있는 여드름이 생기는 원인 중 피지 배출을 위해 심지 역할을 하던 페이스 모발이 불안정한 모발 혹은 더 이상 그 기능을 할 수 없는 환경으로 인해 여드름 씨앗이 생길 수 있기 때문이다.

① 물광 풀 페이스 왁싱

㉠ 모발의 방향

헤어라인은 대부분 고객의 좌측 가르마를 중심으로 좌·우, 상·하방향으로 성장한다. 브로우는 눈썹 시작점인 앞머리는 위로 성장하며 방사선 형태로 퍼져 2/3 지점까지 둥근 가로방향으로, 나머지는 눈썹 꼬리부분을 향해 사선으로 모아져 성장한다.

이마는 브로우의 방향과 매우 흡사하고 코, 볼 부위는 위에서 아래방향으로 성장한다. 인중도 위에서 아래방향으로 성장하는데 윗입술 중앙에서 입꼬리 부위는 사선형태로 얼굴의 내측에서 외측으로 성장한다. 입꼬리 부위에서 아랫입술 중안은 얼굴의 외측에서 내측의 사선형태로 성장한다.

㉡ 고객의 준비

고객의 헤어가 흘러내리지 않도록 터번이나 헤어밴드로 고정한다. 눈썹 혹은 인중 관리는 고객이 의자에 앉아서 관리가 가능하다. 하지만 왁스가 고객의 옷에 떨어지지 않도록 주의해야 한다. 베드에 누워서 관리를 하는 경우, 헤어 혹은 얼굴에 왁스가 떨어질 수 있기 때문에 헤어라인 관리를 제외하고 터번 혹은 헤어밴드로 고객의 귀와 헤어를 라인까지 감싸 보호한다. 인중 왁싱 시 고객의 협조를 구해 윗입술과 아랫입술을 입안으로 포개 넣어 구륜근 근육 위의 피부를 팽팽하게 고정시킬 수 있다.

㉢ 헤어라인·눈썹 왁싱

- 헤어라인 디자인
  - 고객의 헤어라인의 대칭을 파악한다.
  - 고객의 눈썹 시작점, 눈썹산, 눈썹꼬리의 위치를 디자인 펜슬로 체크한다.
  - 체크한 눈썹 위치에서 제거해야 하는 헤어라인의 길이를 곡선자로 체크하여 좌우 균형을 맞춘다.
  - 제거하는 모발의 가이드라인을 두피 안까지 깊게 체크하면 왁싱 후 부자연스러워 보일 수 있으므로 주의해야 한다. 이마가 너무 좁은 경우가 아니라면 두피 라인에서 비대칭한 헤어를 정리하는 것이 자연스럽고 깔끔하다.
- 눈썹 디자인
  - 스크류 브러쉬로 모발의 성장방향으로 정리하며 빗어준다.
  - 브로우 브러쉬와 브로우 커팅가위를 이용하여 모발의 길이를 균일하게 커팅한다.
  - 디자인용 펜슬과 곡선자를 이용하여 눈썹의 시작점, 눈썹 산, 눈썹꼬리의 높이와 넓이를 체크하고 좌우 대칭과 균형을 맞춘다.

㉣ 이마·코·볼·인중 왁싱

고객의 피부타입을 분석하고 피부자극을 최소화하여 불필요한 모발을 깔끔하게 제거한다.

② 여성 브라질리언 왁싱

㉠ 모발의 성장방향

여성의 음모는 백색선을 중심으로 음핵을 향해 위에서 아래방향으로 사선 형태를 띠며 성장한다. 대음순 부위는 질입구 방향으로 다소 불규칙하게 성장하며 항문 주위는 내측에서 외측으로 분포한다.

㉡ 고객의 준비

샤워시설을 이용하거나 위생을 위해 물티슈를 제공한다. 일회용 팬티는 비키니 고객에게 제공되며 브라질리언 고객의 노출을 최소화하기 위해 제공되기도 한다. 고객은 다리를 타월이나 쿠션(인조가죽) 등을 이용하여 최대한 편안하게 누우며, 관리 도중 필요에 의해 다리를 외측으로 무릎을 굽혀 접어 피부가 접히지 않도록 한다. 고객의 협조를 구해 고객과 함께 피부조직을 팽팽하게 유지한다.

실기파일8 여성 비키니	**초급 브라질리언 비키니 왁싱** 속옷 안의 손가락 두 마디 정도 혹은 비키니 수영복을 착용했을 때 음모가 나오거나 보이지 않게 제거한다. 단, 길이 정리는 포함되지 않다.
실기파일9 여성 중급	**중급 브라질리언 왁싱** 비키니 라인을 포함해 대음순과 항문 주위의 모발을 제거하여 위생적이고 만족도가 높다. 음모를 남기는 형태로 수영장, 사우나 등의 대중 시설 이용이 자연스럽다. 고객의 취향에 따라 하트, 스퀘어, 이니셜 등의 특별한 디자인 형태가 가능하다.
실기파일10 여성 고급	**고급 브라질리언 왁싱** 음모가 유난히 많고 두껍고 곱슬거려 모질 개선이 필요할 때 할 수 있다. 월경 시 냄새 등의 위생적 불편함을 최소화할 수 있으며, 가장 만족도와 상쾌함이 높다. 중급 시술을 하기 전에 약 2~3회 정도 꾸준히 관리하면 두껍고 파상모 형태의 모발이 개선된다.

③ 남성 브라질리언

㉠ 모발의 성장방향

남성의 음모는 백색선을 중심으로 귀두를 향해 위에서 아래 방향으로 사선 형태를 띠며 성장한다. 음낭 부위는 다소 불규칙하게 위에서 아래 방향으로 음경을 중심으로 성장하며 항문 주위는 내측에서 외측으로 분포한다.

ⓛ 고객의 준비

샤워시설을 이용하거나 위생을 위해 물티슈를 제공한다. 고객은 다리를 타월이나 쿠션(인조 가죽) 등을 이용하여 최대한 편안하게 누우며 관리 도중 필요에 의해 다리를 외측으로 무릎을 굽히거나 접어 피부가 접히지 않도록 한다. 고객의 협조를 구해 고객과 함께 피부 조직을 팽팽하게 유지하거나 음경을 작업 방향의 반대 방향으로 직접 고정할 수 있도록 안내 한다.

실기파일12 남성 중급	브라질리언 중급 브라질리언 왁싱
	비키니 라인을 포함해 고환과 항문 주위의 모발을 제거하여 위생적이고 만족도가 높다. 음모를 남기는 형태로 수영장, 사우나 등의 대중 시설 이용이 자연스럽다. 고객의 취향에 따라 하트, 스퀘어, 이니셜 등의 특별한 디자인 형태가 가능하다.
실기파일13 남성 고급	브라질리언 고급 올 누드
	음모가 유난히 많고 두껍고 곱슬거려 모질 개선이 필요할 때 할 수 있다. 특히 땀을 많이 흘리는 환경이나 수영복 등의 노출이 불가피한 작업 환경에서 근무할 때 브라질리언 고급 올 누드는 깔끔하고 위생적이다. 중급 시술을 하기 전에 약 2~3회 정도 꾸준히 관리하면 파상모 형태의 두꺼운 모발이 개선된다.

5장 공중보건 및 위생관리학

1. 공중보건학

1) 공중보건의 개념

(1) 공중보건의 의의

① **보건의 정의 :** 개인 및 가족의 건강을 유지·증진, 개인의 자율적인 노력을 이끌어 주면서 타율적으로 지원하는 것이다.

② **공중보건(public health)의 정의 :** 전 국민의 보건 향상

㉠ 세계보건기구(WHO)의 정의 : 질병을 예방하고 건강을 유지·증진시킴으로써 육체적·정신적 능력을 발휘할 수 있게 과학적 지식을 사회의 조직적 노력으로 사람들에게 적용하는 기술

㉡ 윈슬로(C.E.A. Winslow)의 정의 : 조직적인 지역사회의 노력을 통하여 질병을 예방하고 수명을 연장시키며, 신체적·정신적 효율을 증진시키는 기술이며 과학

③ **공중보건학의 정의 :** 조직적인 지역사회의 노력에 의하여 질병을 예방하고, 수명을 연장하며, 신체적·정신적 효율을 증진시키는 기술과학

(2) 인구 보건

① **인구구성** : 성별, 연령별, 직업별, 사회계층별, 인종별 교육 수준별 등으로 표시

② **인구 피라미드** : 연령대별 인구 구성을 특정 시점으로 한눈에 볼 수 있는 그래프

③ 인구 피라미드의 종류

표 5-1 인구 피라미드의 종류

피라미드형	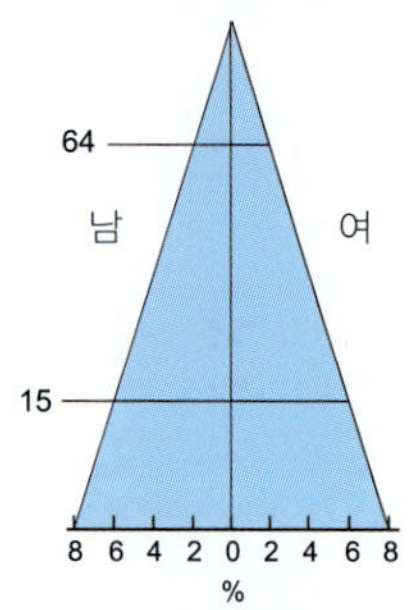	후진국형	출생률이 사망률보다 높은 인구 증가형
종형	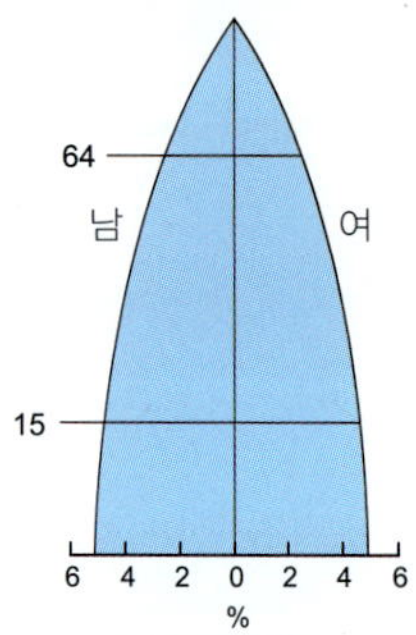	이상적인 형태	출생률과 사망률이 같은 인구 정지형
방추형	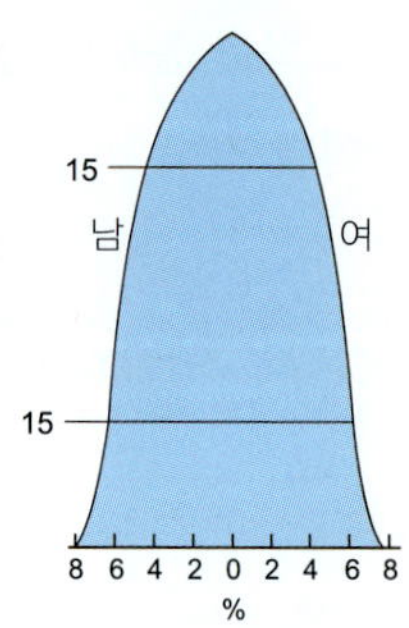	선진국형	출생률보다 사망률이 높은 인구 감소형

별형	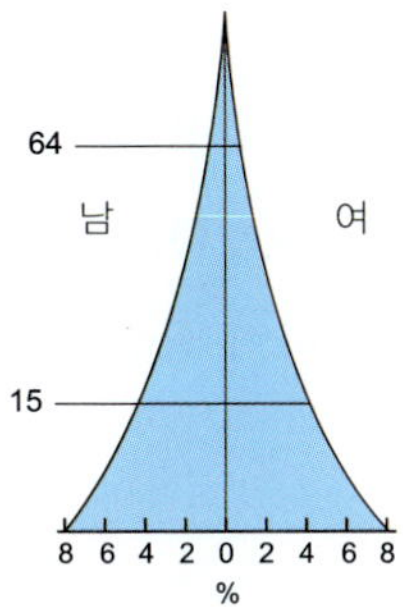	도시형	생산연령인구의 전입이 늘어나는 인구 유입형
표주박형	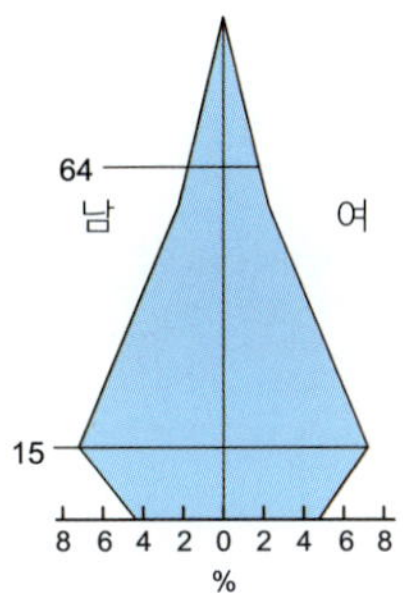	농촌형	생산연령인구의 전출이 늘어나는 인구 감소형

④ 보건지표

㉠ 보건지표의 개념 : 국가나 지역사회의 건강상태 및 보건 실태를 측정하는 것

㉡ WHO 3대 건강수준 지표

표 5-2 보건지표

평균수명	출생 시 평균 여명
보통사망률(조사망률)	인구 1,000명당 1년간의 사망자 수
비례사망지수	연간 총 사망자수에 대한 50세 이상의 사망자 수

(3) 공중보건의 목적 및 기능

① **공중보건의 목적** : 질병 예방, 수명 연장, 신체적·정신적 건강 및 효율의 증진을 목적으로 한다.

② **공중보건의 기능** : 범미보건기구(PAHO, Pan American Health Organization)는 미국의 질병관리본부(CDC), 세계보건기구(WHO) 등과 합동연구를 통하여 공중보건의 필수 기능 11개를 제시

㉠ 건강 상태 모니터링과 분석

㉡ 공중보건의 위험 요소와 위해 인자 감독 및 연구

㉢ 건강 증진

㉣ 사회적 참여와 역량 강화

㉤ 공중보건 분야 간 협력, 국가 차원 보건정책의 기획, 계획, 관리능력 개발

㉥ 공중보건 규칙 제정과 준수

㉦ 보건의료 서비스의 균등 분배 개선 평가

㉧ 공중보건 인력 개발과 교육

㉨ 개인과 인구집단의 보건의료 서비스의 질 관리

㉩ 혁신적인 보건의료 문제해결 방안에 대한 연구, 개발 및 중재

㉪ 응급 및 재난 상황에 피해를 최소화하기 위한 대책 개발

2) 질병 관리

1) 건강과 질병

(1) 건강의 이해

① 세계보건기구(WHO, 1948년)에서 정한 건강의 정의 : 건강이란 단순히 질병이 없거나 허약하지 않다는 것을 말하는 것이 아니라 신체적·정신적·사회적 안녕의 완전한 상태

② 'social well-being'이란 '사회적 안녕', 즉 사회생활을 잘 영위하는 상태이다. 예: 가정주부는 주부로 잘 영위

(2) 질병의 이해

① **질병의 개념** : 질병(disease)이란 생체 내의 구조적 · 기능적 변화로 장기나 체액의 장애 발생 상태

② **질병 발생의 결정 인자** : 클라크(F.G. Clark)와 고든(J. Gordon)은 병원체, 숙주, 환경 세 요인의 상호작용이라 하였다.

표 5-3 질병의 요인

	질병의 직접적인 원인이 되는 요소	
병원체 요인	물리학적 요인	온도, 습도, 기압, 음파, 방사선 등
	화학적 요인	물, 음식 오염과 관계있는 유해가스, 화학성 물질, 중금속 등
	생물학적 요인	바이러스에서 절지동물에 이르는 생물 등
	기타	유전적 요인, 심리적 요인, 영양소 등

환경 요인	병인과 숙주 간에 매개 역할을 하거나 이들에게 영향을 주는 요소	
	생물학적 환경	매개 곤충, 매개 동물 등
	물리화학적 환경	지형, 기후, 상하수도, 계절, 화학물질 등
	사회문화적 환경	생활 관습, 위생 상태의 차이, 전쟁, 불경기 등
	경제적 환경	직업, 경제 상태 등
숙주 요인	사람	
	생물학적 요인	연령, 성, 인종 등
	과거의 질병 폭로 경험	면역 상태 등
	기타	성격, 사회 계급

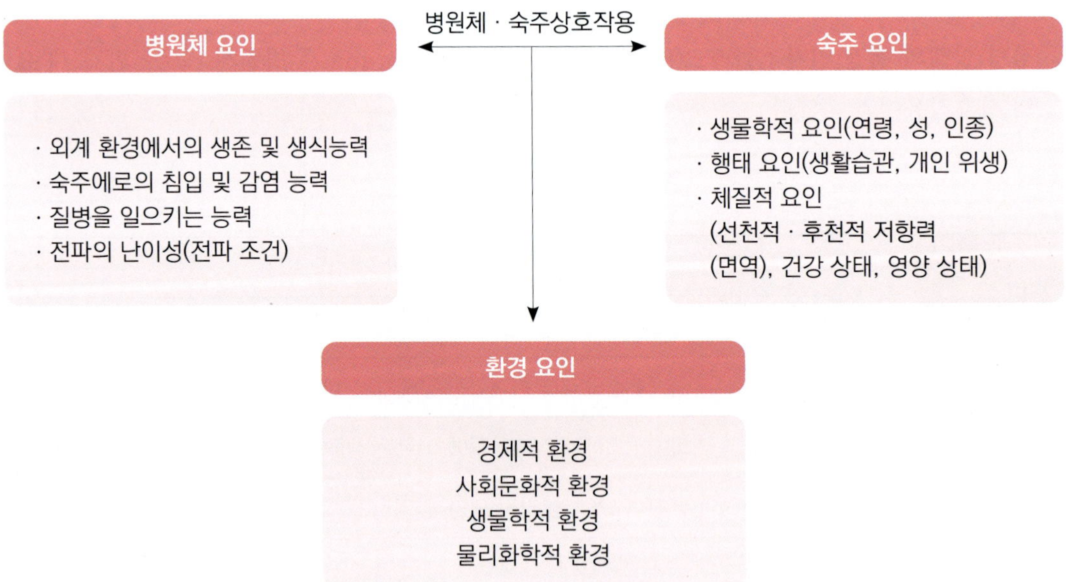

그림 5-1 생태학적으로 본 질병 혹은 유행병의 발생 기전

③ 질병의 예방

㉠ 1차적 예방 : 건강한 개인을 대상으로 질병이나 특정 건강 문제가 발생하기 전에 질병을 예방하거나 만일 발생하더라도 질병 발생 정도를 약하게 하는 것

예 예방접종, 산전 간호, 건강 유지, 질병 예방, 건강 증진, 보건교육, 환경위생 개선, 개인 청결 유지 등

㉡ 2차적 예방 : 질병의 초기, 즉 조기 치료를 의미한다. 예를 들면, 건강검진이나 집단검진을 통한 질병의 조기 발견 및 조기 치료

㉢ 3차적 예방 : 치료하였음에도 불구하고 장애가 남는 사람들의 신체 기능 회복. 예를 들면, 만성질환 관리, 물리치료, 재활, 사회복귀 훈련 등

④ 최근 치료보다 질병 예방이나 건강 증진이 강조되는 이유

㉠ 건강 생활 습관의 중요성 증대

㉡ 의료비에 대한 사회적 부담 증가

㉢ 인구의 노령화로 인한 비전염성 질환 증가

㉣ 만성 퇴행성 질환 및 난치병 증가

2) 역학

(1) 역학의 정의

질병의 발생과 분포를 파악하고, 원인을 규명하여 예방 대책을 수립하는 과학 또는 학문

(2) 역학의 목적

① 질병의 발생원인을 규명

② 질병 발생 및 유행의 감시 역할

③ 질병의 자연사에 관한 연구

④ 공중 보건정책을 개발하기 위한 기초 자료 제공

3) 감염병의 정의와 분류

(1) 감염병의 정의

① 병원체가 인체 내에 침입하여 증식하고, 조직 혹은 장기에 병변을 일으키는 것
② 감염력이 소수의 병원체로 쉽게 감염되고 많은 사람에게 전파된다.

(2) 감염병의 3대 요인

표 5-4 감염병의 3대 요인

요인	특징	원인
감염원	병원체를 전파시키는 근원	환자 보균자, 감염동물, 오염식품, 오염수 등
감염 경로	병원체가 운반될 수 있는 과정	접촉 감염, 공기전파, 동물매게 전파, 개달물 전파
감수성 숙주	침입한 병원체에 대항할 수 없는 상태	숙주의 감수성이 높으면 : 감염병 유행 숙주의 감수성이 낮으면 : 감염병 소멸(면역)

4) 감염병의 발생 과정

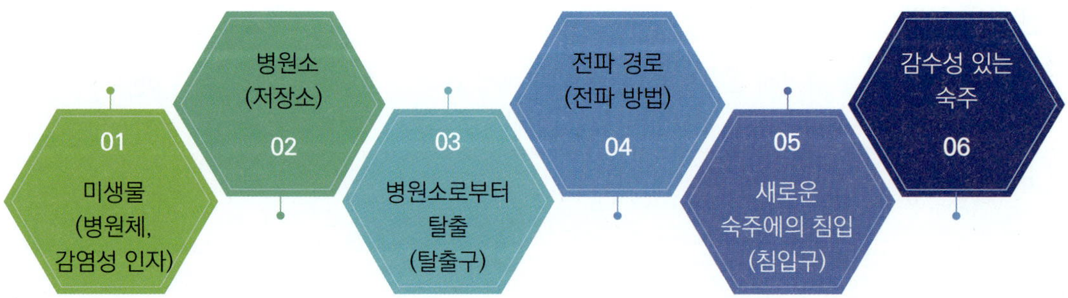

그림 5-2 감염병의 발생 과정

(3) 감염병의 전파

① 직접 전파 : 매개체 없이 전파

㉠ 성병, 피부병, 매독(직접 접촉 감염)

㉡ 결핵, 홍역, 인플루엔자, 유행성 이하선염(기침, 재채기로 감염)

② 간접 전파 : 매개체를 통해 간접적으로 전파

㉠ 디프테리아, 결핵(호흡기를 통해 감염)

5) 면역의 종류와 질병

(1) 선천적 면역 : 태어날 때부터 가지고 있는 유전적 면역

(2) 후천적 면역 : 후천적(감염, 예방접종)으로 성립된 면역

표 5-5 면역의 종류

면역		특징
능동 면역	자연 능동 면역	감염병 감염 후에 형성된 면역
	인공 능동 면역	예방접종에 의해 형성된 면역
수동 면역	자연 수동 면역	태반이나 모유를 통해 생기는 면역
	인공 수동 면역	면역 혈청주사에 의해 얻어진 면역

참고

법정규정에 따른 분류

우리나라에서는 「감염병의 예방 및 관리에 관한 법률」에서 감염병의 종류를 1 · 2 · 3 · 4급 감염병으로 분류하고 있다.

표 5-6 감염병 분류

	제1급(17종)	제2급(24종)	제3급(26종)	제4급(23종)
특성	생물테러감염병 또는 치명률이 높거나 집단 발생의 우려가 커서 발생 또는 유행 즉시 신고하여야 하고, 음 압 격리와 같은 높은 수준의 격리가 필요한 감염병(보건복지부장 관이 지정하는 감염병 포함)	전파 가능성을 고려하여 발생 또는 유행 시 24시간 이내에 신고하여야 하고, 격리가 필요한 감염병(보건복지부장관이 지정하는 감염병)	그 발생을 계속 감 시할 필요가 있어 발생 또는 유행 시 24시간 이내에 신고 하여야 하는 감염병 (보건복지부장관이 지정하는 감염병)	제1급 감염병부터 제3급 감염병까지의 감염병 외에 유행 여부를 조사하기 위하여 표본감시 활동이 필요한 감염병
질환	에볼라바이러스병, 마버그열, 라싸열, 크리미안콩고출혈열, 남아메리카출혈열, 리프트밸리열, 두창, 페스트, 탄저, 보툴리눔독소증, 야토병, 신종감염병증후군, 중증급성호흡기증후군(SARS), 중동호흡기증후군(MERS), 동물인플루엔자 인체감염증, 신종인플루엔자, 디프테리	결핵, 수두, 홍역, 콜레라, 장티푸스, 파라티푸스, 세균성이질, 장출혈성대장균감염증, A형감염, 백일해, 유행성이하선염, 풍진(선천성), 풍진(후천성), 폴리오, 수막구균 감염증, b형헤모필루스인플루엔자, 폐렴구균감염증, 한센병, 성홍열, 반코마이신내성황색포도알균(VRSA)감염증, 카바페넴내성장내세균속균종(CRE)감염증, E형감염	파상품, B형간염, 일본뇌염, C형간염, 말라리아, 레지오넬라증, 비브리오패혈증, 발진티푸스, 발진열, 쯔쯔가무시증, 렙토스피라증, 브루셀라증, 공수병, 신종후군출혈열, 후천성면역결핍증(AIDS), 크로이츠펠트-야콥병 (CID) 및 변종크로 이츠펠트-야 콥병 (vCID), 황열, 뎅기열, 큐열, 웨스트나일열, 라임병, 진드기매개뇌염, 유비저, 치쿤구니야열, 중증열성혈소판감소증후군 (SFTS), 지카바이러 스감염증, 엠폭스, 매독(1기), 매독(2기), 매독(3기), 매독(선천성), 매독(잠복)	인플루엔자, 회충증, 편충증, 요충증, 간흡충증, 폐흡충증, 장흡충증, 수족구병, 임질, 클라미디아감염증, 연성하감, 성기단순포진, 첨규콘딜롬, 반코마이신내성장알균(VRE)감염증, 메타실린내성황색포도알균(MRSA)감염증, 다제내성녹농균(MRAB)감염증, 장관감염증, 급송호흡기감염증, 해외 유입기생충감염증, 엔테로바이러스감염증, 사람유두종바이러스 감염증, 코로나바이러스감염증-19
신고 주기	즉시	24시간 이내	24시간 이내	7일 이내

참고

전염 경로에 따른 감염 관리

표 5-7 전염 경로

탈출	전파	침입	질병의 예
기도 분비물 (호흡기)	공기 매개, 비말, 개달물(매개물)	기도 (기침, 재채기, 대화 등)	감기, 홍역, 디프테리아
분변(위장관)	물, 음식물, 파리, 개달 물(매개물)	소화기(입)	세균성 감염 예 장티푸스, 세균성 이질 콜레라 방러스성 감염 예 폴리오, 간염
병변 부위 삼출액 (상처, 점막)	직접 접촉, 성교, 파리, 개달물(매개물)	피부, 성기 점막, 안구 점막	종기, 임질, 트라코마
혈액(매개 동물)	흡혈 절족 동물	피부(자상 부위)	말라리아, 사상충, 일본뇌염, 발진티푸스, 페스트

참고

숙주와 병원체 관련 특성(질환의 지표)

① 감염력 : 병원체가 숙주에 침입해 알맞은 기관에 자리 잡고 증식하는 능력
   예 천연두, 수두, 홍역, 폴리오 등은 감염력이 높고, 한센병은 아주 낮음
② 병원력 : 병원체가 감염된 숙주에게 현성 질병을 일으키는 능력
③ 독력 : 병원체가 숙주에 대한 심각한 임상 증상과 장애를 일으키는 능력
   예 공수병, 천연두는 독력이 아주 높고, 풍진, 수두는 독력이 아주 낮음
④ 면역력 : 면역력은 병원체가 숙주에 특이 면역성을 길러주는 성질로, 홍역 바이러스는 임질균보다 면역을 길러 주는 능력이 높음

코로나바이러스감염증-19(COVID-19)

① 정의 : SARA-CoV-2 감염에 의한 호흡기 증후군
② 전파 경로 : 현재까지는 비말, 접촉을 통한 전파로 알려졌으며, 기침이나 재채기로 호흡기 비말 등 오염된 물건을 만진 뒤 눈, 코, 입을 만지면서 전파
③ 증상 : 식욕 부진, 오심, 구토, 황달, 발열, 심한 피로, 우 상복부 압통, 무증상 감염
④ 치료 : 대증 치료(수료 보충, 해열제 등 보존적 치료) 특이적인 항바이러스제 없음
⑤ 예방 : 흐르는 물에 비누로 30초 이상 손씻기, 외출 후, 배변 후, 식사 전후, 기저귀 교체 전후, 코를 풀거나 기침, 재채기 등 실시, 마스크 착용, 씻지 않은 손으로 눈, 코, 입 만지지 않기

6) 기생충질환

(1) 기생충의 종류

표 5-8 기생충의 종류

구분	기생 위치	종류
선충류	소화기, 근육, 혈액 등에 기생	회충, 구충(십이지장충), 요충, 편충
흡충류	숙주의 간, 폐 등에 흡착하여 기생	긴흡충(간디스토마), 폐흡충(폐디스토마), 장흡충
조충류	숙주의 소화기관에 기생	요코가와흡충, 유구조충, 무구조충, 광절열두조충(긴촌충)

(2) 숙주와 기생충

① 어패류 매개 기생충

표 5-9 어패류 관련 기생충의 종류

기생충	제1중간 숙주	제2중간 숙주
긴흡충(간디스토마)	우렁이	잉어, 붕어, 피라미
폐흡충(페디스토마)	다슬기	가재, 참게
요코가와흡충	다슬기	은어, 숭어
광절열두조충(긴촌충)	물벼룩	송어, 연어

② 육류 매개 기생충

표 5-10 육류 관련 기생충의 종류

기생충	중간 숙주
무구조충(민촌충)	소
유구조충(갈고리촌충)	돼지
만소니열두조충	닭

7) 성인병 관리

(1) 성인병의 종류

간질환(알코올성 간질환, 간암, 간염, 간경화증), 고혈압, 고지혈증(고콜레스테롤 혈증), 당뇨병과 비만증, 대사증후군, 퇴행성관절염 등이 있다.

(2) 성인병의 특징 : 비전염성, 비가역성, 만성퇴행성

8) 이·미용 안전사고

(1) 안전사고

위험이 발생할 수 있는 장소에서 안전 교육 미비, 안전 수칙 위반, 부주의 등으로 사람 또는 재산에 피해를 주는 사고

(2) 이·미용 안전사고

① 이·미용 시술 중에 시술자 및 고객의 안전 수칙 위반으로 인한 고객과 시술자의 안전사고
② 이·미용 시술 시 미용 제품 및 도구 사용상의 부주의로 인한 고객과 시술자의 안전사고

(3) 이·미용 안전사고와 예방 대책

① 시술자의 청결 상태 및 위생 관리를 항상 철저하게 유지·관리하여야 한다.
② 시술자의 환기와 조명을 적절하게 유지하여야 한다.
③ 시술자의 전기 및 화재 안전 수칙을 준수하여야 한다.
④ 시술도구의 소독과 위생 점검을 주기적으로 시행하여야 한다.
⑤ 시술도구 및 재료의 사용 방법을 충분히 숙지 후 시술에 임해야 한다.
⑥ 안전사고 발생 시 초기 응급조치와 사후 조치 방법을 충분히 숙지하여야 한다.

3. 식품위생과 영양

1) 식품위생

(1) 정의

식품, 식품 첨가물, 기구 또는 용기 포장을 대상으로 하는 음식에 관한 위생

(2) 식중독

식품 섭취 후 인체에 유해한 미생물 또는 유독 식물에 의하여 발생하였거나 발생된 것으로 판단되는 감염성 질환 또는 독소형 질환

① 세균성 식중독(감염형, 독소형)

표 5-11 세균성 식중독의 종류

구분	독성 물질	원인 식품
감염형	살모넬라	돼지 콜레라가 원인
	장염비브리오	어패류, 오염 어패류에 접촉한 도마, 식칼, 행주에 의한 2차 감염
	병원성 대장균	우유, 치즈, 김밥, 두부, 도시락 등의 섭취
독소형	포도상구균	우유, 유제품, 떡, 김밥, 도시락
	보톨리누스균	육류, 소시지, 통조림 제품, 치사율이 가장 높음
	웰치균	수육 및 수육 제품

② 자연독 식중독(식물성, 동물성)

표 5-12 자연독 식중독의 종류

구분	원인 식품	독성 물질
식물성	버섯	무스카린
	감자	솔라닌
	매실	아미그달린
동물성	복어	테트로도톡신
	섭조개, 대합	삭시톡신
	모시조개, 굴, 바지락	베네루핀

③ 곰팡이 식중독

㉠ 아플라톡신 : 땅콩, 옥수수

㉡ 파툴린 : 사과나 사과주스 오염

2) 영양

(1) 영양소의 분류

식품, 식품 첨가물, 기구 또는 용기 포장을 대상으로 하는 음식에 관한 위생

표 5-13 영양소의 분류

영양소	구성요소	기능
3대 영양소	단백질, 탄수화물, 지방	열량 공급작용
4대 영양소	단백질, 탄수화물, 지방, 무기질	인체 구성작용
5대 영양소	단백질, 탄수화물, 지방, 무기질, 비타민	인체 구성 조절작용

(2) 영양 장애

표 5-14 영양 장애 증상

영양소	과잉 증상	결핍 증상
탄수화물	비만, 고지혈증	저혈당, 어지러움, 두통
단백질	비만, 피로, 골다공증	빈혈, 피부 탄력 저하
지방	고지혈증, 심장병	발육부진, 저항력 감소
칼슘	신장결석	골다공증, 구루병
비타민A	탈모증	야맹증, 각막연화증
비타민D	탈모, 체중 감소	구루병, 골다공증
비타민E		피부노화, 불임, 유산
비타민C		괴혈병, 색소침착증
비타민B_1		각기병
비타민B_2		눈의 결막충혈

4. 위생 및 소독

1) 위생학

위생이란 개인이나 사회에서 청결을 통해 질병을 예방하고 건강을 유지하기 위한 조건 또는 실천을 말하고, 미용업은 고객의 얼굴, 피부, 모발에 직간접적으로 접촉이 발생하기 때문에 위생에 각별히 신경써야 한다. 따라서 미용업에서는 미용용품, 미용기기, 사용 도구, 실내 환경 위생, 영업자의 위생, 환기 시설, 화장실 등의 청결을 유지하는 것이 매우 중요하다.

(1) 환경에 따른 위생 관리(WHO)

① 인간의 신체 발달, 건강 및 생존에 유해한 영향을 미치거나 미칠 가능성이 있는 모든 육체적 환경요인을 조정해 쾌적한 생활의 확충을 꾀하고, 미용 영업장 내에서는 수질, 쥐나 곤충 또는 해충, 영업 시설의 장애 등을 파악하고 조치를 취하는 것이다.

그림 5-3 실내 환경에 많은 영향을 미치는 에어컨

(2) 미용인의 위생 관리

① 에어컨 및 환풍기 등 공기청정에 신경쓰고 냉난방시설 관리를 잘해야 한다.
② 장식장, 진열장, 액자 등 실내 먼지를 제거하고 실내화는 세척이 가능한 것을 배치한다.
③ 손과 발, 고객과 직접적으로 접촉하는 부분의 위생을 항상 신경쓰고 호흡기 질병감염을 예방하기 위해 마스크를 착용해야 한다.

(3) 왁서가 갖춰야 할 위생 관리

① 왁싱(모를 제거한) 직후 모공은 세균 번식이 쉬운 상태이므로 각별히 위생에 신경써야 한다.
② 스파츌라, 면봉, 머슬린천, 왁스는 일회용으로 사용한다.
③ 실내 내부와 베드는 항상 청결한 상태를 유지한다.
④ 고객에게 사용되는 터번, 가운, 수건 등은 적절한 소독법으로 소독 후 준비한다.
⑤ 웨건, 테이블, 베드에 잔여왁스가 없는지 확인한다.
⑥ 족집게, 가위, 클리퍼는 적절한 소독법으로 소독 후 멸균기에 보관한다.
⑦ 쓰레기는 제때 처리한다.

2) 소독학

(1) 소독의 정의

소독이란 병의 감염이나 전염을 막기 위하여 병원 미생물을 파괴시켜 감염력을 없애는 것이다.

표 5-15 소독의 종류

청결	미생물 성장을 억제하는 것(소독된 상태는 아님)
멸균	병원성, 비병원성 미생물, 포자를 가진 것을 전부 사멸 또는 제거하는 것
소독	아포를 제외한 감염을 일으키는 모든 병원성 유기체를 파괴하는 것
살균	물리화학적 작용에 의해 급속하게 죽이는 것
방부	병원성 미생물의 발육과 작용을 정지하거나 제거시켜 성장, 번식, 전파를 방지하는 것

무균	감염되지 않은 상태로 병원성 미생물이 없는 상태
감염	병원성 미생물이 인체에 들어가 발육 증식한 상태
오염	물체의 내부 표면에 병원체가 부착하여 증식하지 않은 경우

Tip 소독의 세기 정도 : 멸균 〉 소독 〉 방부

(2) 소독의 조건

① 소독약의 필요조건

㉠ 사용 방법이 간편하고 효과가 확실하며 단시간에 소독이 되어야 한다.

㉡ 인체에 무해하면서 부식성과 표백성이 없고, 안정성이 높아야 한다.

㉢ 용해성이 높아야 한다.

㉣ 생산이 용이하고 경제적이어야 한다.

② 소독약의 사용과 보존상의 주의사항

㉠ 약품 소독 시 처리부분에 충분히 접촉되게 해야 한다.

㉡ 소독 대상 물질에 맞게 수분, 온도, 농도, 작업 시간을 고려해야 한다.

㉢ 더러워진 도구는 소독해야 한다.

㉣ 일회용 도구는 일회용으로만 사용해야 한다.

(3) 소독약별 사용방법

표 5-16 소독약 사용방법

수지소독(손소독)	역성 비누, 석탄산, 크레졸, 승홍수
배설물, 토사물	소각법, 석탄산, 크레졸, 생석회
금속제품	에탄올, 자외선, 자비 및 증기소독
서적, 종이	포름알데히드 소독(가스체)
고무 피혁제품	병원성 미생물의 발육과 작용을 정지하거나 제거시켜 부패와 발효를 방지하는 것
화장실, 쓰레기통, 하수구 소독	물체의 내부 표면에 병원체가 붙어있는 것

(4) 소독방법의 분류(물리적, 화학적)

표 5-17 소독의 물리적 방법

건열에 의한 소 독	화염 멸균법	• 알코올램프, 천연가스 등의 화염 불꽃 속에서 20초 이상 접촉해 멸균하는 방법 • 금속기구, 유리기구, 백금선, 도자기류 등의 소독에 적합
	건열 멸균법	• 170℃에서 1~2시간동안 건열 멸균기를 통해 처리 • 분말, 기름, 유리기구, 주사침 등을 멸균할 때 사용
	소각소독법	• 불꽃을 통해 포자까지 완전히 태워서 없애는 방법 • 균에 오염된 물건이나 의류, 폐기물 처리에 효과적
습열에 의한 소독	자비소독법	• 100℃에서 10~20분간 물에 넣어 끓이는 방법 • 유리제품은 끓기 전 찬물에, 금속제품은 끓은 후 투입 • 열에 강한 포자균(아포형성균)은 사멸되지 않아 멸균 불가 • 탄산나트륨 1~2g을 넣으면 살균력이 높아지고 금속 부식을 방지 • 식기, 의류, 도자기, 주사기 소독에 적합
	고압 증기 멸균법	• 15파운드(2기압), 121℃에서 15~20분간 가열하는 방법 • 아포를 포함한 모든 미생물을 완전히 사멸시킴 • 고열, 고압에 약한 고무, 플라스틱은 사용불가하고 열이 통하기 어려운 기구, 의류, 배지, 주사기, 수술용 기구 소독에 적합

	간헐멸균법	• 유통증기 100℃에서 30~60분간 가열하는 방법 • 포자를 멸살하기 위해 1일에 1회씩 100℃의 증기로 30분간씩 3회 실시 • 도자기, 의류 소독에 적합
	저온소독법	• 포자를 형성하지 않는 세균을 멸균하기 위해 사용 • 와인 : 60℃, 30분 가열 • 우유 : 63~65℃에서 30분 이상
자외선소독법	• 자외선(200~280nm)을 쬐는 것을 통해 소독하는 방법 • 음식, 약, 열에 민감한 물품 소독에 이용	
여과법	• 세균 여과기를 통해 세균을 제거하는 방법 • 가열, 살균이 불가능한 의약품, 무균실, 무균 공기 생성 등에 이용	

표 5-18 소독의 화학적 방법

석탄산	• 3%가 방역용 소독제로 적당 • 균체단백질을 응고시키고 세포용해, 균체의 효소계에 침투해 작용 • 살균력이 안정적이고 화학변화가 되지 않아 의류, 용기, 오물, 토사물 소독에 적합 • 피부점막에 자극성과 마비성, 금속부식성 있음 • 소독약의 살균력 측정지표로 사용 • 석탄산 계수(phenol coefficient) - 소독약의 살균력을 표시하는 양적 표시 - 순수하고 성상이 안정된 석탄산을 표준으로, 어떤 일정한 균주를 5~10분 내에 살균할 수 있는 석탄산의 희석배수와 시험하려는 소독약의 희석배율을 비교하는 방법 - 석탄산계수 = 석탄산의 희석배수 / 특정 소독약의 희석배수
크레졸	• 3%(비누액 3%, 물 97%)의 수용액을 사용함(석탄산계수 : 2) • 세균, 결핵균, 녹농균 등에 소독 효과가 있지만 아포, 바이러스에는 효과 없음 • 손, 오물, 객담들을 소독할 때 사용
알코올	• 메칠 75%, 에칠 70% 수용액에서 살균력 강함 • 생물의 단백질을 응고 또는 변성시켜 세포기능을 방해 • 수지, 피부, 기구 소독에 사용
승홍수	• 물에 잘 녹지 않고 무색, 무취이면서 독성이 강해(화학적 소독법 중 가장 강력) 금속을 부식시켜 플라스틱 용기를 사용 • 피부 소독에는 0.1~0.5% 수용액 사용 • 의류, 도자기, 목제품, 고무제품 소독에 적합

과산화수소	• 미생물의 세포막 구성을 방해하는 기저로 무색, 무취의 액체 • 2.5~3.5% 수용액으로 소독에 사용
생석회	• 20%의 수용액으로 만들어 사용 • 값이 저렴해 광범위한 소독이 필요한 분뇨, 토사물, 쓰레기통 등에 적합
염소	• 세포대사를 중단시켜 균체를 죽이는 기저 • 염소, 표백분 등의 형태로 소독 대상에 따라 사용 가능
포르말린	• 포름알데히드가 37% 이상 포함된 수용액으로, 일반 소독용으로 사용 시 1~1.5% 수용액을 사용 • 살균력이 강하나 온도에 민감하고 자극성이 강함 • 의류, 도자기, 목제품, 고무제품 소독에 적합
머큐롬	• 미생물 효소계를 저해하는 기저로 2% 수용액을 많이 사용
역성비누	• 미생물 효소계를 저해하는 기저이자 침투력과 살균력이 강한 계면활성제로 0.1~0.5% 수용액을 사용 • 무색, 무취, 무자극으로 수지, 기구, 용기소독에 적당 • 세정력은 다소 떨어짐
계면활성제	• 미생물의 세포막 투과성을 변형시키는 기저로 양이온 계면활성제가 살균력이 가장 우수함 • 살균력과 침투력이 강하고 피부에 무해함 • 기계나 기구, 고무 소독과 세척에 적합

참고

작용기저 정리

단백질 응고와 변성을 통해 세포 기능을 방해해 소독 효과를 내는 소독법	석탄산, 알코올, 페놀류, 포르말린, 알데히드류, 크레졸 등
산화로 인해 세포 기능을 저하시키는 소독법	과산화수소, 요오드, 오존 등
원형질 중 단백질과 결합해 세포의 기능을 저해시키는 소독법	승홍수, 머큐롬 등
세포벽과 세포질 막을 파괴해 세포 기능을 방해하는 소독법	계면활성제, 역성비누 등

(5) 왁싱 시 사용 도구 및 기구 소독법

① **일회용 사용 도구 :** 스파츌라, 장갑, 워머기 캔카라, 팩, 시트, 일회용 팬티 및 가운, 일회용 해면, 머슬린천, 팬티라이너, 화장솜, 솜

② 왁싱샵 내 사용 기구별 소독법

표 5-19 사용 기구별 소독방법

자외선 살균기, 확대경, 냉장고, 초음파, 갈바닉, 이온토프레시스, 냉온기기, 우드램프, 유수분 측정기	외관과 내부를 알코올이 묻은 천으로 닦은 후 건조시켜 관리
금속, 유리, 기름이 묻은 도구 및 기구	건열멸균법
금속, 유리, 플라스틱 도구	알코올
가위, 바리깡(클리퍼), 빗	표면에 붙은 이물질을 제거 후 알코올과 같은 소독액을 묻혀 표면을 닦고 건조시켜 관리
손소독	계면활성제, 알코올
수건, 의류	사용한 의류, 수건은 당일 바로 세척하고 건조기를 이용해 완전 건조시킨다. Tip **사용된 의류, 수건에는 황색포도상구균이 발생되지 않도록 철저히 관리해야 한다.**

(6) 왁싱샵 내부 소독방법

표 5-20 왁싱샵 내부 소독방법

샵 내부 위생 관리법	에어컨 및 환풍기, 장식장, 진열대, 액자, 창틀 등은 마른 천으로 먼지를 제거하고 소독액이 묻은 천으로 한 번 더 닦아 청결하게 관리한다.
배수구, 하수구	페놀(2~5%) 이용 *소독 시 장갑 착용

5. 공중위생법규

1) 공중위생법

(1) 공중위생법이란

지역사회 구성원들의 건강 상태 유지 또는 증진과 관련된 기술 및 실천적인 활동을 의미한다. 여러 통계자료를 조사해 질병 예방, 수명연장, 환경위생 관리, 영양 관리, 정신적 · 육체적 건강 및 효율증진을 목적으로 한다.

공중위생영업은 숙박업, 목욕장업, 이·미용업, 세탁업, 건물위생관리업을 말한다. 공중이용시설은 다수인이 이용함으로써 이용자의 건강 및 공중위생에 영향을 미칠 수 있는 건축물 또는 시설로서 대통령령으로 정한다.

(2) 위생서비스 수준 평가

시·도지사는 영업소의 위생관리수준을 향상시키기 위해 위생서비스평가계획을 수립하여 시장, 군수, 구청장에게 통보한다.

시장, 군수, 구청장은 평가계획에 따라 관할지역별 세부평가계획을 수립한 후 2년마다 영업소 또는 관련 전문기관 및 단체로 하여금 위생서비스 수준을 평가한다. 위생서비스평가의 주기, 방법, 위생관리등급의 기준, 기타 평가에 관하여 필요한 사항은 보건복지부령으로 정한다.

① **위생관리등급 구분 :** 최우수업소-녹색, 우수업소-황색, 일반업소-백색

(3) 위생교육

공중위생영업자는 매년 위생교육을 받아야 한다. 영업신고를 하고자 하는 자는 미리 위생교육을 받아야 하고, 부득이한 사유로 미리 교육을 받을 수 없는 경우엔 영업개시 후 보건복지부령이 정하는 기간 안에 위생교육을 받을 수 있다. 위생교육의 방법, 절차 등에 관하여 필요한 사항은 보건복지부령으로 정하고 위생교육은 매년 3시간 동안 진행한다.

2) 영업신고 및 개설

(1) 영업소의 신고(공중위생관리법 제 3조)

① 영업신고 : 공중위생 영업을 하고자 하는 자는 보건복지부령이 정하는 시설 및 설비를 갖추고 시장, 군수, 구청장에게 신고하여야 하고, 주요 사항을 변경하고자 할 때에도 이와 같다.

② 영업폐업신고 : 공중위생 영업의 신고를 한 자는 폐업한 날로부터 20일 이내에 시장, 군수, 구청장에게 신고해야 한다.

(2) 이·미용업 개설 시 필요한 서류

① 영업 신고 시 필요한 서류 : 영업시설 및 설비개요서, 교육필증, 면허증 원본

② 변경 신고를 해야 할 경우 : 영업소의 명칭 및 상호 또는 영업장 면적의 3분의 1 이상을 변경할 때(법 제3조 제1항), 영업소의 소재지 변경, 대표자의 성명(법인일 경우)을 변경할 때

③ 이·미용업 개설은 이·미용사 면허증 소지자만 가능하고, 개설 시 영업 신고증, 요금표, 면허증 원본을 게시해야 한다.

3) 위생관리

(1) 위생관리 기준

공중위생영업자는 이용자의 건강상 위해요인이 발생하지 않도록 안전하고 위생적으로 관리해야 한다. 영업자가 준수해야 할 위생관리기준은 보건복지부령으로 정한다.

(2) 미용업자가 준수해야 할 위생관리 기준

① 소독을 한 기구와 소독을 하지 않은 기구를 다른 용기에 넣어 보관하고 1회용 면도날은 1인에 한해 사용해야 한다.

② 약사법에 따른 의약품 또는 의료기기법에 따른 의료기기를 사용하지 않는다.

③ 점빼기, 귓불뚫기, 쌍커풀수술, 문신·박피술 그 밖에 이와 유사한 의료행위를 하지 않는다.

④ 혈액이나 체액이 묻은 기구는 사용 후 소독을 철저히 하고 혈액이 묻은 타월, 도표류는 폐기해야 한다.

⑤ 사용한 타월과 도표류는 세제로 세탁한 후 건열멸균, 증기소독, 열탕소독 등을 통해 소독하고 건조시켜 보관해야 한다.

① 왁싱 시 일어날 수 있는 감염 사례

㉠ 혈행성 감염

혈행성 감염이란 병원성 세균에 감염된 환자의 혈액이나 체액이 타인에게 노출되어 전파되는 것을 말한다. 주로 B형 감염, C형 감염, HIV(human immunodeficiency virus) 등 감염을 일으키는 병원균에 의해 감염되고, 감염경로로는 바늘이나 솜, 미세한 바늘 등 타액이 묻은 매개체에 의해 감염된다.

왁싱 시 위생 관리가 제대로 이루어지지 않을 때, 타액이 묻은 시술도구를 다른 사람에게 재사용할 때 감염위험이 발생할 수 있다.

㉡ 포도상구균으로 인한 모낭염

모낭염이란 모낭에서 시작되는 세균 감염에 의한 염증으로 침범한 모낭의 깊이에 따라 크기가 달라진다. 모낭염을 발생시키는 세균에는 포도구균이 주이고, 진균이나 다양한 세균들로 인해 유발될 수 있다.

모낭염은 왁싱 후 열린 모공을 통해 세균이 침투해 발생한다. 왁싱샵이 불청결하거나 왁서가 위생을 지키지 않는 경우, 고객이 자가에서 사후 관리를 청결히 하지 않았을 때 발생할 수 있는 대표적인 부작용 증상이다.

모낭염이 발생했을 경우 국소항생제를 7일 정도 병변부에 바르고 광범위하거나 심한 경우 내원해 의사와 상의한 후 경구 항생제를 복용한다. 가벼운 샤워와 함께 향균비누 사용을 권장하고 목욕탕, 사우나 출입은 염증을 악화시킬 수 있으니 주의하고 습하지 않게 통풍을 잘 해주어야 한다.

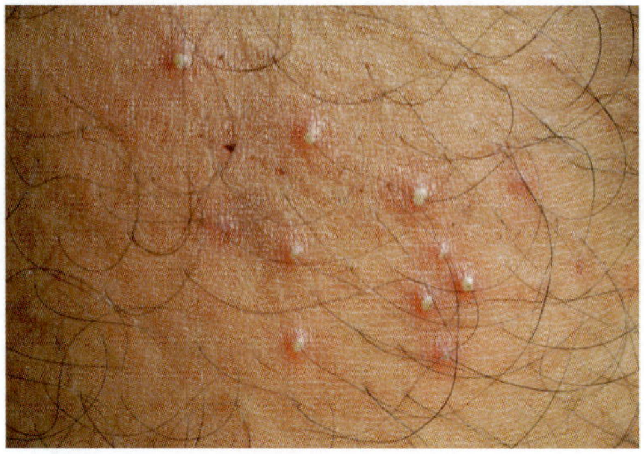

그림 5-4 모낭염

② 왁싱 시 감염을 예방하기 위한 수칙

㉠ 소독액, 소독기별 이해와 원리를 바탕으로 사용도구에 맞는 소독법을 적용하고 소독 후 깨끗한 용기에 보관한다.

㉡ 혈액이 묻은 솜은 의료폐기물로 분류하여 폐기하고 해면, 솜, 가운과 같이 피부에 직접 닿는 도구는 가급적 일회용을 사용한다.

㉢ 실내는 너무 습하지 않게 환기를 해주어 적정습도(40~50%)를 유지하고 타액이 묻은 곳은 바로 닦아 항상 청결하게 관리한다.

㉣ 일회용으로 사용한 도구는 재사용하지 않는다.

㉤ 손씻기, 청결한 작업복 착용 등 평소 시술자의 철저한 위생 관리도 중요하다.

(3) 미용업 시설 및 설비기준

미용업 신고증 및 면허증 원본을 게시하고 업소 내 조명도(75lux 이상)를 준수해야 한다. 미용서비스의 최종 지불가격을 미리 이용자에게 제공해야 한다.

(4) 미용기구 소독 및 방법 기준

표 5-21 미용기구 소독 및 방법 기준

가위, 바리깡(클리퍼), 빗	피부 감염 및 혈액으로 인한 바이러스 전파 우려	표면에 붙은 이물질과 머리카락을 제거하고 소독액이 묻은 천이나 거즈를 이용해 날을 중심으로 닦아 소독해준다.
라텍스, 퍼프, 해면 등	감염 매체의 전달이나 자체 감염 우려	웬만하면 1회용을 사용하거나 세척 후 소독액에 10분 이상 담근 후 흐르는 물에 헹구고, 물기를 제거해 자외선 소독기나 별도의 용기에 보관한다.

4) 공중위생 감시원 출입 및 검사, 영업소 폐쇄

(1) 공중위생 감시원

① 공중위생 감시원(대통령령)

특별시, 광역시·도 및 시·군·구에 관계 공무원의 업무를 위해 공중위생 감시원을 두는 것을 원칙으로 한다.

② 업무 범위

- 시설 및 설비의 확인과 위생 상태 검사
- 위생 관리 의무 이행 여부 확인
- 공중위생 업소의 위생 지도

(2) 출입 및 검사(제 9조)

시·도지사 또는 시장·군수·구청장은 공중위생 관리상 필요하다고 인정할 때 영업자에게 필요한 보고를 하거나 영업소에 출입해 위생 관리 실태 등을 검사하거나 서류를 열람할 수 있다. 관계공무원은 그 권한을 표시한 증표를 지녀야 하며, 관계인에게 이를 내보여야 한다.

(3) 영업의 제한

시·도지사는 공익상 필요하다고 인정할 때 영업자나 종사원에 대해 영업시간 및 영업행위에 필요한 제한을 할 수 있다.

(4) 위생지도 및 개선 명령(제 10조)

시·도지사 또는 시장·군수·구청장은 다음 각 사항에 해당하는 자에게 개선을 명할 수 있다.

① 제 3조 제 1항의 규정에 의한 공중위생업의 종류별 시설 및 설비기준을 위반한 자

② 제 4조의 규정에 의한 위생관리의무 등을 위반한 자

③ 제 5조의 규정에 의한 위생관리의무를 위반한 공중위생시설의 소유자 등

(5) 영업소의 폐쇄(제 11조)

① 시장·군수·구청장은 다음에 해당하는 공중위생영업자에게 6월 이내의 기간을 정해 영업의 정지 또는 일부 시설의 사용중지나 영업소 폐쇄 등을 명할 수 있다.

㉠ 공중위생 영업신고를 하지 않거나 시설, 설비 기준을 위반한 경우

㉡ 보건복지부령이 정하는 중요사항의 변경 신고를 하지 않은 경우

㉢ 공중위생영업자의 지위승계 신고를 하지 않은 경우

㉣ 공중위생 관리상 필요한 보고를 하지 않거나 거짓으로 보고한 경우 또는 관계 공무원 출입, 검사 또는 공중위생영업 장부 또는 서류의 열람을 거부, 방해하거나 기피하는 경우

㉤ 위생관리에 관한 개선명령을 이행하지 않은 경우

㉥ 성매매 알선 등 행위의 처벌에 관한 법률, 풍속영업의 규제에 관한 법률, 청소년 보호법 또는 의료법을 위반해 관계 행정기관의 장으로부터 그 사실을 통보받은 경우

위 규정에 의한 영업정지, 일부 시설 사용중지와 영업소 폐쇄명령 등 세부적인 기준은 보건복지부령으로 정한다.

시장·군수·구청장은 영업자가 위 규정에 의한 영업소폐쇄명령을 받고도 영업을 하는 경우 각 사

항의 조치를 하게 할 수 있다.

㉠ 당해 영업소의 간판 및 영업 표지물 제거

㉡ 당해 영업소가 위법한 영업소임을 알리는 게시물 부착

㉢ 기구 또는 시설물을 사용할 수 없게 봉인

Tip 시장·군수·구청장은 규정에 의한 봉인을 한 후, 봉인을 계속할 필요가 없다고 인정되는 때와 영업자가 정당한 사유를 들어 봉인해제를 요청하는 경우 봉인을 해제할 수 있음

② 시장·군수·구청장이 영업소 폐쇄를 명할 수 있는 경우

㉠ 공중위생영업자가 정당한 사유 없이 6개월 이상 계속 휴업하는 경우

㉡ 공중위생영업자가 관할 세무서장에게 폐업신고를 하거나 관할 세무서장이 사업자 등록을 말소한 경우

(6) 청문

① 보건복지부장관 또는 시장·군수·구청장은 다음 각 호의 어느 하나에 해당하는 처분을 하기 위해서 청문을 실시할 수 있다.

㉠ 이용사와 미용사의 면허취소 또는 면허정지

㉡ 위생사의 면허취소

㉢ 영업정지 명령, 일부 시설의 사용중지 명령 또는 영업소 폐쇄명령

5) 미용사 면허와 업무

(1) 미용사의 면허(공중위생관리법 제6조 제1항)

① 다음 중 하나라도 해당하면 미용사 면허를 취득할 수 있다.

㉠ 전문대학 또는 고등학교와 같은 수준 이상의 학력이 있다고 교육부장관이 인정한 학교에서 미용 관련 학과를 졸업한 자

㉡ 교육부장관이 인정하는 고등기술학교에서 1년 이상 미용에 관한 소정의 과정을 이수한 사람

㉢ 국가기술자격법에 따른 미용사의 자격을 취득한 사람

② 다음 중 하나라도 해당하면 미용사 면허를 취득할 수 없다.

㉠ 피성년후견인

㉡ 정신보건법에 따른 정신질환자(다만, 전문의가 미용사로서 적합하다고 인정한 경우는 제외)

㉢ 공중의 위생에 영향을 미칠 수 있는 감염병환자로서 감염병 예방 및 관리에 관한 법률에 따른 결핵 환자(비감염성인 경우는 제외)

㉣ 마약, 대마 또는 항정신성의약품 중독자

㉤ 공중위생관리법상 면허가 취소된 후 1년이 경과되지 않은 자

③ 면허증의 재교부 신청 : 면허증의 기재사항 변경 시, 면허증 분실 또는 훼손 시 면허증 원본과 최근 6개월 이내 찍는 증명사진을 시장·군수·구청장에게 서류를 통해 제출한다.

면허 취소 또는 정지 명령을 받을 시, 관할 시장·군수·구청장에게 면허증을 반납(면허 정지 명령을 받은 자가 반납한 면허증은 그 면허정지 기간 동안 관할 시장·군수·구청장이 보관한다)

(2) 이·미용사의 업무 범위

① 면허소지자가 아니면 미용업을 개설하거나 업무에 종사할 수 없다(다만, 이·미용사의 감독을 받아 미용 업무의 보조를 할 경우엔 종사 가능).

② 이·미용사의 업무범위에 관한 사항은 보건복지부령으로 정하고 이·미용 업무는 영업소 외의 장소에서 행할 수 없다(다만, 보건복지부령이 정하는 특별한 사유가 있는 경우에는 행할 수 있다).

③ 보건복지부령이 정한 특별한 사유

㉠ 질병이나 그 밖의 사유로 영업소에 나올 수 없는 자에 대해 미용을 하는 경우

㉡ 혼례나 그 밖의 의식에 참여하는 자에 대해 의식 직전 미용이 필요한 경우

㉢ 사회복지시설에서 봉사활동으로 미용을 하는 경우

㉣ 방송 등 촬영에 참여하는 사람에 대해 촬영 직전 이용 또는 미용을 하는 경우

㉤ 기타 특별한 사정이 있다고 시장·군수·구청장이 인정하는 경우

6) 벌칙과 과태료 및 행정처분

(1) 개선명령

① 다음에 해당하는 자에 대해 보건복지부령이 정한 바에 따라 개선을 명할 수 있다.

㉠ 공중위생영업의 종류별 시설 및 설비기준을 위반한 자

㉡ 위생관리 의무를 위반한 공중위생영업자

㉢ 위생관리 의무를 위반한 공중위생시설의 소유자

(2) 개선기간

① 공중위생영업자 및 공중이용시설 소유자에게 개선명령 시 위반사항의 개선에 소요되는 기간을 고려해 즉시 또는 6월의 범위 내에서 명해야 한다(연장을 신청한 경우 6월 범위 내에서 연장 가능).

② 개선명령 시 명시사항

㉠ 위생관리 기준

㉡ 발생된 오염물질의 종류

㉢ 오염 허용 기준을 초과한 정도

㉣ 개선기간

(3) 벌칙

1년 이하의 징역 또는 1천만 원 이하의 벌금	• 영업신고를 하지 않은 자 • 영업소 폐쇄 명령을 받고도 계속 영업을 행한 자 • 영업정지, 일부 시설의 사용중지명령을 받고도 그 기간 동안 영업을 하거나 시설을 이용한 자
6개월 이하의 징역 또는 500만 원 이하의 벌금	• 변경 신고를 하지 않은 자 • 지위 승계를 한 후 신고(1월 이내)를 하지 않은 자 • 건전한 영업 질서를 위해 준수해야 할 사항을 준수하지 않은 공중위생영업자
300만 원 이하의 벌금	• 개선 명령을 위반한 자(위생관리 기준이나 오염 허용 기준을 지키지 않은 경우) • 면허취소 후에도 계속 업무를 행한 자 • 면허정지 기간 중 업무를 행한 자 • 면허증이 없는 자가 업소 개설이나 업무에 종사한 경우(미용사의 감독을 받은 미용 보조 업무는 제외)

(4) 과태료

① 과태료 처분권자는 당해 위반 행위나 동기를 고려해 해당 금액의 2분의 1의 범위에서 가감할 수 있다(가중 처분의 경우에도 과태료 부과 한도액은 넘을 수 없다).

100만 원	관계공무원 출입, 검사, 기타 조치를 거부, 방해, 기피한 자 개선 명령에 위반한 자(시설 및 설비 기준을 위반하거나 위생관리 의무를 위반한 경우)
70만 원	영업소 외의 장소에서 미용 업무를 행한 자
60만 원	위생교육을 받지 않은 자
50만 원	미용업소의 위생관리 의무를 지키지 않은 자(면허증 게시, 의약품 사용, 1회용)

7) 행정 처분 기준

법 제3조 제1항 전단에 따른 영업신고를 하지 않거나 시설과 설비기준을 위반한 경우

위반내용	1차	2차	3차	4차
시설 및 설비기준 위반	개선명령	영업정지 15일	영업정지 1일	영업장 폐쇄명령
신고를 하지 않고 영업소 소재지를 변경한 경우	영업장 폐쇄명령			
신고를 하지 않고 명칭, 면적의 3분의 1 이상을 변경한 경우	경고 또는 개선명령	영업정지 15일	영업정지 1월	영업장 폐쇄명령
소독을 한 기구와 소독을 하지 않은 기구를 각각 다른 용기에 보관하지 않거나 1회용 면도날을 2인 이상 사용한 때	경고	영업정지 5일	영업정지 15일	영업장 폐쇄명령

(2) 법 제4조에 따른 공중위생영업자의 위생관리의무 등을 지키지 않은 경우

위반내용	1차	2차	3차	4차
신고증, 면허증원본 게시, 조명도 준수 위반 시	영업정지 5일	영업정지 10일	영업장 폐쇄명령	
영업소 외의 장소에서 업 무를 행한 때	영업정지 1월	영업정지 2월	영업장 폐쇄명령	
시장 · 구청장 · 군수의 개 선명령을 이행하지 않을 때	경고	영업정지 10일	영업정지 1월	영업장 폐쇄명령
피부미용을 위하여 의약품 또는 의료기기를 사용한 때	영업정지 2월	영업정지 3월	영업장 폐쇄명령	

(3) 「성매매알선 등 행위의 처벌에 관한 법률」, 「풍속영업의 규제에 관한 법률」, 「청소년 보호법」, 「아동 · 청소년의 성보호에 관한 법률」 또는 「의료법」을 위반하여 관계 행정기관의 장으로부터 그 사실을 통보받은 경우

위반내용	1차	2차	3차
점빼기, 귓볼뚫기, 쌍커풀수술, 문신, 박피술, 이와 유사한 의료 행위를 한 때	영업정지 2월	영업정지 3월	영업장 폐쇄명령
성매매 알선행위 또는 음란행위를 하게 하거나 알선 제공한 때	영업정지 2월 면허정지 2월	영업정지 1월 면허정지 2월	영업장 폐쇄명령
손님에게 도박 그 밖의 사행행위를 하게 한 때	영업정지 1월	영업정지 2월	영업장 폐쇄명령
음란한 물건을 관람, 열람하게 하거나 진열 또는 보관한 때	경고	영업정지 15일	영업정지 1월
무자격 안마사로 하여금 안마사의 행위를 한 때	영업정지 1월	영업정지 2월	영업장 폐쇄명령

(4) 법 제7조제1항 각 호의 어느 하나에 해당하는 면허 정지 및 면허 취소 사유에 해당하는 경우

위반내용	1차	2차	3차	4차
이중으로 면허를 취득한 때	면허취소			
면허증을 다른 사람에게 대여한 때	면허정지 3월	면허정지 6월	면허취소	
국가기술자격법에 따라 미용사 자격이 취소된 때	면허취소			
국가기술자격법에 따라 미용사 자격정지 처분을 받은 때	면허정지			
면허정지 처분을 받고 그 정지 기간 중 업무를 행한 때	면허취소			

Custom

Waxing

◆Part 2◆
왁싱 실기

1장 모블링 미용왁싱 실기

2장 NCS 왁싱 실기 교육과정

Custom Waxing PART 2 왁싱 실기

1장 모블링 미용왁싱 실기

1) 모블링 기초 제모 테크닉 시연(바디왁싱)

(1) 왁싱부위 : 팔왁싱 / 제품선택 : 소프트왁스

① 왁스 워머기 세팅 및 손소독하기.

② 일회용 위생장갑을 반드시 착용한다(손소독).

③ pH 약산성 클렌저 및 수딩토너로 피부결 정돈 및 수분공급, 피부표면을 정리해준다.

④ 일회용 해면 또는 티슈로 관리 부위의 유 · 수분을 제거하고 피부를 물리적으로 보호할 수 있도록 식물성 오일 또는 탈컴파우더를 도포한다.

⑤ 고객의 피부에 왁스를 도포하기 전에 적외선 온도계로 왁스 온도를 측정하거나 왁싱 시술자 손목 안쪽에서 온도를 체크한다.

⑥ 고객의 체형과 굴곡, 피부 컨디션, 모량, 모질, 모류방향 등을 체크한 후 고객 맞춤형 왁싱 시술 수행에 대한 계획을 세우고 시술 소요시간, 주의사항 등을 설명한다.

⑦ 먼저 섹션을 나눠서 왁싱 스파츌라를 이용하여 맨 아래부터 맨 안쪽부터 왁싱 시술한다. 이때 피부 텐션을 평평하게 고정하여 왁싱을 피부에 자극과 통증을 줄이고 모발이 끊이지 않도록 주의하여 안정되게 진행한다. 이때 고객의 피부 컨디션, 모량, 모발, 모류방향 등을 고려하여 왁스의 두께를 부위별로 스킨 탈락, 화상으로부터 안전하게 모가 엉키지 않도록 고르게 도포하여야 한다.

⑧ 스트립 제거방향의 모서리 부위에 왁스가 묻지 않도록 패치 공간을 남겨두고 모발 성장방향으로 스트립 천을 밀착시켜 준다.

⑨ 스트립이 제거되는 반대방향으로 피부 조직이 팽팽하게 고정되도록 텐션을 유지한다.

⑩ 피부와 스트립 천 제거 방향의 각을 약 45도 이하로 유지하면서 모발의 성장 반대방향으로 제거하고, 빠르게 부위를 눌러 피부 통증, 열감을 완화시킨다.

⑪ 피부 저자극 식물성 오일을 이용하여 피부에 남아있는 왁스 잔여물을 제거한다.

⑫ 왁스로 제거되지 못한 모발을 트위저를 사용하여 모발의 성장방향으로 제거한다.

⑬ 트위저 사용 시 피부 텐션, 모발의 성장방향으로 제거, 진정 동작이 모두 적용되어야 한다.

⑭ 아즐렌 성분 등 수분 진정젤을 도포하여 즉각 진정시켜 준다.

⑮ 병풀추출물 등 피부 재생과 보습에 도움이 되는 보습크림을 도포하여 피부 장벽 및 유 · 수분 밸런스의 빠른 회복을 도와준다.

⑯ 고객에게 팔 왁싱 후 지켜야 할 사후 관리 요령 및 주의사항을 안내한다.

(2) 제모부위 : 다리 왁싱 / 제품선택 : 스트립왁스

① 왁스 워머기 세팅 및 손소독하기.

② 일회용 위생장갑을 반드시 착용한다(손소독).

③ 모앤블링 클렌저 및 모앤블링 수딩토너로 피부결 정돈 및 수분공급, 피부표면을 정리해준다.

④ 관리 부위의 유 · 수분을 제거하고 피부를 물리적으로 보호할 수 있도록 탈컴파우더를 도포한다.

⑤ 고객의 피부에 왁스를 도포하기 전에 적외선 온도계로 왁스 온도를 측정하거나 왁싱 시술자의 안쪽 팔목에 온도 테스트를 한다.

⑥ 먼저 섹션을 나눠서 맨 아래부터 맨 안쪽까지 시술한다.
발가락 → 발등 → 발목 → 다리 하퇴부 안쪽 → 다리 대퇴부 안쪽 → 다리 하퇴부 정면 → 무릎 → 다리 대퇴부 정면 → 하퇴부 바깥쪽 → 다리 대퇴부 바깥쪽 → 다리 후면

⑦ 모발의 성장방향을 확인하고, 피부 조직이 팽팽하게 고정되도록 텐션을 준다. 왁스를 얇게 도포, 피부에 밀착시켜서 스파츌라를 이용해 도포해준다.

⑧ 스트립 제거방향의 모서리 부위에 왁스가 묻지 않도록 패치 공간을 남겨두고 모발 성장방향으로 스트립 천을 밀착시켜 준다.

⑨ 스트립이 제거되는 반대방향으로 피부 조직이 팽팽하게 고정되도록 텐션을 유지한다.

⑩ 피부와 스트립 천 제거방향의 각을 약 45도 이하로 유지하면서 모발의 성장 반대방향으로 제거하고, 빠르게 부위를 눌러 피부 통증을 진정시킨다.

⑪ 왁스 전용 오일을 이용하여 피부의 왁스 잔여물을 제거한다(호호바 오일 등).

⑫ 왁스로 제거되지 못한 모발을 트위저를 사용하여 모발의 성장방향으로 제거한다.

⑬ 트위저 사용 시 피부 텐션, 모발의 성장방향으로 제거, 진정 동작이 모두 적용되어야 한다.

⑭ 모앤블링 수딩젤을 도포하여 즉각 진정시켜 준다.

⑮ 모앤블링 병풀추출물 함유 보습크림 도포로 피부 장벽 강화 및 유 · 수분을 공급해 보습해준다.

⑯ 고객에게 다리왁싱 홈케어 사후 관리 및 주의사항을 안내한다.

(3) 겨드랑이, 안면, 음모 왁싱 / 하드왁스

① 왁스 워머기 세팅 및 손소독하기.

② 일회용 위생장갑을 반드시 착용한다(손소독).

③ 꼬리빗 가위를 이용해 모발의 길이에 따라 긴 모발은 작업에 적합하도록 커팅해야 한다.

④ pH 5.5 약산성 클렌저 및 모앤블링 수딩토너로 피부결 정돈 및 수분공급, 피부 표면을 정리해 준다.

⑤ 관리 부위의 유 · 수분을 제거하고 피부를 물리적으로 보호할 수 있도록 탈컴파우더를 도포한다.

⑥ 고객의 피부에 왁스를 도포하기 전에 적외선 온도계로 왁스 온도를 측정하거나 왁싱 시술자의 안쪽 팔목에 온도 테스트를 한다.

⑦ 섹션을 나눠서 시술한다.

⑧ 모발의 성장방향을 확인하고, 피부 조직이 팽팽하게 고정되도록 텐션을 주고 스파츌라를 이용해 도포한다.

⑨ 적당한 양의 왁스를 모발성장방향으로 도포하고, 제거할 때 찢어지거나 끊어지지 않도록 사용 제품의 권장 두께로 균일하게 도포한다.

⑩ 패치의 손잡이 부분은 모발이 없는 부위를 선택하여 패치를 제거하기 전에 통증이 발생하기 않도록 주의한다.

⑪ 실내 온도가 높거나 습하면 왁스가 굳는 시간이 오래 걸리므로 관리 시간을 단축하기 위해 왁스를 빠르게 굳히는 탈컴파우더를 사용할 수 있다.

⑫ 피부 조직이 팽팽하게 고정되도록 텐션을 주고 피부 조직과 패치 제거방향의 각도를 약 45도 이하로 유지하여 제거한 뒤 빠르게 시술 부위를 눌러 피부 통증을 진정시킨다.

⑬ 짧은 모발 혹은 모발의 성장 각도가 너무 낮아서 제거되지 못한 모발을 성장 반대방향으로 도포하여 성장 방향으로 제거한다.

⑭ 왁스 전용 오일을 이용하여 피부의 왁스 잔여물을 제거한다(호호바오일 등).

⑮ 왁스로 제거되지 못한 모발을 트위저를 사용하여 모발의 성장 방향으로 제거한다.

⑯ 트위저 사용시 피부 텐션, 모발의 성장 방향으로 제거, 진정 동작이 모두 적용되어야 한다.

⑰ 수분 수딩젤을 도포하여 즉각 진정시켜 준다.

⑱ 병풀추출물 함유 보습크림 도포로 피부 장벽 강화 및 유 · 수분을 공급해 보습해준다.

⑲ 고객에게 겨드랑이 왁싱 홈케어 사후 관리 및 주의사항을 안내한다.

(4) 제모부위 : 팔 제품선택 : 슈가왁스

① 왁스 워머기 세팅 및 손소독하기.

② 일회용 위생장갑을 반드시 착용한다(손소독).

③ 모앤블링 클렌저 및 모앤블링 수딩토너로 피부결 정돈 및 수분공급, 피부표면을 정리해준다.

④ 관리 부위의 유 · 수분을 제거하고 피부를 물리적으로 보호할 수 있도록 탈컴파우더를 모발의 성장 반대방향과 성장방향으로 도포한다.

⑤ 고객의 피부에 왁스를 도포하기 전에 적외선 온도계로 왁스 온도를 측정하거나 왁싱 시술자의 안쪽 팔목에 온도 테스트를 한다.

⑥ 먼저 섹션을 나눠서 맨 아래부터 맨 안쪽부터 시술한다.
손가락 → 손등 → 팔 하완 안쪽 → 팔 상완 안쪽 → 팔 하완 바깥쪽 → 팔꿈치 → 팔 상완 바깥쪽 → 어깨 → 팔 안쪽.

⑦ 모발의 성장방향을 확인하고, 위생장갑을 착용한 손으로 적당한 양의 왁스를 잡아 손 끝에 동글게 모아준다.

⑧ 적용할 부위에 피부 조직이 팽팽하게 고정되도록 텐션을 주고 모발의 성장 반대방향으로 모를 세워서 밀착되도록 도포한다.

⑨ 피부 조직이 팽팽하게 고정되도록 텐션을 주고 모발의 성장방향으로 탄력 있게 링의 형태로 제거한다.

⑩ 제거된 슈가왁스는 다시 손끝으로 동글게 모아서 점성이 떨어지거나 모발이 가득 찰 때까지 다시 사용할 수 있다.

⑪ 슈가왁스는 1인 고객에 한해 전처리를 위생적으로 하고 약 2~3번 이상 사용한다.

⑫ 모앤블링 수분토너 또는 일회용 해면으로 피부의 왁스 잔여물을 제거한다(호호바오일 등).

⑬ 왁스로 제거되지 못한 모발을 트위저를 사용하여 모발의 성장방향으로 제거한다.

⑭ 트위저 사용 시 피부 텐션, 모발의 성장방향으로 제거, 진정 동작이 모두 적용되어야 한다.

⑮ 모앤블링 수딩젤을 도포하여 즉각 진정시켜 준다.

⑯ 모앤블링 병풀추출물 함유 보습크림 도포로 피부 장벽 강화 및 유 · 수분을 공급해 보습해준다.

⑰ 고객에게 홈케어 사후 관리 및 주의사항을 안내한다.

(5) 제모부위 : 다리 / 제품선택 : 슈가왁스

① 왁스 워머기 세팅 및 손소독하기.

② 일회용 위생장갑을 반드시 착용한다(손소독).

③ 모앤블링 클렌저 및 모앤블링 수딩토너로 피부결 정돈 및 수분공급, 피부표면을 정리해준다.

④ 관리 부위의 유 · 수분을 제거하고 피부를 물리적으로 보호할 수 있도록 탈컴파우더를 모발의 성장 반대방향과 성장방향으로 도포한다.

⑤ 고객의 피부에 왁스를 도포하기 전에 적외선 온도계로 왁스 온도를 측정하거나 왁싱 시술자의 안쪽 팔목에 온도 테스트를 한다.

⑥ 먼저 섹션을 나눠서 맨 아래부터 맨 안쪽부터 시술한다.
발가락 → 발등 → 발목 → 다리 하퇴부 안쪽 → 다리 대퇴부 안쪽 → 다리 하퇴부 정면 → 무릎 → 다리 대퇴부 정면 → 하퇴부 바깥쪽 → 다리 대퇴부 바깥쪽 → 다리 후면.

⑦ 모발의 성장방향을 확인하고, 위생장갑을 착용한 손으로 적당한 양의 왁스를 잡아 손 끝에 동글게 모아준다.

⑧ 적용할 부위에 피부 조직이 팽팽하게 고정되도록 텐션을 주고 모발의 성장 반대방향으로 모를 세워서 밀착되도록 도포한다.
⑨ 피부 조직이 팽팽하게 고정되도록 텐션을 주고 모발의 성장 방향으로 탄력 있게 링의 형태로 제거한다.
⑩ 제거된 슈가왁스는 다시 손끝으로 동글게 모아서 점성이 떨어지거나 모발이 가득찰 때까지 다시 사용할 수 있다.
⑪ 슈가왁스는 1인 고객에 한해 전처리를 위생적으로 하고 약 2~3번 이상 사용한다.
⑫ 모앤블링 수분토너 또는 일회용 해면으로 피부의 왁스 잔여물을 제거한다(호호바오일).
⑬ 왁스로 제거되지 못한 모발을 트위저를 사용하여 모발의 성장방향으로 제거한다.
⑭ 트위저 사용 시 피부 텐션, 모발의 성장방향으로 제거, 진정 동작이 모두 적용되어야 한다.
⑮ 모앤블링 수딩젤을 도포하여 즉각 진정시켜 준다.
⑯ 모앤블링 병풀추출물 함유 보습크림 도포로 피부 장벽 강화 및 유 · 수분을 공급해 보습해준다.
⑰ 고객에게 홈케어 사후 관리 및 주의사항을 안내한다.

(6) 제모부위 : 겨드랑이 / 제품선택 : 슈가왁스

① 왁스 워머기 세팅 및 손소독하기.
② 일회용 위생장갑을 반드시 착용한다(손소독).
③ 모앤블링 클렌저 및 모앤블링 수딩토너로 피부결 정돈 및 수분공급, 피부표면을 정리해준다.
④ 관리 부위의 유 · 수분을 제거하고 피부를 물리적으로 보호할 수 있도록 탈컴파우더를 모발의 성장 반대방향과 성장방향으로 도포한다.
⑤ 고객의 피부에 왁스를 도포하기 전에 적외선 온도계로 왁스 온도를 측정하거나 왁싱 시술자의 안쪽 팔목에 온도 테스트를 한다.
⑥ 먼저 섹션을 나눠서 맨 아래부터 맨 안쪽부터 시술한다.
⑦ 모발의 성장방향을 확인하고, 위생장갑을 착용한 손으로 적당한 양의 왁스를 잡아 손 끝에 동글게 모아준다.

⑧ 적용할 부위에 피부 조직이 팽팽하게 고정되도록 텐션을 주고 모발의 성장 반대방향으로 모를 세워서 밀착되도록 도포한다.

⑨ 피부 조직이 팽팽하게 고정되도록 텐션을 주고 모발의 성장방향으로 탄력 있게 링의 형태로 제거한다.

⑩ 제거된 슈가왁스는 다시 손끝으로 동글게 모아서 점성이 떨어지거나 모발이 가득 찰 때까지 다시 사용할 수 있다.

⑪ 슈가왁스는 1인 고객에 한해 전처리를 위생적으로 하고 약 2~3번 이상 사용한다.

⑫ 모앤블링 수분토너 또는 일회용 해면으로 피부의 왁스 잔여물을 제거한다(호호바오일).

⑬ 왁스로 제거되지 못한 모발을 트위저를 사용하여 모발의 성장방향으로 제거한다.

⑭ 트위저 사용 시 피부 텐션, 모발의 성장방향으로 제거, 진정 동작이 모두 적용되어야 한다.

⑮ 모앤블링 수딩젤을 도포하여 즉각 진정시켜 준다.

⑯ 모앤블링 병풀추출물 함유 보습크림 도포로 피부 장벽 강화 및 유 · 수분 공급으로 보습해준다.

(7) 얼굴 전체 제모하기

① 왁스 워머기 세팅 및 손소독하기.

② 일회용 위생장갑을 반드시 착용한다(손소독).

③ pH 5.5 약산성 클렌저 및 수딩토너로 피부결 정돈 및 수분공급, 피부표면을 정리해준다.

④ 관리 부위의 유 · 수분을 제거하고 피부를 물리적으로 보호할 수 있도록 식물성 오일 또는 탈컴 파우더를 도포한다.

⑤ 고객의 피부에 왁스를 도포하기 전에 적외선 온도계로 왁스 온도를 측정하거나 왁싱 시술자의 안쪽 팔목에 온도 테스트를 한다.

⑥ 섹션을 나눠서 시술한다.

⑦ 모발의 성장방향을 확인하고, 피부 조직이 팽팽하게 고정되도록 텐션을 주고 스파츌라를 이용해 도포한다.

⑧ 적당한 양의 왁스를 모발 성장방향으로 도포하고, 제거할 때 찢어지거나 끊어지지 않도록 사용 제품의 권장 두께로 균일하게 도포한다.

⑨ 패치의 손잡이 부분은 모발이 없는 부위를 선택하여 패치를 제거하기 전에 통증이 발생하기 않도록 주의한다.

⑩ 실내 온도가 높거나 습하면 왁스가 굳는 시간이 오래 걸리므로 관리 시간을 단축하기 위해 왁스를 빠르게 굳히는 탈컴파우더를 사용할 수 있다.

⑪ 피부 조직이 팽팽하게 고정되도록 텐션을 주고 피부 조직과 패치 제거방향의 각도를 약 45도 이하로 유지하여 제거한 뒤 빠르게 시술 부위를 눌러 피부 통증을 진정시킨다.

⑫ 짧은 모발 혹은 모발의 성장 각도가 너무 낮아서 제거되지 못한 모발을 성장 반대방향으로 도포하여 성장방향으로 제거한다.

⑬ 왁스 전용 오일을 이용하여 피부의 왁스 잔여물을 제거한다(호호바오일).

⑭ 왁스로 제거되지 못한 모발을 트위저를 사용하여 모발의 성장방향으로 제거한다.

⑮ 트위저 사용 시 피부 텐션, 모발의 성장 방향으로 제거, 진정 동작이 모두 적용되어야 한다.

⑯ 수분 수딩젤을 도포하여 즉각 진정시켜 준다.

⑰ 수분진정팩(단일성분) 또는 수분진정앰플, 모델링팩(5분 이내로만)으로 진정시켜 준다.

⑱ 병풀추출물 함유 보습크림 도포로 피부 장벽 강화 및 유 · 수분을 공급해 보습해준다.

⑲ 고객에게 풀페이스왁싱 홈케어 사후 관리 및 주의사항을 안내한다.

2장 NCS 왁싱 실기 교육과정

1. 피부미용 기초제모(능력단위(2)) 절차화되고 일상적인 과업을 수행하는 수준

능력단위요소	수행준거
팔 제모하기	• 팔 제모를 위한 왁스를 선택하고 제모에 필요한 도구를 준비할 수 있다. • 팔 제모 부위의 털 길이를 조절하고 유수분 제거 후 파우더를 도포할 수 있다. • 왁스가 도포된 피부에 스트립을 붙이고 털이 난 반대방향으로 제거할 수 있다. • 제모 부위의 잔여 왁스를 제거한 후 진정 제품으로 마무리할 수 있다.
다리 제모하기	• 다리 제모를 위한 왁스를 선택하고 제모에 필요한 도구를 준비할 수 있다. • 다리 제모 부위의 털 길이를 조절하고 유 · 수분을 제거 후 파우더를 도포할 수 있다. • 왁스가 도포된 피부에 스트립을 붙이고 털이 난 반대방향으로 제거할 수 있다. • 제모 부위의 잔여 왁스를 제거한 후 진정 제품으로 마무리할 수 있다.
겨드랑이 제모하기	• 겨드랑이 제모를 위한 왁스를 선택화고 제모에 필요한 도구를 준비할 수 있다. • 겨드랑이 제모 부위의 털 길이를 조절하고 유 · 수분을 제거 후 파우더를 도포할 수 있다. • 왁스 온도를 체크한 후 털이 난 반대방향으로 왁스 도포 후 다시 털이 난 방향으로 반복하여 왁스를 도포할 수 있다. • 굳어진 왁스를 털이 난 방향과 반대방향으로 텐션을 주며 순차적으로 제거할 수 있다. • 제모 부위의 잔여 왁스를 제거한 후 진정 제품으로 마무리할 수 있다.

2. 직무수행 요건

구분	상세내용
지식	• 피부 구조와 생리학 • 신체 부위별 체모의 성장과 특징 • 피부관리학 • 공중위생관리법 • 제모 시 주의사항
기술	• 제모방법 능력 • 진정방법 능력
태도	• 고객을 편안하고 안정적으로 배려하는 태도 • 신체 부위 노출을 삼가려는 배려심 있는 태도

3. 피부미용 응용제모(능력단위(5)) 매우 복잡하고 비일상적인 과업을 수행할 수 있는 능력

능력단위요소	수행준거
얼굴 제모하기	• 얼굴 제모를 위한 왁스를 선택하고 제모에 필요한 도구를 준비할 수 있다. • 제모하고자 하는 얼굴 부위의 유 · 수분을 제거하고 파우더를 도포할 수 있다. • 왁스 온도를 체크한 후 털이 난 반대방향으로 왁스 도포 후 다시 털이 난 방향으로 반복하여 왁스를 도포할 수 있다. • 굳어진 왁스를 털이 난 방향과 반대방향으로 텐션을 주며 순차적으로 제거할 수 있다. • 제모 부위의 잔여 왁스를 제거한 후 진정 제품으로 마무리할 수 있다.
몸매 제모하기	• 몸매 제모를 위한 왁스를 선택하고 제모에 필요한 도구를 준비할 수 있다. • 제모하고자 하는 몸매 부위 피부를 습포로 닦아낸 후 건조시킨다. • 제모하고자 하는 몸매 부위의 유 · 수분을 제거하고 파우더를 도포할 수 있다. • 왁스 온도를 체크한 후 털이 난 반대방향으로 왁스 도포 후 다시 털이 난 방향으로 반복하여 왁스를 도포할 수 있다. • 굳어진 왁스를 털이 난 방향과 반대 방향으로 텐션을 주며 순차적으로 제거할 수 있다. • 제모 부위의 잔여 왁스를 제거한 후 진정 제품으로 마무리할 수 있다.

4. 직무수행 요건

구분	상세내용
지식	• 피부 구조와 생리학 • 신체 부위별 체모의 성장과 특징 • 피부관리학 • 공중위생관리법 • 제모 시 주의사항
기술	• 제모방법 능력 • 진정방법 능력
태도	• 고객을 편안하고 안정적으로 배려하는 태도 • 신체 부위 노출을 삼가려는 배려심 있는 태도

5. NCS 기반 미용제모 실무평가

피부미용 응용제모	얼굴 제모하기	기본이해 테크닉 마무리	얼굴제모를 위한 왁스를 선택하고 제모에 필요한 도구를 준비하였는지 평가한다.			
			제모하고자 하는 얼굴 부위의 유 · 수분을 제거하고 파우더를 도포하였는지 평가한다.			
			왁스 온도를 체크한 후 털이 난 반대방향으로 텐션을 주며, 순차적으로 제거하였는지 평가한다.			
			제모 부위의 잔여 왁스를 제거한 후 진정 제품으로 마무리하였는지 평가한다.			
			굳어진 왁스를 털이 난 방향과 반대방향으로 텐션을 주며 순차적으로 제거하였는지 평가한다.			
	몸매 제모하기	기본이해 테크닉 마무리	몸매 제모를 위한 왁스를 선택하고 제모에 필요한 도구를 준비하였는지 평가한다.			
			제모하고자 하는 몸매 부위 피부를 습포로 닦아낸 후 건조시킨다.			
			왁스 온도를 체크한 후 털이 난 반대방향으로 왁스 도포 후 다시 털이 난 방향으로 반복하여 왁스를 도포하였는지 평가한다.			
			굳어진 왁스를 털이 난 방향과 반대방향으로 텐션을 주며 순차적으로 제거하였는지 평가한다.			

6. 실습 포트폴리오

1) 팔 제모하기(사진)

제품 세팅 목록 및 위생세팅 사진	
제품 세팅 목록	위생세팅 사진
팔 제모(전)	팔 제모(후)

2) 다리 제모하기(사진)

제품 세팅 목록 및 위생세팅 사진	
제품 세팅 목록	위생세팅 사진
다리 제모(전)	다리 제모(후)

3) 겨드랑이 제모하기(사진)

제품 세팅 목록 및 위생세팅 사진	
제품 세팅 목록	위생세팅 사진
겨드랑이 제모(전)	겨드랑이 제모(후)

4) 얼굴 제모하기(사진)

<table>
<tr><th colspan="2">제품 세팅 목록 및 위생세팅 사진</th></tr>
<tr><td>제품 세팅 목록</td><td>위생세팅 사진</td></tr>
<tr><td></td><td></td></tr>
<tr><td>얼굴 제모(전)</td><td>얼굴 제모(후)</td></tr>
<tr><td></td><td></td></tr>
</table>

5) 비키니라인 제모하기(사진)

제품 세팅 목록 및 위생세팅 사진	
제품 세팅 목록	위생세팅 사진
비키니라인 제모(전)	비키니라인 제모(후)

6) 뒷목라인 제모하기(사진)

제품 세팅 목록 및 위생세팅 사진	
제품 세팅 목록	위생세팅 사진
뒷목 제모(전)	뒷목 제모(후)

7) 복부 제모하기(사진)

제품 세팅 목록 및 위생세팅 사진	
제품 세팅 목록	위생세팅 사진
복부 제모(전)	복부 제모(후)

8) 가슴 제모하기(사진)

제품 세팅 목록 및 위생세팅 사진	
제품 세팅 목록	위생세팅 사진
가슴 제모(전)	가슴 제모(후)

9) 등 제모하기(사진)

제품 세팅 목록 및 위생세팅 사진	
제품 세팅 목록	위생세팅 사진
등 제모(전)	등 제모(후)

10) 제모 마무리하기(사진)

제모 순서	
팔관리	다리관리
얼굴관리	몸매관리

Custom

Waxing

◆Part 3◆
한국미용기술교육협회 왁싱 필기 예상문제

CHAPTER 01

미용왁싱학 및 피부학

1 미용왁싱의 역사

01 고대 이집트의 여성이 제모를 한 이유를 고르시오.

① 아름다움의 상징이며 청결과 순수를 나타내는 의미였다.
② 전염병을 없애기 위해 하였다.
③ 둥글고 넓은 이마가 고귀함의 상징이었다.
④ 털을 제거하지 않은 계층은 부유층이다.

해설 신은 털이 없다고 믿어 신성함을 나타내었고, 아름다움의 상징이며 청결과 순수를 나타내는 의미였다.

정답: ①

02 고대 그리스 · 로마시대에 긁어서 제모를 한 도구를 고르시오.

① 족집게 ② 스트리길
③ 제모크림 ④ 살아있는 조개

해설 이 도구는 목욕하기 전에 사용하였고, 운동선수들이 주로 사용하였다.

정답: ②

03 고대 그리스 · 로마시대부터 필수로 제거하는 곳에 쓰이던 식물성분을 고르시오.

① 송진 ② 밀랍

③ 면도날 ④ 수산화나트륨

해설 소나무과의 나무가 손상을 입었을 때 분비물

정답: ①

2 모발생리학

01 표피가 각질화되는 순서로 바르게 나열한 것은?

① 기저층 → 유극층 → 과립층 → 투명층 → 각질층
② 각질층 → 투명층 → 과립층 → 유극층 → 기저층
③ 유극층 → 기저층 → 투명층 → 과립층 → 각질층
④ 기저층 → 과립층 → 유극층 → 투명층 → 각질층

정답: ①

02 색소형성세포(melanocyte)에 대한 설명으로 옳지 않은 것은?

① 기저층에 위치한다.
② 자외선으로부터 피부를 보호하는 역할을 한다.
③ 멜라닌 합성이 결핍되면 백색증을 유발한다.
④ 멜라닌 세포의 수에 따라 피부색이 결정된다.

해설 피부색은 멜라닌 세포의 수가 아닌 멜라닌 양과 크기 차이에 의해 결정되며, 멜라닌 세포의 수는 인종과 관계없이 일정하다.

정답: ④

03 각질세포의 각화주기는?

① 약 7일

② 약 14일

③ 약 28일

④ 약 35일

정답: ③

04 표피의 구조 중 엘라이딘(elaidin)이라는 반유동성 물질이 함유되어 투명한 느낌을 주는 층은?

① 각질층

② 투명층

③ 과립층

④ 유극층

해설 투명층에 대한 설명이다. 투명층은 약 2~3층의 편평한 무핵세포로 엘라이딘이라는 물질을 함유하여 투명하며 손, 발바닥에 존재한다. 손, 발바닥의 피부와 다른 부위의 피부를 비교해보면 투명한 느낌이 드는 것을 알 수 있다.

정답: ②

05 진피를 구성하고 있는 요소 중 탄력을 관장하는 것은?

① 히스타민
② 히아루론산
③ 케라티노사이트
④ 머켈세포

정답: ②

06 한선의 일종으로 특정 부위에만 분포하며 독특한 체취가 특징인 것은?

① 소한선
② 대한선
③ 피지선
④ 에크린선

해설 대한선(아포크린선)은 겨드랑이, 유두, 생식기, 항문, 배꼽 등에 분포하며, 분비 후 세균에 의해 독특한 체취가 나는 것이 특징이다.

정답: ②

07 피부의 기능에 해당되지 않는 것은?

① 저장작용
② 흡수작용
③ 호흡작용
④ 조혈작용

해설 피부는 보호, 체온조절, 호흡, 비타민D 합성, 흡수, 저장, 감각, 분비작용을 한다.

답: ④

08 케라틴의 합성을 돕는 물질로서 모발, 손발톱, 피부 등의 건강에 관여하는 물질은?

① 칼슘

② 유황

③ 인

④ 철

해설 유황은 모발, 머리카락 등의 주성분인 케라틴의 합성을 돕는 물질이며, 아미노산인 시스테인, 시스틴 등에 함유되어 있다.

정답: ②

09 작은 자극에도 예민하게 반응하고 피부 트러블이 쉽게 일어나는 피부 유형은?

① 건성피부 ② 복합성피부

③ 지성피부 ④ 민감성피부

정답: ④

10 3대 열량영양소에 해당되지 않는 것은?

① 탄수화물 ② 단백질
③ 무기질 ④ 지방

해설 3대 열량영양소는 탄수화물, 단백질, 지방이다.

정답: ③

11 피부병변의 발진 형태로 원발진에 속하는 것은?

① 낭종 ② 미란
③ 가피 ④ 변지

정답: ①

12 피부에 감각점이 가장 많이 분포하여 가장 예민한 감각은?

① 통각 ② 촉각
③ 냉각 ④ 온각

해설 피부에 가장 많은 감각점은 통각점으로 1cm2당 평균 100~200개, 압점 100개, 촉각점 25개, 한각점 12개, 온각점 2개가 존재한다.

정답: ①

CHAPTER 02 모발생리학

2 모발의 모주기

01 모발의 성장주기가 올바른 것은?

① 성장기-휴지기-퇴행기-발생기
② 퇴행기-휴지기-발생기-성장기
③ 퇴행기-발생기-휴지기-성장기
④ 성장기-퇴행기-휴지기-발생기

해설 모발은 성장기-퇴행기-휴지기-발생기의 성장주기를 갖는다.

정답: ④

02 성장기 모발의 특징이 아닌 것은?

① 모세혈관으로부터 영양분을 공급받는다.
② 하루 평균 0.38~0.44mm 정도 자라난다.
③ 세포분열이 가장 왕성한 시기이다.
④ 전체 모발의 1%를 차지한다.

해설 성장기 모발은 전체 모발의 80~90%를 차지한다.

정답: ④

03 가벼운 빗질에 의해서도 모발이 탈락되는 시기는?

① 성장기　　② 휴지기
③ 퇴행기　　④ 발생기

해설 휴지기 모구부와 모유두가 완벽하게 떨어진 상태로 모발 자체가 모낭 안에 그냥 존재하고 있는 상태로 가벼운 자극에도 손쉽게 탈락된다.

정답: ②

04 휴지기 모주기의 특징으로 올바른 것은?

① 대사 과정이 느려지는 시기
② 전체 모발의 1%를 차지함
③ 모구부와 모유두가 떨어진 상태
④ 모구부의 수축으로 모유두와 분리 시작

해설 휴지기 모주기는 모구부와 모유두가 떨어진 상태로 가벼운 빗질에 의해서도 모발의 탈락이 일어난다.

정답: ③

05 다음 중 네모 안에 설명이 의미하는 것은?

모발이 탈락되기 시작하는 시기로 전체 모발의 10~15%를 차지한다.

① 성장기 ② 휴지기
③ 퇴행기 ④ 발생기

해설 휴지기는 모구부와 모유두가 떨어진 상태로 모발이 탈락되기 시작하는 시기이다.

정답: ②

06 모발 성장 속도의 순서로 맞는 것은?

① 낮 〉 밤 , 봄·여름 〉 가을·겨울
② 밤 〉 낮 , 가을·겨울 〉 봄·여름
③ 낮 〉 밤 , 가을·겨울 〉 봄·여름
④ 밤 〉 낮 , 봄·여름 〉 가을·겨울

해설 모발은 낮보다는 밤에 세포분열이 왕성하므로 성장 속도가 빠르며 계절상 봄·여름이 가을·겨울보다 성장 속도가 빠르다.

정답: ①

07 신체 부위별 일일 성장 속도로 올바른 것은?

① 눈썹 〈 수염 〈 모발 〈 겨드랑이

② 겨드랑이 〈 수염 〈 모발 〈 눈썹

③ 눈썹 〈 겨드랑이 〈 수염 〈 모발

④ 모발 〈 겨드랑이 〈 눈썹 〈 수염

해설 신체 부위별 일일 성장 속도는 눈썹 0.18mm 〈 겨드랑이 0.23mm 〈 수염 0.27~0.38mm 〈 모발 0.37~0.44mm이다.

정답: ③

2 모발과 호르몬

01 뇌하수체를 담당하는 호르몬으로 올바르지 않은 것은?

① 성장호르몬
② 갑상샘 자극 호르몬
③ 에스트로겐
④ 항이뇨 호르몬

해설 에스트로겐은 난소의 호르몬이다.

정답: ③

02 갑상선호르몬의 주 성분은?

① 요오드
② 아미노산
③ 비타민D
④ 셀레늄

해설 요오드는 체내 대사율을 조절하는 갑상선호르몬인 티록신의 필수 무기질이다.

정답: ①

03 호르몬과 관련이 없는 모발은?

① 정수리모(두정부) ② 음모
③ 속눈썹 ④ 겨드랑이털

해설 호르몬과 관련이 없는 모발은 무릎 이하의 다리털, 뒷머리(후두부), 눈썹과 속눈썹이다.

정답: ③

04 모발의 성장을 촉진시키며 체모의 성장을 지연시켜 주는 호르몬은?

① 프로게스테론 ② 릴랙신
③ 에스트로겐 ④ 안드로겐

해설 에스트로겐은 모발의 성장을 증진시키며 체모의 성장을 지연시킨다.

정답: ③

05 부신호르몬의 특징으로 올바르지 않은 것은?

① 성 생식계 발달, 성 기능에 영향을 준다.
② 포도당 분해를 촉진시켜 몸의 체온을 상승시킨다.
③ 체내이온균형, 혈액량과 혈압을 조절한다.
④ 신경 전달물질, 강한 신경성 자극을 조절한다.

해설 갑상선에서 분비되는 호르몬은 세포의 이화작용을 촉진하고, 기초대사량을 높여 체온을 높이고 뇌의 흥분을 강화한다.

정답: ②

3 모발의 구조

01 모발의 구성원소 중 아닌 것은?

① 탄소 ② 산소
③ 케라틴 ④ 황

해설 케라틴은 구성요소이다.

정답: ③

02 털이 자라나 올라오는 곳은?

① 모낭 ② 모근
③ 모유두 ④ 모모세포

해설 털은 모낭에서 자란다.

정답: ①

03 모간과 관계되는 구조 중 아닌 것은?

① 엑소큐티클 ② 모소피
③ 모수질 ④ 모피질

해설 모피질 중 큐티클의 3종류는 에피큐티클. 엑소큐티클. 엔도큐티클

정답: ①

04 무엇에 대한 설명인가?

벌집모양의 다각형 세포. 멜라닌 색소 포함. 보온의 역할

① 모수질
② 모소피
③ 모표피
④ 케라틴

해설 벌집모양의 다각형 세포가 가로 방향으로 나열되어 있다. 공기를 머금어 보온역할을 한다.

정답: ①

05 모발의 기능이 아닌 것은?

① 모발간 공간형성
② 노폐물 배출
③ 남성, 여성의 특징 부여
④ 세정의 기능

해설 충격완화. 온도유지. 보호기능. 이물질 투입방지. 배출기능. 장식의 기능

정답: ④

06 모발 색을 결정짓는 멜라닌 색소를 만드는 세포는?

① 각질형성세포
② 멜라노사이트
③ 머켈세포
④ 랑게르한스세포

해설 멜라노사이트는 모발 생성 시 케라티노사이트와 함께 세포분열을 통해 모발을 생성한다.

정답: ②

4 모근의 구조 및 기능

01 무엇에 대한 설명인가?

- 모근부의 상부 1/3 지점에 위치
- 신경의 지배는 받지 않는 부위 중 하나
- 꽈리모양이나 포도송이모양

① 모낭하부
② 입모근
③ 피지선
④ 모구부

해설 남성호르몬, 황체호르몬, 식생활, 스트레스 등 내적 자극에 영향을 많이 받는 반면 신경의 지배는 받지 않는 부위 중 하나이다.

정답: ③

02 다음 설명과 가까운 것은?

- 입모근 아래부터 모구부 아래부위까지의 부위
- 혈관으로부터 영양을 공급받아 세포분열을 통한 모발생성을 하는 부분

① 모낭하부
② 입모근
③ 피지선
④ 모구부

정답: ①

03 모발의 생성과 탈모, 문제성 두피 발생과 관련이 깊으며, 모근의 손상이나 모낭의 위축, 모유두 손상 등 모발의 생성을 저해하는 요인을 하는 부위는?

① 모근

② 모세혈관

③ 자율신경

④ 한선

해설 모발 성장에 중요한 역할을 하는 모근도 그 조직은 두피의 일부이기 때문에 두피의 손상과 이상은 모근의 이상으로 이어지는 것으로 볼 수 있고, 결국 모근의 특징이 곧 두피의 특징이 된다.

정답: ①

04 내모근초와 ( )는 모표피 외측에서 모근부 위의 방향으로 세포가 분열되면서 만들어진다.

① 내모근초　② 외모근초

③ 모모 세포　④ 결직초

해설 이들도 모낭을 위로 밀어 올려, 이미 각화하고 있는 가운데에서도 모발을 보호하면서 표피로 향한다.

정답: ②

5 모간의 구조 및 기능

01 모간과 관계되는 구조는?

① 엑소큐티클 ② 에피큐티클
③ 모낭 ④ 엔도큐티클

해설 모피질 중 큐티클의 3종류는 에피큐티클. 엑소큐티클. 엔도큐티클

정답: ①

02 0.09mm 이상의 굵은 모발에만 있으며, 연모에는 없는 것은?

① 모소피 ② 피질 세포
③ 모수질 ④ 외모근초

해설 모수질 부분은 공포(空 胞)로 가득 찬 벌집모양의 다각형 세포로 나열되어 있으며, 그 기능과 성분에 대해서는 명확하게 밝혀져 있지 않다.

정답: ③

03 모발의 유연성, 탄력, 강도 등 모발의 성질을 나타내는 가장 중요한 부분이라 할 수 있는 부분은?

① 모소피 ② 피질 세포
③ 모피질 ④ 모표피

해설 모피질은 모발의 유연성, 탄력, 강도, 감촉, 질감, 색상 등 모발의 물리, 화학적 성질을 좌우하고 있어 모발의 성질을 나타내는 가장 중요한 부분이라 할 수 있다.

정답: ③

04 모표피의 3겹 간충물질이 아닌 것은?

① 에피큐티클 ② 엑소큐티클
③ 엔도큐티클 ④ 결직초

정답: ①

05 모간부가 아닌 것은?

① 모소피 ② 모유두
③ 모피질 ④ 모수질

해설 모유두는 모근부이다.

정답: ②

6 내분비계 호르몬

01 단독 내분비선에 해당되지 않는 것은?

① 부갑상선
② 송과선
③ 난소
④ 뇌하수체

해설 혼합형 분비선으로는 소화계-췌장(이자), 남녀생식계-고환, 난소

정답: ③

02 내분비계의 기능 중 틀린 것은?

① 체내의 항상성 유지(영양, 대사, 분비활동, 수분과 염의 균형 유지)
② 스트레스 조절
③ 성장, 발육, 생식에 대한 조절
④ 체내에너지 생산, 이용, 저장

해설 외부 자극에 대한 반응이 포함된다.

정답: ②

03 호르몬의 부작용으로 틀린 것은?

① 여성은 턱수염, 굵은 수염 발생
② 과도한 피지분비
③ 여드름이나 블랙헤드 발생
④ 과다한 땀분비

해설 다낭성난소증후군으로 여드름 발생

정답: ④

04 아드레날린에 대한 설명으로 아닌 것은?

① 혈당과 심장박동수 감소
② 당류 코르티코이드 분비 촉진
③ 갑상선 호르몬 분비 촉진으로 인체 대사 관여
④ 혈압상승, 기관지 확장

해설 혈당과 심장박동수가 증가한다.

정답: ①

05 내분비계 호르몬이 아닌 것은?

① 선
② 호르몬
③ 표적 세포
④ 림프계

해설 내분비계(호르몬계)란 선(gland), 호르몬(hormones), 표적 세포(target cell) 3가지 부분으로 나뉘어진다.

정답: ④

06 호르몬이 하는 일이 다른 것은?

① 갑상선자극호르몬
② 부신피질자극호르몬
③ 성선자극호르몬
④ 성장호르몬

해설 갑상선자극호르몬, 부신피질자극호르몬, 성선자극호르몬(난포자극호르몬과 황체형성호르몬), 유선자극호르몬은 이름 그대로 각 부위에 작용하여 호르몬의 분비를 촉진시킨다. 나머지 하나인 성장호르몬은 몸 전체의 발육에 관여한다.

정답: ④

07 다음은 무엇에 대한 설명인가?

• 각 호르몬의 분비를 촉진하는 호르몬을 분비한다. 이른바 호르몬의 중추이다.

① 뇌하수체
② 갑상선
③ 부신
④ 췌장

정답: ①

08 다음은 무엇에 대한 설명인가?

- 목 바로 밑에 있는 갑상선은 몸 전체의 세포를 활성화하는 호르몬을 분비한다.
- 이것은 체온조절, 심장과 소화기의 발육 등에도 관여한다.

① 뇌하수체 ② 갑상선
③ 부신 ④ 췌장

정답: ②

09 다음은 무엇에 대한 설명인가?

- 좌우 신장의 위쪽에 있는 부신에서는 체액의 균형을 조정하는 호르몬
- 혈액 중의 포도당을 조절하는 호르몬 등이 분비된다.

① 뇌하수체 ② 갑상선
③ 부신 ④ 췌장

정답: ③

10 다음은 무엇에 대한 설명인가?

• 췌장의 랑게르한스섬이라 불리는 세포군에서 체내에 포도당을 받아들이는 인슐린이라는 호르몬이 분비된다.

① 뇌하수체　② 갑상선
③ 부신　④ 췌장

정답: ④

11 잘못 연결된 것은?

① 갑상샘자극호르몬 방출호르몬 - 뇌하수체 전엽
② 부신겉질자극호르몬 방출호르몬 - 뇌하수체 전엽
③ 성장호르몬 방출호르몬 - 뇌하수체 전엽
④ 갑상샘자극호르몬 - 뇌하수체 전엽

해설 ①②③은 시상하부가 내분비샘이며, 표적기관은 뇌하수체 전엽이며, 갑상샘자극호르몬은 뇌하수체 전엽이 내분비샘이며 갑상샘이 표적기관이다.

정답: ④

12 바르게 연결된 것은?

① 황체호르몬-난소
② 황체호르몬-뼈
③ 황체호르몬-근육
④ 황체호르몬-신체조직

해설 ① 황체호르몬-난소(난소여포의 성숙 estrogen 분비)와 고환(정자 생성에 필수)이다.

정답: ①

13 바르게 연결된 것은?

① 프로락틴-체모
② 프로락틴-유선샘
③ 프로락틴-근육
④ 프로락틴-피부

해설 ① 황체의 유지, progesterone 분비, 유즙분비 촉진

정답: ②

14 다음은 무엇에 대한 설명인가?

> • 1차성 - 장기 자체에 질환이 있는 경우
> • 2차성 - 뇌하수체와 호르몬에 문제가 생긴 경우
> • 3차성 - 시상하부의 문제로 발생하는 경우

① 스트레스
② 내분비계 질환 원인
③ 면역
④ 내분비계 질환 치료

해설 내분비계 질환은 원인과 관련하여 1차성, 2차성, 3차성으로 나뉜다.

정답: ②

15 다음은 무엇에 대한 설명인가?

• 칼슘의 인과 농도, 대사율 조절. 티록신 부족과 과다로 저하증 항진증이 결정된다.

① 부갑상선　　② 갑상샘

③ 부신수질　　④ 송과선

해설 칼시토닌은 칼슘의 인과 농도, 대사율 조절(혈액 속의 칼슘 농도가 높을 때 그 양을 저하시킨다. 티록신 부족 시 갑상샘 기능저하증으로 아이는 크레틴병(성장이 정체), 성인(점액수종), 티록신 과잉 시 갑상샘 기능항진증으로 바제도병(그레이브스병)이 발병된다.

정답: ②

CHAPTER 03 해부생리학

1 세포와 조직

01 뇌신경이 몇쌍인지 고르시오.

① 12쌍 ② 8쌍
③ 5쌍 ④ 1쌍

해설 후각시경으로 시각신경, 눈돌림신경, 도르레신경, 삼차신경, 갓돌림신경, 얼굴신경, 속귀신경, 미주신경, 더부신경, 혀밑신경, 혀인두신경, 각 한쌍씩 존재한다.

정답 : ①

2 뼈대(골격) 계통

01 뼈대의 기능이 아닌 것을 고르시오.

① 보호 기능 ② 지지 기능

③ 저장 기능 ④ 열 생산 기능

해설 열 생산은 근육계의 기능이다.

정답: ④

02 얼굴뼈가 아닌 것을 고르시오.

① 위턱뼈 ② 보습뼈

③ 눈물뼈 ④ 등자뼈

해설 망치뼈, 모루뼈, 등자뼈는 관자뼈의 가운데 귀공간에 있는 작은 뼈이다.

정답: ④

03 뼈(골)의 형태가 아닌 것을 고르시오.

① 단단한 부분과 그 안의 골수, 부드러운 연골로 구성되어 있다.

② 안쪽 빈 공간의 골수는 젤리처럼 연하다.

③ 체내 칼슘의 99%, 인의 90%가 뼈에 있다.

④ 단단한 정도는 단백질 성분에 의해 결정된다.

해설 단단한 정도는 무기질 성분에 의해 결정된다.

정답: ④

04 뼈(골)의 기능이 아닌 것을 고르시오.

① 조혈기능

② 운동기능

③ 지지기능

④ 감각기능

해설 감각기능은 신경 계통이 관여한다.

정답: ④

05 뼈의 기능 중 무기질저장 기능에 대한 설명이 아닌 것을 고르시오.

① 골수공간 내 적색골수에서 일어난다.

② 약 95%의 칼슘과 90%의 인은 인체의 치아와 뼈에 축척되어 있다.

③ 혈중 농도가 저하되면 뼈에 저장된 무기질이 혈액으로 빠져나간다.

④ 무기질 바탕질은 무기질, 칼슘과 인으로 형성되어 있다.

해설 적색골수가 일어나는 것은 조혈기능이다.

정답: ①

06 짧은뼈의 설명으로 맞는 것을 고르시오.

① 관절과 힘줄이 교차하는 곳에서 보이며, 작은 씨앗 모양이며, 개수가 사람마다 차이가 있다.

② 모양이 불규칙한 형태로 구성된 뼈이다.

③ 넓이와 길이가 비슷한 뼈로 내부는 해면뼈와 표면은 치밀뼈로 구성되며, 골수강은 존재하지 않는다.

④ 길이보다 넓이가 큰 뼈로 치밀뼈 사이에서 해면뼈가 있다.

해설 ① 종자뼈의 설명이다.
② 불규칙뼈의 설명이다.
④ 납작뼈의 설명이다.

정답: ③

07 긴뼈가 아닌 것을 고르시오.

① 위팔뼈 ② 종아리뼈
③ 갈비뼈 ④ 손가락뼈

해설 갈비뼈는 납작뼈이다.

정답: ③

3 근육 계통

01 인체의 3가지 근육의 종류가 아닌 것을 고르시오.

① 가로무늬근

② 민무늬근

③ 심근

④ 후두근

해설 후두근은 뒤통수근이다.

정답: ④

02 눈살을 찌푸리고 이마에 주름을 짓게 하는 근육을 고르시오.

① 입둘레근

② 눈둘레근

③ 턱끝근

④ 눈썹주름근

해설 입둘레근 – 입을 열고 닫는다. 눈둘레근 – 눈을 뜨고 감는다.
턱끝근 – 턱의 주름을 만든다.

정답: ④

03 뼈대근육에 대한 설명 중 아닌 것을 고르시오.

① 대부분이 뼈대에 부착되어 있기에 뼈대근육이라 한다.
② 밝고 어두운 띠가 교대로 나타나 뚜렷하다.
③ 밝고 어두운 띠가 뚜렷하지 않다.
④ 운동신경의 지배를 받아 움직일 수 있어 맘대로근이라고 한다.

해설 밝고 어두운 띠가 뚜렷하지 않은 것은 민무늬근육이라 하고 심장근육과 같이 제대로근이다.

정답: ②

04 근육의 기능이 아닌 것을 고르시오.

① 힘줄과 살을 통틀어 운동을 맡은 기관이다.
② 근육은 근막이라는 막에 의해 많은 근섬유가 싸여있는 구조이다.
③ 양쪽엔 콜라겐 섬유의 힘줄이 있다.
④ 장에서 흡수한 지방성분들의 운반통로이다.

해설 림프의 기능 중 장에서 흡수한 지방성분들의 운반통로이다.

정답: ④

05 가로무늬근의 설명 중 아닌 것을 고르시오.

① 심장근 이외의 내장근은 제대로근이라 불린다.

② 전체적인 움직임을 통제하는 기구가 있다.

③ 얼굴표정과 후두, 혀에 관여하는 표정근도 가로무늬근이다.

④ 골격근과 심근과도 같은 형태의 근육으로 다른 이름은 횡문근이다.

해설 제대로근은 불수의근 또는 민무늬근이라고 한다.

정답: ①

06 민무늬근에 대한 설명 중 아닌 것을 고르시오.

① 근육 중 가로무늬가 없고 세포는 가늘다.

② 긴 방추형이며 드물게는 다핵인 것도 있다.

③ 내장이 혈관에 널리 존재하며, 자율신경에 의해 지배되기 때문에 의식적으로 수축시킬 수 없다.

④ 세포질 속의 Z막이 가로줄로 가늘게 이어진다.

해설 Z막이 가로줄로 가늘게 이어진 것은 가로무늬근이다.

정답: ④

07 전신 근육에 대한 설명이 아닌 것을 고르시오.

① 근육계는 대략 650개의 근육으로 이루어져 있다.

② 체중의 약 40~45%를 차지한다.

③ 운동을 담당하는 조직으로 혈관, 신경, 근막, 힘줄 등이 포함되어 있다.

④ 시냅스와 인접한 신경세포의 구조를 통해 신호를 호환한다.

해설 시냅스와 신경세포는 신경계통이다.

정답: ④

4 신경 계통

01 뉴런과 뉴런의 접속 부위를 명칭하는 것을 고르시오.

① 랑비에 결절 ② 신경원
③ 시냅스 ④ 축삭종말

해설 뉴런과 뉴런의 수상돌기 사이의 연접부위이다.

정답: ③

02 뇌신경과 척수신경은 각각 몇 쌍인지 고르시오.

① 뇌신경 - 12, 척수신경 - 31 ② 뇌신경 - 11, 척수신경 - 31
③ 뇌신경 - 12, 척수신경 - 30 ④ 뇌신경 - 11, 척수신경 - 30

해설 뇌신경 12쌍, 척수신경 31쌍을 체성신경이라고 한다.

정답: ①

03 전두엽에 대한 설명으로 옳은 것을 고르시오.

① 시각 기억을 처리한다.
② 정서를 조절해 기억을 담당한다.
③ 작업 기억에 필요한 기억을 인출한다.
④ 사실이나 경험 서술 기억을 담당한다.

해설 시각 처리 – 후두엽 / 정서 조절 – 편도체 / 서술 기억 – 해마

정답: ①

04 중추신경이 아닌 것을 고르시오.

① 대뇌 ② 간뇌

③ 연수 ④ 척수

해설 척수는 말초신경이다.

정답: ④

05 뇌 신경의 설명이 아닌 것을 고르시오.

① 감각 신경과 운동 신경이 쌍으로 되어있다.

② 뇌 줄기로 감각 정보를 받아들인다.

③ 후각, 시각, 미각, 청각, 안면 근육과 목, 어깨 근육이 운동명에 해당된다.

④ 운동, 감각, 자율 신호를 모두 전달할 수 있는 신경이다.

해설 척수 신경은 운동, 감각, 자율 신호를 모두 전달할 수 있는 신경이다.

정답: ④

5 순환 계통

01 생명을 유지하는데 사용되는 최소한의 열량을 무엇이라 하는지 고르시오.

① 기초대사량 ② 순환대사량
③ 활동대사량 ④ 상대대사량

해설 최저 칼로리량을 말한다.

정답: ①

02 혈관의 기능이 아닌 것을 고르시오.

① 정맥은 모세혈관으로부터 혈액을 모아서 심장으로 되돌려 보낸다.
② 동맥은 심장에서 나온 혈액을 전신에 있는 모세혈관으로 배분한다.
③ 동맥혈은 이산화탄소가 많이 함유되어 있고, 정맥혈은 산소가 풍부하다.
④ 모세혈관은 세동맥과 세정맥 사이를 잇는 가느다란 혈관이다.

해설 동맥혈은 산소가 풍부하고, 정맥혈은 이산화탄소가 많이 함유되어 있다.

정답: ③

03 림프계통에 대한 설명이 아닌 것을 고르시오.

① 림프계통은 조직 내 체액균형 유지를 돕는다.
② 림프계통은 소화관으로부터 지방과 다른 물질을 흡수한다.
③ 림프계통은 인체의 방어시스템 역할을 한다.
④ 림프계통은 체액을 운반해 나가고 들여온다.

해설 림프계통은 체액을 운반해 나가기만 하고 들여오지 않는다.

정답: ④

04 혈관에 대한 설명이 아닌 것을 고르시오.

① 몸을 보호하고 혈액응고 기능을 한다.

② 구조와 기능에 따라 정맥, 동맥, 모세혈관으로 나뉜다.

③ 사람의 혈관의 무게는 체중의 약 3%이다.

④ 심장에 내보내는 것이 동맥이고, 들어오는 것이 정맥이다.

해설 혈액은 몸을 보호하고 혈액응고 기능을 한다.

정답: ①

05 림프에 대한 설명이 아닌 것을 고르시오.

① 혈액으로부터 유출된 액체를 되돌리는 기능을 한다.

② 림프절을 비롯한 림프기관들의 림프구 생산에 의한 신체방어 작용에 관여한다.

③ 인체의 세포에 산소와 영양소를 공급, 세포의 신진대사에 의해 발생하는 노폐물과 이산화탄소를 회수, 운반하는 역할을 한다.

④ 장에서 흡수한 지방성분들의 운반통로이다.

해설 인체의 세포에 산소와 영양소를 공급, 세포의 신진대사에 의해 발생하는 노폐물과 이산화탄소를 회수, 운반하는 역할을 하는 것은 혈액이다.

정답: ③

6 소화기 계통

01 간의 역할을 고르시오.

① 부신피질호르몬생산
② 음식물의 역류방지
③ 소화와 흡수촉진
④ 담즙의 생성과 분비

해설 담즙을 생성하여 담낭에 저장 후 소장으로 배출하며 지방 분해를 한다.

정답: ④

02 구강의 기능과 특징이 아닌 것을 고르시오.

① 소화관의 첫 부분으로 앞은 입술, 옆은 볼, 위는 경구개와 연구개 아래는 구강 바닥으로 이루어져 있다.
② 소화관의 첫 부분으로 저작, 소화, 미각, 구음 작용을 수행한다.
③ 공명과 조음기능에 중요하게 관여하여 발성에 도움을 준다.
④ 자율신경계의 영향을 받아 아밀라제는 녹말을 포도당과 엿당으로 분해한다.

해설 공명과 조음기능에 중요하게 관여하는 것은 인두이다.

정답: ③

03 간의 기능과 특징이 아닌 것을 고르시오.

① 음식물의 수분, 전해질, 비타민을 재흡수한다.

② 인체에서 가장 큰 장기로 재생력이 강하다.

③ 체내에 들어온 유해물질을 해독한다.

④ 탄수화물 대사에 관여하여 글리코겐의 형태로 에너지를 저장한다.

해설 음식물의 수분, 전해질, 비타민을 재흡수하는 것은 대장의 기능이다.

정답: ①

04 소화와 흡수의 설명이 아닌 것을 고르시오.

① 섭취한 음식물과 그 속에 함유되어 있는 여러 가지 영양소를 흡수하기 쉬운 형태로 변화시키는 작용한다.

② 분해된 산물을 혈액 내로 이동시키는 과정이다.

③ 음식물의 섭취, 소화, 분해흡수, 배설의 전 과정을 수행한다.

④ 판막이 발달해 있으며 곳곳에 존재하여 독성물질을 파괴한다.

해설 판막이 발달해 있으며 곳곳에 존재하며 독성물질을 파괴하는 것은 림프관의 특징이다.

정답: ④

CHAPTER 04

왁싱 미용기기 및 화장품학

1 피부 미용기기

01 기체에 높은 열을 가하면 기체를 이루고 있던 원자나 분자가 전자와 이온으로 분리되는 상태의 물질을 무엇이라고 하는가?

① 물질 ② 원소
③ 플라즈마 ④ 화합물

해설 플라즈마는 기체에 높은 열을 가하면 기체를 이루고 있던 원자나 분자가 전자와 이온으로 분리되는 상태의 물질을 뜻한다.

정답: ③

02 하나의 단일 원자로 이루어진 순물질이 아닌 것은?

① 물 H_2O ② 수소 H
③ 철 Fe ④ 금 Au

해설 물(H_2O)은 수소 원소(H) 2개, 산소 원소(O) 1개의 화합물질이다.

정답: ①

03 원자가 안정화를 찾기 위해 원자가 전자의 일부를 다른 원자와 공유하는 결합을 무엇이라 하는가?

① 이중결합
② 공유결합
③ 단일결합
④ 삼중결합

해설 공유결합의 특징을 설명한 글이다.

정답: ②

04 이온결합의 특성으로 알맞은 것은?

① 금속원소의 원자가 모여 금속결정을 만드는 결합
② 전자를 잃고 양이온이 되기 쉬운 입자와 전자를 얻어 음이온이 되기 쉬운 입자 간 전기적인 결합
③ 원자가 안정화를 찾기 위해 원자가 전자의 일부를 다른 원자와 공유하는 결합
④ 2개의 전자쌍을 공유하는 결합

해설 이온결합의 특징을 설명한 글이다.

정답: ②

05 마찰전기라고도 하며 물질 간의 마찰로 전자가 이동하는 전기의 종류는?

① 건전지 ② 동전기
③ 축전지 ④ 정전기

해설 정전기(static electricity)는 물질 간의 마찰로 전자가 이동하는 기능을 한다.

정답: ④

06 직류 전류의 특징 중 틀린 것을 고르시오.

① 일정한 방향으로 흐르는 전류
② 이온 도입법은 평류 전류와 관계가 있다.
③ 리프팅 기기는 단속 평류 전류와 관계가 있다.
④ 전자의 이동으로 마찰력이 열에너지로 전환하여 온도가 높아진다.

해설 전류의 효과 중 열 효과를 나타내는 내용이다.

정답: ④

07 전류의 효과가 아닌 것은?

① 생리 화학적 효과 ② 초음파
③ 생체 전기 ④ 전자기 효과

해설 초음파는 주파수에 따른 분류와 특징 중 하나이며, 온열 효과, 림프순환, 혈액순환을 촉진한다.

정답: ②

08 전기의 종류 중 동전기의 특징이 아닌 것은?

① 자석의 N극과 S극 사이의 코일을 이용하여 발생된다.
② 화학반응으로 건전지, 축전지에 쓰인다.
③ 마찰전기라고도 하며 물질 간의 마찰로 전자가 이동
④ 화학적인 반응이나 자기장에 의해 발생되며 직류와 교류로 나눠진다.

해설 전기의 종류 중 정전기의 특징을 설명한 글이다.

정답: ③

09 교류 전류의 기능이 아닌 것은?

① 비대칭적 교류 전류로 신경 근육, 울혈 제거
② 일정한 방향으로 흐르는 전류
③ 고주파는 열 발생 효과
④ 전류의 방향과 크기가 시간의 흐름에 따라 주기적으로 변하는 전류

해설 직류 전류는 일정한 방향으로 흐르는 전류를 뜻한다.

정답: ②

10 초음파의 효과가 아닌 것은?

① 심부열 발생 ② 피부 세정효과
③ 온열 효과 ④ 림프순환

해설 고주파 전류의 특징이다.

정답: ①

11 고주파 전류 효과가 아닌 것은?

① 신경 진정 효과 ② 피부의 pH 조절
③ 온열 효과 ④ 혈액순환 촉진

해설 초음파의 특징 중 하나이다.

정답: ②

12 다음 내용이 설명하는 것은 무엇인가?

- 1,000Hz~10,000Hz까지의 전류
- 피하 조직층까지만 적용, 피부의 저항이 가장 적어 통증이나 불쾌감이 없다.
- 림프순환 촉진, 근육운동, 부종, 염증 완화

① 중주파 전류 ② 고주파 전류
③ 초음파 ④ 저주파 전류

해설 중주파 전류의 특징이다.

정답: ①

13 다음 내용이 설명하는 것은 무엇인가?

- 진동 주파수가 20,000Hz 이상으로 매우 높아서 소리로 들을 수 없는 진동 음파 (Acoustic Vibration)
- 온열 효과, 림프순환, 혈액순환 촉진, 피부 세정효과, 탄력 증가, 근육 강화, 피부의 pH 조절, 피부재생, 지방 분해 등

① 중주파 전류
② 고주파 전류
③ 초음파
④ 저주파 전류

해설 ③ 초음파의 특징을 설명한 글이다.

정답: ③

14 주파수에 따른 분류의 특징 중 근육의 이완수축작용과 관련이 없는 것은?

① 중주파 전류
② 고주파 전류
③ 초음파
④ 저주파 전류

해설 고주파 전류는 심부열 발생, 온열 효과, 혈액순환 촉진, 신경 진정효과, 피부 탄력 및 재생 효과에 효과적이다.

정답: ②

15 다음 물질에 관한 설명이다. 괄호 안에 알맞은 말을 고르시오.

• 자연계의 다양한 자연 현상을 일으키는 원인인 물질은 ( )와 압력에 따라 고체, 액체, 기체로 존재한다.

① 전자　② 습도
③ 온도　④ 농도

해설 물질은 온도와 압력에 따라 고체, 액체, 기체로 존재한다.

정답: ③

16 2개의 원자가 각각 1개의 전자쌍을 공유하는 결합을 무엇이라고 하는가?

① 단일결합
② 삼중결합
③ 공유결합
④ 이중결합

해설 단일결합의 특징은 2개의 원자가 각각 1개의 전자쌍을 공유한다.

정답: :①

17 액체 상태에서 전류가 흐르는 물질이며, 고체 상태에서는 전류가 흐르지 않는 물질로 알맞은 것은?

① 전기

② 전해질

③ 이온

④ 비전해질

해설 전해질은 고체 상태에서는 전류가 흐르지 않지만 액체 상태에서 전류가 흐르는 성질을 갖고 있다.

정답: ②

18 다음 전기에 관한 설명이다. 괄호 안에 알맞은 말을 고르시오.

> 원자를 구성하는 전자 또는 최외각 궤도의 자유전자나 이온들의 움직임에 의한 에너지의 형태를 전기라고 하고, 크게 음전기와 양전기로 나뉘는데 같은 극은 밀어나는 힘 ( ), 다른 극은 서로 당기는 힘 ( )이 작용한다.

① N극-S극

② 인력-척력

③ 척력-인력

④ S극-N극

해설 같은 극을 밀어내는 힘을 척력, 다른 극을 서로 당기는 힘을 인력이라 한다.

정답: ③

19 전류의 세기가 강약으로 변하며 피부의 긴장감을 부여해 통증 및 탄력 관리에 효과적인 전류는 무엇인지 고르시오.

① 정현파 전류

② 격동 전류

③ 감응 전류

④ 저주파 전류

해설 격동 전류는 피부의 긴장감을 부여해 통증 및 탄력 관리에 효과적인 전류이다.

정답: ②

20 다음 내용이 설명하는 것은 무엇인가?

- 주파수가 1Hz~1,000Hz까지의 전류
- 피부의 근육층까지만 전달되는 전류로 젖산을 분해시켜 통증 완화와 노폐물 배출의 효과가 있다.
- 근육의 이완과 수축 작용으로 지방을 분해

① 중주파 전류

② 고주파 전류

③ 초음파

④ 저주파 전류

해설 저주파 전류의 특징을 설명한 글이다.

정답: ④

21 전류의 효과와 특징이 바르게 연결된 것은?

① 생리 화학적 효과-전류가 흐르는 주변의 자기장이 발생한다.

② 전자기 효과-생물 체내의 염기성 물질이 이온화하여 전기를 발생시킨다.

③ 열효과-전자의 이동으로 마찰력이 열에너지로 전환하여 온도가 높아진다.

④ 생체 전기-인체 조직은 양이온과 음이온으로 나눠져 직류 전류의 흐름은 화학적인 변화를 일으킨다.

해설 열효과는 체내의 혈액 및 수분 함량이 높은 곳에서 전류량이 많아 열 효과가 높아진다.

정답: ③

22 다음은 생체 전기의 특징이다. 괄호 안에 알맞은 말을 고르시오.

생물 체내의 ( ) 물질이 이온화하여 전기를 발생시킨다.

① 산성 ② 알칼리성

③ 염기성 ④ 중성

해설 염기성 물질이 이온화하여 전기가 발생된다.

정답: ③

23 다음 중 연결이 바르지 않은 것은?

① 원소-물질을 구성하는 최소 단위
② 양이온-원자가 전자를 잃어 양전하
③ 음이온-원자가 전자를 얻어 음전하
④ 분자-2개 이상의 원자가 결합한 화학 응집체

해설 원소는 하나의 단일 원자로 이루어진 순물질(금 Au, 철 Fe 등)을 말한다.

정답: ①

24 감응전류의 기능으로 틀린 것을 고르시오.

① 부종 완화
② 근육 개선 효과
③ 진통 효과
④ 열 발생 효과

해설 열 발생 효과는 정현파 전류의 특징이다.

정답: ④

25 미용기기 중 리프팅기기의 전류의 흐름에 따른 분류로 올바른 것은?

① 정현파 전류
② 감응 전류
③ 직류 전류
④ 교류 전류

해설 리프팅기기는 직류 전류 중 단속 평류 전류에 속한다.

정답: ③

26 교류 전류의 기능으로 올바르지 못한 것은?

① 전류의 방향과 크기가 시간의 흐름에 따라 주기적으로 변하는 전류이다.

② 비대칭적 교류 전류로 신경 근육 울혈 제거효과가 있다.

③ 이온 도입법이 교류 전류에 해당된다.

④ 대칭 교류 전류로 중 저주파는 역학적 효과가 있다.

해설 이온 도입법은 평유 전류에 해당된다.

정답: ③

27 주파수에 따른 분류와 특징이 바르게 짝지어진 것은?

① 저주파 전류-주파수가 1Hz~1,000Hz까지의 전류

② 중주파 전류-근육의 이완과 수축 작용으로 지방을 분해한다.

③ 고주파 전류-100,000Hz 이상의 높은 주파수를 가진 전류이다.

④ 초음파-온열 효과, 림프순환, 혈액순환 촉진 등의 효과가 있다.

해설 중주파 전류는 림프순환 촉진, 근육운동, 부종, 염증 완화의 기능을 하며, 근육의 이완과 수축 작용으로 지방을 분해하는 기능은 저주파 전류의 기능이다.

정답: ②

28 다음 설명으로 올바른 것은?

- 100,000Hz 이상의 높은 주파수를 가진 전류
- 1초당 진동 폭이 매우 빠르므로 무자극으로 온열감을 느낌
- 심부열 발생, 온열 효과, 혈액순환 촉진, 신경 진정효과, 피부 탄력 및 재생 효과

① 고주파 전류 ② 중주파 전류
③ 저주파 전류 ④ 초음파

해설 고주파 전류의 기능을 설명한 글이다.

정답: ①

29 다음 설명으로 올바른 것은?

- 진동 주파수가 20,000Hz 이상으로 매우 높아서 소리로 들을 수 없는 진동 음파 (acoustic vibration)이다.
- 온열 효과, 림프순환, 혈액순환 촉진, 피부 세정효과, 탄력 증가, 근육 강화, 피부의 pH 조절, 피부재생, 지방분해의 기능을 한다.

① 고주파 전류 ② 중주파 전류
③ 저주파 전류 ④ 초음파

해설 초음파 전류의 기능을 설명한 글이다.

정답: ④

30 다음 설명으로 올바른 것은?

- 주파수가 1Hz~1,000Hz까지의 전류이다.
- 피부의 근육층까지만 전달되는 전류로 젖산을 분해시켜 통증 완화와 노폐물 배출의 효과가 있다.
- 근육의 이완과 수축 작용으로 지방을 분해한다.

① 고주파 전류

② 중주파 전류

③ 저주파 전류

④ 초음파

해설 저주파 전류의 기능을 설명한 글이다.

정답: ③

31 전류의 효과 중 열 효과의 특징이 아닌 것을 고르시오.

① 전자의 이동으로 마찰력이 열에너지로 전환하여 온도가 높아진다.

② 체내의 혈액 및 수분 함량이 높은 곳에서 전류량이 많아 열 효과가 높아진다.

③ 교류 전류의 열 효과가 직류 전류의 열 효과보다 더 크다.

④ 전류가 흐르는 주변의 자기장이 발생한다.

해설 전류가 흐르는 주변의 자기장이 발생하는 효과는 전자기 효과의 특징이다.

정답: ④

32 괄호 안에 들어갈 용어로 올바른 것은?

> (　　)란 화장품의 유효성분을 피부 깊은 곳까지 침투시키고 림프의 원활한 순환을 도와 피부관리의 효과를 극대화할 수 있는 기기를 말한다. 관리사의 육안으로 식별이 어려운 피부의 진단과 피부관리 행위를 효율적인 (　　)관리를 통해서 고객의 피부를 체계적이고 피부 타입과 부위별 올바른 맞춤 관리를 실시할 수 있다.

① 피부미용기기

② 갈바닉

③ 온열관리

④ 고주파기기

해설 피부미용기기의 개념을 설명한 글이다.

정답: ①

33 왁싱 미용기기 종류 및 사용 방법이 바르게 연결된 것은?

① pH측정기-피부의 수소이온 농도를 측정하는 기기

② 스킨스코프-오존의 살균작용을 억제하는 기기이다.

③ 우드램프-육안으로 식별이 어려운 색소 침착을 특수광선 램프를 사용하여 식별한다.

④ 초음파-미세 진동 효과로 피부의 탄력도를 증가시켜 주는 기기이다.

해설 스킨스코프는 피부측정을 컴퓨터 모니터를 통하여 고객과 함께 피부 상태를 확인할 수 있는 기기

정답: ②

34 확대경의 사용 방법으로 올바르지 않은 것은?

① 반드시 알코올 성분이 함유되어 있는 클렌징을 이용하여 클렌징 후 실시한다.

② 고객의 눈을 아이패드로 가린다.

③ 고객과의 거리 10~20cm를 두고 조명을 켠다.

④ 밝은 곳에서 사용한다.

해설 확대경 사용 전에는 반드시 알코올 성분이 함유되지 않은 클렌징을 이용하여 클렌징 후 실시한다.

정답: ①

35 우드램프의 색상별 특징으로 바르게 연결된 것을 고르시오.

① 주황색-건성 수분 부족 피부

② 갈색, 암갈색과 각질 피부

③ 흰색-노화피부

④ 노란색-비립종

해설 비립종은 우드램프 측정 시 노란색으로 나타난다.

정답: ④

36 다음은 유수분 측정기의 사용법에 관한 설명이다. 올바르지 못한 것을 고르시오.

① 수분 측정 시-측정 부위에 수분 탐침을 올린 후 지그시 눌러 측정한다.

② 클렌징 후 1~2시간 정도 경과 후 측정한다.

③ 유분 측정 시-측정 부위에 수분 흡수 테이프를 붙이고 측정 부위를 여러 번 측정한다.

④ 유수분 측정기는 주변의 온습도에 민감하므로 온도 20~22°, 습도 40~60%로 유지한다.

해설 유분 측정 시 측정 부위에 지질 흡수 테이프를 붙이고 피부를 지그시 눌러 측정한다. 피부 표면의 지질을 흡착하여 유분이 측정되므로 한 부위를 여러 번 측정하면 오류가 생길 수 있으므로 주의한다.

정답: ③

37 pH 측정기의 판독으로 올바르지 못한 것은?

① 어린이의 피부는 pH 6.5로 알칼리성을 띤다.

② 남성의 피부는 pH 5.2로 정상을 띤다.

③ 여성의 피부는 pH 4.5로 약산성을 띤다.

④ 건조한 피부일수록 알칼리성을 띤다.

해설 건강한 피부는 pH 4.5~6.5의 약산성을 나타내며, 여성의 피부는 pH 5.8로 약산성을 띤다.

정답: ③

38 pH 측정순서로 올바른 것은?

① 클렌징 → pH 탐침 증류수 세척 → pH 탐침 측정 부위에 부착 → pH 수치 → 판독

② 클렌징 → pH 탐침 측정 부위에 부착 → pH 탐침 증류수 세척 → pH 수치 → 판독

③ 클렌징 → 유분테이프 증류수 세척 → 유분테이프 측정 부위에 부착 → 기기측정 → 판독

④ 클렌징 → 유분테이프 측정 부위에 부착 → 기기측정 → 판독

해설 클렌징 → pH 탐침 측정 부위에 부착 → pH 수치 → 판독 순으로 pH를 측정한다.

정답: ①

39 스티머의 사용방법으로 올바르지 못한 것은?

① 스티머 사용 전에 정제수 혹은 증류수를 물통에 2/3를 채운 뒤 전원을 켜둔다.

② 고객과 스티머의 거리를 30cm 정도 띄워 사용한다.

③ 스티머의 방향은 얼굴 아랫부분에서 얼굴 윗부분을 향하도록 한다.

④ 건성피부의 스티머관리 시간은 되도록 짧게 한다.

해설 피부 타입에 따른 분사 시간을 조절한다. 건성-8~10분, 지성-10~15분, 정상-5~10분, 여드름-10~15분으로 한다.

정답: ④

40 초음파의 사용방법으로 올바르지 못한 것은?

① 사용 전 초음파 전용 겔을 사용한다.
② 뼈나 관절 부위, 눈동자 부위, 갑상선 부위는 닿지 않도록 주의한다.
③ 한 부위를 5초 이상 지그시 눌러 관리한다.
④ 임산부, 심장질환, 혈압이상, 상처 부위에는 사용을 금지한다.

해설 초음파 관리 시 한 부위를 5초 이상 머무르지 않도록 주의한다.

정답: ③

41 오메가 라이트의 사용 효과로 알맞지 않은 것은?

① 왁싱 후 피부진정 관리, 붉은기 감소 및 재생관리에 효과적이다.
② 광선의 피부 조사 시간을 20분 이내로 하루 2회 관리한다.
③ 아이패드로 눈을 보호한 후 사용한다.
④ 사용 목적에 따라 파장을 선택한다.

해설 광선의 피부 조사 시간을 20분 이내로 관리한다.

정답: ②

42 오메가 라이트의 색상별 특징으로 바르게 연결된 것은?

① 레드-여드름균 살균작용에 효과적이다.

② 블루-상처 감염 예방, 피부진정 효과가 있다.

③ 그린-진정효과, 예민 피부에 효과적이다.

④ 옐로우-홍조, 홍반과 같은 붉음증 완화에 효과적이다.

해설 오메가 라이트의 레드는 세포의 재생효과 혈액 순환 촉진, 유효성분 활성화, 여드름 상처 완화, 통증 완화의 효과가 있다.

정답: ①

43 냉온 마사지기기의 사용법으로 바르지 않은 것은?

① 냉온 마사지기기의 온열효과 관리는 왁싱 전의 관리법이다.

② 기기 사용 후 알코올을 이용하여 소독한 후에 보관한다.

③ 왁싱 전 피부를 진정시키기 위해 아쥴렌 겔을 도포 냉 마사지기기로 부드럽게 롤링한다.

④ 왁싱할 부위를 클렌징한 후 사용한다.

해설 왁싱 후 자극받은 피부를 진정시키기 위해 아쥴렌 겔을 도포 냉 마사지기기로 부드럽게 롤링한다.

정답: ③

44 유·수분 측정기의 피부 측정 시 주변의 온도와 습도가 올바르게 연결된 것을 고르시오.

① 온도 20~23°, 습도 40~55%
② 온도 20~24°, 습도 40~60%
③ 온도 20~25°, 습도 40~55%
④ 온도 20~22°, 습도 40~60%

해설 유수분 측정기는 주변의 온습도에 민감하므로 온도 20~22°, 습도 40~60%로 유지한다.

정답: ④

45 왁싱 후 관리기기가 아닌 것을 고르시오

① 초음파
② 스킨스코프
③ 이온토프레시스
④ 오메가 라이트

해설 스킨스코프는 왁싱 전 피부 분석기기이다.

정답: ②

46 왁싱 전 피부 분석기기의 설명으로 올바른 것을 고르시오.

① 우드램프-근적외선 파장을 피하조직까지 전달하여 피부의 자극 없이 관리하는 기기
② 초음파-미세 진동 효과로 피부의 탄력도를 증가시켜 주는 기기
③ pH 측정기-피부의 유·수분의 함유량을 측정하는 기기
④ 유·수분 측정기-피부의 유·수분의 함유량을 측정하는 기기

해설 왁싱 전 피부 분석기기인 유·수분 측정기는 피부의 유·수분의 함유량을 측정하는 기기이다.

정답: ④

47 전류의 효과가 아닌 것은?

① 초음파 효과
② 생체 전기
③ 생리화학적 효과
④ 열 효과

해설 전류의 효과는 열 효과, 생리화학적 효과, 전자기 효과, 생체 전기가 있다.

정답: ①

48 다음 설명으로 올바른 것은?

- LED 근적외선 파장을 피하조직까지 전달하여 피부의 자극없이 관리하는 기기
- 피부재생, 여드름균 살균, 통증 완화에 효과

① LED 냉온마사지기기
② 고주파기기
③ 오메가 라이트
④ 초음파

해설 오메가 라이트의 설명이다.

정답: ③

49 우드램프의 사용순서로 올바른 것은?

① 클렌징→아이패드→빛 차단(검은 가림막 사용)→우드램프 거리 조정→관찰

② 클렌징→빛 차단(검은 가림막 사용)→아이패드→우드램프 거리 조정→관찰

③ 클렌징→우드램프 거리 조정→빛 차단(검은 가림막 사용)→아이패드→관찰

④ 클렌징→우드램프 거리 조정→아이패드→빛 차단(검은 가림막 사용)→관찰

해설 우드램프의 사용순서는 클렌징→아이패드→빛 차단(검은 가림막 사용)→우드램프 거리 조정→관찰 순이다.

정답: ①

50 피부 분석 시 우드램프의 색상이 갈색, 암적색일 때의 피부상태는?

① 정상 피부

② 건성 수분 부족 피부

③ 노화피부

④ 색소 침착 피부

해설 정상 피부(청백색), 건성 수분 부족 피부(연보라색), 노화피부(암적색)를 나타낸다.

정답: ④

2 화장품학 개론

01 다음 화장품의 제조 방법 중 화장품의 어느 기술에 해당하는지 올바른 것은?

수성 또는 유성 성분에 안료를 균일한 상태로 혼합시키는 기술

① 가용화기술
② 분산기술
③ 유화기술
④ 용해기술

해설 화장품의 분산기술을 설명하는 것으로 분산기술이 적용된 화장품은 립스틱, 마스카라, 아이섀도, 아이라이너, 파운데이션 등이 있다.

정답: ②

02 미백화장품의 기능으로 알맞은 것은?

① 주름개선
② 피부미백
③ 피부정돈
④ 피부세정

해설 미백화장품은 피부의 미백에 도움을 주며 멜라닌 생성을 억제 또는 방지에 도움을 주는 화장품이다.

정답: ②

03 화장품의 제조기술 중 많은 양의 유성성분을 정제수에 일정 기간 안정하게 혼합시키는 기술은 무엇인가?

① 가용화　　② 분산

③ 유화　　④ 안정화

해설 화장품의 제조기술 중 유화는 수성성분과 유성성분을 일정 기간 안정하게 혼합시키는 기술이다.

정답: ③

04 화장품 제조 시 수성성분과 유성성분이 잘 혼합될 수 있도록 도움을 주는 원료는 무엇인가?

① 계면활성제　　② 미셀

③ 잔탄검　　④ 점증제

해설 계면활성제는 수성성분과 유성성분의 경계면의 성질이 혼합될 수 있도록 하는 특성이 있다.

정답: ①

05 화장품의 색조를 나타내기 위해 쓰이는 원료로 수성원료, 유성원료, 알코올에 용해되는 특징의 원료는?

① 레이크　　② 천연색소

③ 안료　　④ 염료

해설 염료는 수성원료, 유성원료, 알코올에 용해되는 특징이 있으며 화장품의 색을 부여해 준다.

정답: ④

06 계면활성제의 작용 중 안료의 고체입자를 수성성분 또는 유성성분에 고르게 혼합시키는 작용을 무엇이라고 하는가?

① 가용화 ② 분산
③ 유화 ④ 안정화

해설 분산작용은 화장품 안료의 고체입자를 수성성분 또는 유성성분에 고르게 혼합하는 작용이다.

정답: ②

07 다음 중 계면활성제의 작용이 다른 하나는?

① 아이라이너 ② 네일에나멜
③ 포마드 ④ 마스카라

해설 포마드는 가용화작용에 의한 제품이다.

정답: ③

08 유중수형(W/O)에 관한 설명으로 틀린 것은?

① 지속성이 좋다.
② 수분감보다는 유분감이 더 많다.
③ 크림 또는 로션류가 이에 해당된다.
④ 산뜻한 느낌의 제형이다.

해설 유중수형(W/O)은 오일베이스의 수분 함유로 리치한 질감이 특징이다.

정답: ④

09 향수에 대한 설명으로 올바른 것은?

① 퍼퓸-향료의 농도는 15~30%로 향의 발산력과 지속력이 가장 강하다.

② 오드 토일렛-향료의 농도는 10~15%로 외출 시 사용 권장한다.

③ 샤워코롱-향료의 농도는 3~5% 처음 향수를 접할 때 권장한다.

④ 오드 코롱-샤워 후 산뜻한 사용감으로 1시간 정도의 발향력이 있다.

해설 퍼퓸은 6~7시간 향의 지속력이 있으며 향료의 농도는 15~30%로 향의 발산력과 지속력이 가장 강하다.

정답: ①

10 화장품의 무기안료의 특징으로 올바른 것은?

① 이산화티탄과 산화아연이 주 원료이다.

② 내열성이 우수하며 산과 알칼리에 강하다.

③ 피부에 발림성이 좋다.

④ 화장의 지속력을 높여준다.

해설 무기안료는 내열성과 내광성이 우수하며 산과 알칼리에 강한 특징이 있다.

정답: ②

11 모발화장품의 종류 중 성질이 다른 하나는?

① 헤어매니큐어　　② 헤어토닉
③ 염모제　　④ 탈색제

해설 헤어토닉은 양모용 모발화장품으로 모발과 두피를 청결하게 관리하는 효과가 있다.

정답: ②

12 모발의 손상을 방지 또는 손상모의 복구를 위해 쓰이는 모발화장품이 아닌 것은?

① 헤어팩　　② 헤어린스
③ 헤어오일　　④ 헤어크림

해설 헤어오일은 모발의 스타일링과 모발 형태를 고정하는 정발용 모발화장품이다.

정답: ③

13 주름 개선을 돕는 화장품 성분이 아닌 것은?

① 코직산　　② 레티닐팔미테이트
③ 레티놀　　④ 아데노신

해설 코직산은 피부 미백에 관련된 화장품 성분이다.

정답: ①

14 자외선 차단 화장품의 특성 중 자외선흡수제에 관한 설명으로 틀린 것은?

① 유기자차라고도 불린다.
② 자외선을 피부에 무해한 열에너지로 변환하여 소멸시키는 작용을 한다.
③ 자외선을 산란 또는 반사시키는 작용을 한다.
④ 자외선흡수제는 화학적인 방법이다.

해설 자외선 차단제에 대한 설명이다.

정답: ③

15 화장품의 성분 중 방부제의 조건으로 틀린 것은?

① 미생물의 증가를 억제해야 한다.
② 세균에 강하고 독성이 적어야 한다.
③ 피부에 자극이 적어야 한다.
④ 독특한 색상과 향이 있어야 한다.

해설 방부제는 무색 무취여야 한다.

정답: ④

16 양이온 계면활성제에 대한 설명으로 틀린 것은?

① 트리트먼트에 사용된다.
② 정전기 방지의 효과가 있다.
③ 피부에 자극이 적다.
④ 린스에 사용된다.

해설 피부에 자극이 적은 계면활성제는 비이온성 계면활성제이다.

정답: ③

17 AHA의 성분 중 사탕수수에서 추출한 것은?

① 시트릭산(Citric Acid) ② 말릭산(Malic Acid)
③ 타타릭산(Tataric Acid) ④ 글리콜릭산(Glycolic Acid)

해설 글리콜릭산-사탕수수, 시트릭산-귤 또는 오렌지, 말릭산-사과, 타타릭산-포도

정답: ④

18 노화 피부에 효과적인 화장품 원료는?

① 감초추출물 ② 레티놀
③ 글리세린 ④ 솔비톨

해설 레티놀은 케라티노 사이트의 증식촉진 작용으로 주름개선과 탄력효과가 있다.

정답: ②

19 여드름 화장품의 원료로 틀린 것은?

① 글리콜산 ② 레틴산
③ 살리실산 ④ AHA

해설 AHA는 화학적인 각질제거 효과로 미백작용을 한다.

정답: ④

20 기능성 화장품의 표시와 기재사항으로 틀린 것은?

① 유통기한 ② 제조번호
③ 내용물의 용량 및 중량 ④ 제품의 명칭

해설 유통기한이 아닌 사용기한 또는 개봉 후 사용기한을 규정한다.

정답: ①

21 클렌징의 목적 및 기능이 아닌 것은?

① 묵은 각질 제거효과 ② 피부 노폐물 제거효과
③ 피부 신진대사 촉진 ④ 피부 정돈효과

해설 클렌징으로 제거되지 않는 묵은 각질은 딥클렌징을 적용하여 준다.

정답: ①

22 다음 성분을 적용하기에 적합한 피부는 무엇인가?

카모마일, 캄퍼, 티트리, 클레이

① 건성피부 ② 민감성피부
③ 지성, 여드름피부 ④ 예민피부

해설 그 외에 지성여드름에 효과적인 성분으로 감초, 레몬, 솔비톨, 로즈마리 등이 있다.

정답: ③

23 식물성 유지에 속하지 않는 것은?

① 아보카도유　② 밀납
③ 포도씨유　④ 피마자유

해설 밀납은 동물성왁스 중 화장품의 원료로 가장 많이 사용된다.

정답: ②

24 에센셜오일의 추출법 중 압착법에 관한 설명 중 틀린 것은?

① 열을 가하지 않고 에센셜 오일을 추출하는 방법이다.
② 시트러스 계열의 과일 껍질에서 추출한다.
③ 물과 오일을 분리하여 아로마 오일을 추출한다.
④ 오일에 허브를 넣어준다.

해설 온침법에 관한 설명으로 베이스 오일에 허브를 넣고 햇볕이 잘 드는 곳에 놓아두면 오일에 허브의 향이 베인다.

정답: ④

25 화장품의 성분과 기능이 올바르지 못한 것은?

① 비타민H - 피부진정효과　② 비타민C - 피부 콜라겐 합성
③ 비타민A - 히알루론산 생성　④ 비타민E - 항산화성분

해설 비타민H(바이오틴)는 탈모예방과 피부탄력에 관여한다.

정답: ①

26 화장품의 정의를 설명한 글이다. 옳은 것은?

① 인체에 대한 작용이 경미한 것을 말한다.
② 인체에 대해 치료의 작용을 말한다.
③ 인체에 대해 예방의 작용을 말한다.
④ 인체에 대한 작용이 미비한 것을 말한다.

해설 인체에 대한 작용이 경미한 것을 말한다. 병의 진단이나 치료, 처치 또는 예방 등의 신체 구조와 기능에 약리적 영향을 주기 위한 사용은 포함하지 않는다.

정답: ①

27 화장품과 의약품, 의약외품의 구분과 대상으로 올바르지 않은 것은?

① 화장품-정상인
② 의약품-환자
③ 의약외품-정상인
④ 화장품-환자

해설 화장품은 정상인을 대상으로 건강유지 및 청결을 목적으로 사용한다.

정답: ④

28 화장품과 의약품, 의약외품의 기간과 부작용으로 올바른 것은?

① 화장품-단기적-없어야 함
② 의약품-단기적-없어야 함
③ 의약외품-단기적-경미
④ 화장품-장기적-없어야 함

해설 화장품은 장기적인 사용이 가능하고 부작용이 없어야 한다.

정답: ④

29 왁싱 전 화장품의 특징 중 올바르지 않은 것을 고르시오.

① 스크럽-피부 표면의 각질 제거

② 클렌징폼-노폐물을 제거하고 피부를 유연하게 함

③ 토너-피부결 정돈의 효과

④ 아쥴렌겔-피부의 유수분 밸런스를 맞추기 위해 사용함

해설 스크럽은 왁싱 3일 후 피부 표면의 각질 제거 시 사용한다.

정답: ①

30 왁싱 후 홈케어용 화장품으로 올바르게 연결된 것은?

① 오일-아쥴렌겔-AHA-스크럽

② 수딩크림-탈컴파우더-AHA-스크럽

③ 수딩크림-아쥴렌겔-아이크림-스크럽

④ 수딩크림-아쥴렌겔-AHA-스크럽

해설 수딩크림-왁싱 후 보습관리

아쥴렌겔-왁싱 후 3~5일간 아쥴렌겔 진정관리 실시

AHA-왁싱 후 인그로운 헤어 예방

스크럽-왁싱 3일후 피부 표면의 각질 제거

정답: ④

31 화장품의 4대요소 중 어느 부분에 관한 설명인가?

피부에 흡수성이 좋고 용기의 편리성, 디자인의 기호성 등 사용감이 편리해야 한다.

① 안전성　　② 안정성
③ 사용성　　④ 유효성

해설 사용성에 관한 설명이다.

정답: ③

32 화장품의 4대 요소 중 어느 부분에 관한 설명인가?

사용 목적에 따라 주름 미백개선, 보습, 청결, 자외선차단, 탈모방지, 색채표현 등 기능적인 측면이 충족되어야 한다.

① 안전성　　② 안정성
③ 사용성　　④ 유효성

해설 유효성에 관한 설명이다.

정답: ④

33 화장품의 수성원료 중 제품의 점도 조절제로 사용되는 원료는?

① 에탄올 ② 카모버
③ 식물추출액 ④ 증류수

해설 카모버의 종류 중 젤라틴, 알긴산, 한천은 제품의 점도 조절제로 사용된다.

정답: ②

34 화장품의 유성원료의 종류가 아닌 것을 고르시오.

① 야자유 ② 동백유
③ 아보카도유 ④ 호호바유

해설 호호바 열매의 씨에서 추출한 호호바유는 식물성 왁스의 원료이다.

정답: ④

35 다음은 무엇에 관한 설명인가?

• 비타민A가 풍부하게 함유되어 여드름 완화
• 피부 컨디셔닝제(수분차단제)와 피부톤 개선 및 임신 중 복부에 사용하면 임신선을 예방한다.

① 피마자유 ② 스위트 아몬드유
③ 아보카도유 ④ 호호바유

해설 아몬드 씨에서 추출한 스위트 아몬드유의 특징이다.

정답: ②

36 올레산 80~90% 성분 함량이 높아 산화 방지의 효과가 탁월한 오일은?

① 피마자유

② 스위트 아몬드유

③ 동백유

④ 로즈힙오일

해설 동백 씨에서 추출한 동백유는 산화방지의 효과가 뛰어나다.

정답: ③

37 다음은 무엇에 관한 설명인가?

- 달맞이꽃의 씨앗에서 추출한 오일
- 감마리놀렌산 9% 리놀렌산 70% 함유: 세포 활성효과로 아토피 개선, 피부재생, 호르몬 균형, 건선, 비듬, 관절염 완화

① 월견초유　② 스위트 아몬드유

③ 맥아유　④ 올리브유

해설 월견초유는 저녁에만 꽃을 피우며 아토피 개선, 피부재생, 호르몬 균형, 건선, 비듬, 관절염 완화에 효과적이다.

정답: ①

38 다음은 무엇에 관한 설명인가?

> • 브라질 카나우바 야자나무의 잎에서 추출한 왁스
> • 피부의 유연성, 컨디셔닝 효과
> • 제형의 단단함과 광택, 발림성과 내수성 유지
> • 립스틱에 사용

① 칸델리라왁스

② 카나우바왁스

③ 아보카도유

④ 마카다미아너트유

해설 카나우바왁스는 브라질 카나우바 야자나무의 잎에서 추출한 왁스이다.

정답: ②

39 동물성 오일의 특징으로 올바르지 않은 것은?

① 스쿠알란-심해 상어의 간유에서 얻는다.

② 난황오일-계란 노른자에서 추출한다.

③ 마유-말의 지방을 녹여서 얻은 오일

④ 밀납-벌집을 가열 압착 여과하여 얻어진다.

해설 밀납은 동물성 왁스의 원료이다.

정답: ④

40 고급 지방산의 종류와 특징이 바르지 않은 것은?

① 바세린-피부 보호막, 수분증발 억제

② 라우린산-야자유를 분해하여 얻음

③ 스테아린산-우지 분해 지방산

④ 팔미틴산-팜유를 분해하여 얻음

해설 바세린은 광물성오일 원료이다.

정답: ①

41 계면활성제의 종류와 특징이 올바르게 연결된 것은?

① 비이온성 계면활성제-저자극 삼푸, 베이비제품에 사용

② 양쪽성 계면활성제-세정력 기포 형성능력이 좋다.

③ 양이온 계면활성제-린스 헤어트리트먼트에 사용

④ 음이온 계면활성제-피부 자극이 적다.

해설 양이온 계면활성제는 린스, 헤어트리트먼트에 사용, 정전기 방지 효과, 피부자극이 강한 특징이 있다.

정답: ③

42 계면활성제의 종류 중 자극이 강한 순서대로 나열한 것을 고르시오.

① 비이온성 계면활성제 〉 양쪽성 계면활성제 〉 음이온 계면활성제 〉 양이온 계면활성제

② 양쪽성 계면활성제 〉 음이온 계면활성제 〉 양이온 계면활성제 〉 비이온성 계면활성제

③ 양이온 계면활성제 〉 음이온 계면활성제 〉 양쪽성 계면활성제 〉 비이온성 계면활성제

④ 음이온 계면활성제 〉 양쪽성 계면활성제 〉 양이온 계면활성제 〉 양이온 계면활성제

해설 피부의 자극도-양이온 계면활성제 〉 음이온 계면활성제 〉 양쪽성 계면활성제 〉 비이온성 계면활성제

정답: ③

43 화장품의 기술 특징 중 유화기술에 해당하는 화장품은?

① 파운데이션

② 아이섀도

③ 립스틱

④ 아이라이너

해설 많은 양의 유성 성분을 물에 균일한 상태로 혼합시키는 기술로 파운데이션이 이에 속한다.

정답: ①

44 다음은 유화의 종류 중 무엇에 관한 설명인가?

> 오일(O)에 물(W)이 균일하게 분산되어 있는 상태
> 수분 증발을 방지하고 유분이 많아 끈적임이 있다.

① O/W
② O/W/O
③ W/O/W
④ W/O

해설 유중수형 W/O의 화장품의 종류는 영양크림, 클렌징 크림 등이 있다.

정답: ④

45 기능성 화장품의 구분과 특징이 올바른 것을 고르시오.

① 주름개선 화장품-레티놀, 레티닐팔미테이트, 아데노신 성분 등이 있다.
② 미백 화장품-노화로 인한 주름의 완화와 개선에 도움
③ 자외선차단 화장품-멜라닌 생성을 억제 또는 방지에 도움을 주는 화장품
④ 태닝 화장품-자외선에 의한 멜라닌 색소량을 증가시킨다.

해설 태닝 화장품은 자외선에 의한 멜라닌 색소량을 증가시켜 구릿빛의 건강한 피부로 돋보이게 해준다.

정답: ④

46 캐리어 오일의 종류와 특징으로 바르게 연결된 것은?

① 호호바 오일-피부의 피지성분과 가장 유사한 오일
② 아보카도-태아의 태지 성분과 유사한 성분을 함유한다.
③ 해바라기 오일-피부의 유연성과 항산화작용을 한다.
④ 윗점 오일-피부의 보습효과에 탁월하다.

해설 호호바 오일은 피부의 피지성분과 가장 유사한 오일로 피부에 흡수력이 좋으며 보습 효과가 좋다.

정답: ①

47 향수의 부향률이 바르게 나열된 것을 고르시오.

① 오드퍼퓸 〉 오드토일렛 〉 오드코롱 〉 샤워코롱 〉 퍼퓸
② 퍼퓸 〉 오드퍼퓸 〉 오드토일렛 〉 오드코롱 〉 샤워코롱
③ 오드토일렛 〉 오드코롱 〉 샤워코롱 〉 퍼퓸 〉 오드퍼퓸
④ 샤워코롱 〉 퍼퓸 〉 오드퍼퓸 〉 오드토일렛 〉 오드코롱

해설 향수의 부향률은 퍼퓸(6~7시간) 〉 오드퍼퓸(5~6시간) 〉 오드토일렛(3~5시간) 〉 오드코롱(1~2시간) 〉 샤워코롱(1시간)으로 정리된다.

정답: ②

48 에센셜(아로마) 오일 사용 시 유의사항이 아닌 것은?

① 열과 빛에 민감하므로 빛을 투과하지 않는 차광병에 담아둔다.
② 사용 전 손목 안쪽에 패치 테스트를 하여 알레르기 반응을 살핀 후 사용한다.
③ 최대한 공기와 접촉하여 서늘하고 그늘진 곳에 보관한다.
④ 캐리어 오일에 희석하여 사용할 경우 6개월 이내에 사용한다.

해설 최대한 공기와 접촉을 차단하여 서늘하고 그늘진 곳에 보관한다.

정답: ③

49 네일화장품의 종류 중 손상된 손톱 표면에 광택감과 단단함을 부여하는 것은?

① 베이스코트 ② 네일강화제
③ 탑코트 ④ 큐티클오일 및 크림

해설 네일강화제는 손상된 손톱 표면에 광택감과 단단함을 부여하는 네일화장품이다.

정답: ②

50 화장품의 활성 성분에 맞는 피부 타입이 바르게 연결된 것은?

① 지성피부-토코페놀, 레티놀, 프로폴리스, 플라센타 등
② 건성피부-클레이, 살리실산, 캄퍼 등
③ 민감성피부-아쥴렌, 클로로필, 위치하젤 등
④ 노화피부-엘라스틴, 콜라겐, 세라마이드, 히아루론산 등

해설 민감성피부 타입에 알맞은 활성성분은 아쥴렌, 클로로필, 위치하젤 등이 있다.

정답: ③

3 왁싱 미용 관리

01 제모 종류의 에필레이션에 속하지 않는 것은?

① 레이저 ② 왁싱
③ 핀셋 ④ 면도

해설 데필레이션은 셀프제모로 육안으로 보이는 털의 단면만 제거한다. 면도, 제모크림이 속한다.

정답: ④

02 제모종류의 데필레이션에 속하는 것은?

① 제모크림 ② 왁싱
③ 레이저 ④ 핀셋

해설 에필레이션은 레이저, 왁싱, 핀셋이 속한다.

정답: ①

03 스파츌라를 이용하지 않고 손으로 직접 관리 부위에 왁스를 도포한 뒤 탄력 있게 도포하는 방법의 왁싱은 무엇인가?

① 소프트왁싱 ② 하드왁싱
③ 스트립왁싱 ④ 슈가왁싱

해설 스파츌라를 이용해 사용하는 왁스는 소프트(스트립)왁스, 하드왁스이다.

정답: ④

04 털이 많은 고객의 팔 다리 등 넓은 부위를 빠르게 시술할 수 있는 왁스로 가늘고 긴 모발에 효과적인 왁싱은 무엇인가?

① 소프트왁싱

② 하드왁싱

③ 제모크림

④ 슈가왁싱

해설 하드왁스, 슈가왁스는 페이스, 겨드랑이, 생식기, 민감한 신체 부위에 사용한다.

정답: ①

05 왁스 온도가 40~60도 저온이기에 피부 자극이 적어 국소 부위 및 피부층이 얇은 예민한 부위에 적합한 왁싱은 무엇인가?

① 소프트왁싱

② 하드왁싱

③ 스트립왁싱

④ 슈가왁싱

해설 소프트(스트립)왁스는 털이 많은 팔, 다리 등 넓은 부위를 빠르게 시술할 수 있는 왁스로 가늘고 긴 모발에 효과적인 왁싱이다.

정답: ②

06 스트립왁싱 사용 방법으로 적합하지 않은 것은?

① 스트립왁스는 점도가 물처럼 흐르는 점도로 매우 끈적이고, 피부에 스며드는 속도가 굉장히 빠르기 때문에 왁스가 흘러내리지 않도록 도포한다.
② 왁스를 매우 얇게 도포해 피부 자극을 최소화해야 한다.
③ 왁싱할 부위의 모발의 난방향을 확인한 후 모가 엉키지 않도록 고르게 도포한다.
④ 피부가 평면을 유지하도록 텐션을 잘 주고 90도 각도로 스파출라를 유지하면서 도포한다.

해설 스트립왁스 사용 시 피부가 평면을 유지하도록 텐션을 잘주고, 45도 각도로 스파출라를 유지하면서 도포한다.

정답: ④

07 하드왁싱 사용 방법으로 적합하지 않은 것은?

① 하드왁스는 소프트왁스에 비해 점성이 낮고 온도가 낮을수록 고체화되기 때문에 스파츌라로 바른 후 바로 제거하면 되기 때문에 시술이 편리하다.
② 왁싱할 부위의 모발방향을 확인하고 모가 엉키지 않도록 고르게 피부가 평면을 유지하는 텐션을 잘 주고, 스파츌라를 45도 각도로 유지하면서 왁스를 도포한다.
③ 하드왁스 온도는 40~60도 저온이기에 피부 자극이 적어 국소 부위 및 피부층이 얇은 예민한 부위인 브라질리언, 겨드랑이, 페이스에 적합하다.
④ 소프트왁스에 비해 점성이 높기 때문에 1회만 가능하다.

해설 하드왁스 온도는 40~60도 저온이기에 피부 자극이 적어 피부 상태에 따라 2~3번 반복적 시술이 가능하다.

정답: ④

08 슈가왁싱 사용 방법으로 적합하지 않은 것은?

① 슈가왁싱은 왁스 중에 제일 높은 70~90도 고온에서 왁스를 녹이기에 손가락이나 스파츌라로 왁스를 떠서 손을 이용해 사용한다.

② 털이 자란 반대방향으로 도포하기 때문에 처음 도포는 부드럽게 도포하고, 두 번째 도포 시 밀착시키도록 한다.

③ 힘을 주어 털이 난 반대방향으로 도포하게 되면 통증이 높으니 주의하도록 한다.

④ 인체의 온도와 같은 36~38도로 유사하여 화상이나 열감 없이 시술이 가능하고, 100% 천연성분 친수성 제품으로 피부의 자극을 최소화할 수 있다.

해설 슈가왁싱은 인체의 온도와 같은 36~38도로 유사하여 화상이나 열감 없이 시술이 가능하고, 100% 천연성분 친수성 제품으로 피부의 자극을 최소화할 수 있다.

정답: ①

09 왁스 성분으로 설탕, 정제수, 레몬으로 만들어진 왁싱은 무엇인가?

① 소프트왁싱 ② 하드왁싱

③ 스트립왁싱 ④ 슈가왁싱

해설 소프트(스트립)왁스: 천연송진(로진), 글리세린로지네이트, 천연오일, 변색방지 자외선차단성분, 체질안료 파우더

하드왁스: 밀랍, 천연송진(로진), 글리세린로지네이트, 에틸렌VA 폴리머, 티타늄디옥사이드, 천연 오일

정답: ④

10 왁싱 부위 중 모가 피부에 눌러있기 때문에 직모인 모발도 모발이 여러 방향으로 흩어져 성장하며, 파상모나 축모로 보이고 땀이 차 있을 수 있는 부위는?

① 다리 ② 인중
③ 헤어라인 ④ 겨드랑이

해설 다리의 체모가 1cm 이상인 경우 체모의 길이를 자르고 왁스 도포 시 엉키지 않도록 고르고 얇게 도포한다. 인중피부는 매우 예민하고 굴곡이 많으므로 모발의 성장방향을 잘 파악해 시술 부위를 모발의 성장방향으로 나누어 각각 시술한다. 헤어라인은 고객의 헤어라인이 비대칭이거나 좁은 이마를 가졌을 때 상담을 통해 디자인 또는 내추럴형으로 시술한다.

정답: ④

11 우드 스파츌라 사용 시 사용 방법이 올바르지 않은 것은?

① 노더블딥핑으로 사용하여 위생적으로 깨끗하게 시술한다.
② 다양한 크기의 스파츌라가 있으며 사용 부위에 따라 적절히 사용해야 한다.
③ 스테인리스로 열전도율이 높으니 왁싱시술 전 꼭 온도 체크에 유의해야 한다.
④ 노더블딥핑이 안되므로 개인용으로 소독하여 사용한다.

해설 우드 스파츌라는 노더블딥핑으로 사용하여 위생적으로 시술한다. 다양한 크기의 스파츌라가 있으며 사용 부위에 따라 적절히 사용해야 한다.

정답: ④

12 스트립왁스에 사용되며 왁스 도포 후 제거할 때 필요한 것은?

① 무슬림천　　② 커트가위
③ 화장솜　　④ 스펀지

해설 무슬림천은 스트립왁스에 사용되며 왁스 도포 후 제거할 때 사용한다.

정답: ①

13 풀페이스왁싱 후 마무리 단계에서 반드시 사용하는 제품은 무엇인가?

① 자외선 차단제　　② 탈컴파우더
③ 스킨토너　　④ 클렌저

해설 피부보호와 자외선 차단을 위해 풀페이스왁싱 후 자외선 차단제를 반드시 사용한다.

정답: ①

14 일회용으로 사용되지 않는 것은?

① 니트릴장갑　　② 우드 스파출라
③ 시트　　④ 트위저

해설 트위져는 일회용 사용이 아니며 소독하여 사용한다.

정답: ④

15 가위, 꼬리빗, 머리핀, 트위저 등 왁싱에 필요한 도구를 소독할 때 사용하는 기구는 무엇인가?

① 왁스 워머기 ② 자외선 소독기

③ 오메가라이트 ④ 유수분 측정기

정답: ②

해설 왁스워머기: 왁스를 녹일 때 사용하는 도구

오메가라이트: LED 빛 파장을 이용하여 재생, 진정, 염증완화, 미백을 위한 미용기기

유수분 측정기: 피부 표면의 유분이나, 수분, pH 정도를 수치로 나타낼 수 있는 기기

16 피부컨디션, 모공 및 모발의 상태를 보거나 남은 모발을 트위저로 제거하거나 파고드는 모발 제거 시 사용할 때 필요한 도구는?

① 확대경 ② 자외선소독기

③ 오메가라이트 ④ 우드램프

해설 우드램프: 특수한 인공 자외선을 피부에 투과하여 수분, 피지, 면포, 각질 등의 피부상태를 다양하게 관찰 분석할 수 있는 광학 피부 분석기이다. 눈으로 판별하기 어려운 피부의 심층 상태를 명확하게 분별할 수 있다.

정답: ①

17 왁싱 후 모공을 막아 트러블을 유발할 수 있는 오일은?

① 호호바 오일　　② 미네랄 오일

③ 해바라기씨 오일　　④ 식물성 오일

해설 식물성 오일: 왁싱 후 모공을 막지 않는다.

호호바 오일: 노폐물 제거, 피지조절 및 모공 수렴에 효과적이다. 보습감이 뛰어나고 민감한 피부를 보호해준다.

해바라기씨 오일: 천연 피부 보호막 성분 함유, 신생아의 피부를 보호하고 있는 태지 성분과 비슷한 자연추출물

정답: ②

18 LED 빛 파장을 이용하여 재생, 진정, 염증완화, 미백을 위한 미용기기는?

① 초음파

② 갈바닉

③ 이온토프레시스

④ 오메가라이트

해설 4종 미용기기(초음파, 갈바닉, 이온토프레시스, 냉온기기)

왁싱 시술 시 수분, 재생 앰플 등을 피부 속까지 빠르고 깊게 침투시키고, 즉각적으로 진정시키는 크라이올(냉각) 역할 및 왁싱시술 전 근육이완, 모공을 열고 체모와 피부를 부드럽게 만들어 주는데 도움을 주는 온열기

정답: ④

19 왁싱 시술 전 시술자 준비사항이 아닌 것은?

① 워머기 및 왁싱 시술 도구, 실내환경 등 고객 방문 전 사전 점검 완료하기
② 라텍스 또는 니트롤 장갑 및 마스크 미착용하기
③ 고객 홈케어 주의사항 및 사후관리법 상담 및 전달하기
④ 고객과의 철저한 체모, 피부상태, 니즈 파악 등 상담 및 주의사항 전달하기

해설 왁싱 시술자는 단정한 헤어와 복장, 액세서리는 미착용하고 라텍스 또는 니트롤 장갑 및 마스크를 착용한다.

정답: ②

20 페이스, 겨드랑이, 생식기, 민감한 신체부위에 적합한 왁스 2가지를 고르시오.

① 소프트왁싱 ② 하드왁싱
③ 스트립왁싱 ④ 슈가왁싱

해설 소프트(스트립)왁스는 신체부위에 민감하지 않은 털이 많은 팔, 다리 등 넓은 부위를 빠르게 시술할 수 있는 왁스로 가늘고 긴 모발에 효과적인 왁싱이다.

정답: ②, ④

21 하드왁스의 적절한 온도는?

① 15도 ② 45도
③ 55도 ④ 90도

해설 소프트왁스 온도: 55~70도 슈가왁스 온도: 36~38도

정답: ②

22 하드왁스 시술방법 중 올바르지 않은 것은?

① 헤어라인 및 측면 등 긴 모발은 꼬리빗, 가위를 이용하여 제모가능 길이(0.5~1cm)로 커팅한다.

② 왁스 바르기 전 탈컴파우더 또는 오일을 도포한다.

③ 왁스 온도는 손목 안쪽 테스트 후 왁스 도포(텐션, 각도 철저히) 정방향 도포-역방향 제거한다.

④ 필요시 토너로 분사하고 왁스제거 후 탈컴파우더를 바른다.

해설 왁스 제거 후에는 즉각 진정 동작한다.

정답: ④

23 슈가왁스 시술방법 중 올바르지 않은 것은?

① 손소독 후 니트릴 장갑을 착용한다.

② 헤어라인 및 측면 등 긴 모발은 꼬리빗, 가위를 이용하여 제모가능 길이(0.5~1cm)로 커팅한다.

③ 왁스 온도는 손목 안쪽 테스트 후 왁스 도포(텐션, 각도 철저히) 정방향 도포-역방향 제거한다.

④ 왁스 제거 후 즉각 진정 동작한다.

해설 왁스 온도는 손목 안쪽 테스트 후 왁스 도포(텐션, 각도 철저히) 역방향 도포-정방향 제거한다.

정답: ③

24 소프트왁스 시술 방법 중 올바르지 않은 것은?

① 손소독 후 라텍스 또는 니트릴 장갑을 착용한다.

② 헤어라인 및 측면 등 긴 모발은 커팅하지 않고 한다.

③ 왁스 도포 전 탈컴파우더 또는 오일을 도포한다.

④ 왁스 온도는 손목 안쪽 테스트 후 왁스 도포(텐션, 각도 철저히) 정방향 도포-역방향 제거한다.

해설 헤어라인 및 측면 등 긴 모발은 꼬리빗, 가위를 이용하여 제모가능 길이(0.5~1cm)로 커팅한다.

정답: ②

25 팔, 다리, 가슴, 배, 등, 넓은 민감하지 않은 신체 부위에 사용하는 왁스 2가지를 고르시오.

① 제모크림 ② 하드왁싱

③ 스트립왁싱 ④ 슈가왁싱

해설 하드왁스는 페이스, 겨드랑이, 생식기, 민감한 신체 부위에 사용한다.

정답: ③, ④

4 왁싱 제품의 이해

5 왁스 타입별 시술방법

01 팔과 다리 등 면적이 넓고 가는 모에 사용하기 좋은 왁스는?

① 소프트왁스 ② 하드왁스
③ 슈가왁스 ④ 제모크림

해설 넓은 면적에 사용하기 좋다.

정답: ①

02 소프트왁스 사용 시 스파출라를 이용하여 털의 시술 부위에 알맞은 도포 방향은?

① 역방향 ② 정방향
③ 방향 상관없다 ④ 위에서 밑으로

해설 털의 정방향으로 도포해준다.

정답: ②

03 소프트왁스를 얇게 발라 부직포나 천으로 털의 제거 시 방향은?

① 역방향 ② 정방향
③ 시계방향 ④ 방향 상관없음

해설 모의 역방향으로 제거한다.

정답: ①

04 Face, 겨드랑이, Brazilian 등 예민한 피부나 굵은 모에 사용하기 좋은 왁스는?

① 소프트왁스 ② 슈가왁스
③ 하드왁스 ④ 롤링왁스

해설 하드왁스는 굵은 모에 사용하기 좋다,

정답: ③

05 하드왁스 사용 시 스파츌라를 이용하여 털의 시술 부위에 알맞은 도포 방향은?

① 역방향 ② 정방향
③ 방향 상관없다 ④ 위에서 밑으로

해설 털의 정방향으로 도포해준다.

정답: ②

06 하드왁스를 발라 굳힌 후 왁스만을 이용하여 털의 제거 시 방향은?

① 역방향 ② 정방향
③ 시계방향 ④ 방향 상관없음

해설 모의 역방향으로 제거한다.

정답: ①

07 슈가왁스를 도포 후 털의 제거 시 방향은?

① 역방향 ② 정방향
③ 시계방향 ④ 방향 상관없음

해설 모의 정방향으로 제거한다.

정답: ②

08 슈가왁스 사용 시 털의 시술 부위에 알맞은 도포 방향은?

① 역방향 ② 정방향
③ 방향 상관없다 ④ 위에서 밑으로

해설 털의 역방향으로 도포해준다.

정답: ①

09 설탕과 레몬즙의 성분으로 만든 왁스이며 전신 제모가 가능하고 임산부 왁싱 시술 시 사용하기 좋은 왁스는?

① 슈가왁스 ② 하드확스
③ 스트립왁스 ④ 소프트왁스

해설 슈가왁스이다.

정답: ①

10 모제거 시 위험한 부위가 아닌 곳은?

① 두발
② 콧털
③ 귓속
④ 눈썹

해설 두발, 콧털, 귓속은 면역기능을 담당하고 있어 피하도록 한다.

정답: ④

11 다리왁싱 전처리에 알맞지 않은 것은?

① 손소독을 한다.
② 클렌징폼으로 노폐물을 제거한다.
③ 파우더를 도포한다.
④ 쿨링기로 진정을 한다.

해설 진정은 후처리에 들어간다. 쿨링으로 전처리를 해주면 모공축소가 되어 털 제거 시 표피와 진피에 자극이 심할 수 있다.

정답: ④

12 다리왁싱 하드 시술 시에 알맞지 않은 것은?

① 스파츌라를 이용하여 모가 난 방향으로 도포한다.
② 조금씩 도포하여 제거한다.
③ 부직포로 텐션을 주어 털의 역방향으로 제거한다.
④ 부직포 제거 후 바로 손으로 진정해준다.

해설 한 번에 많은 부위를 도포한다.

정답: ②

13 왁싱 후처리 시술로 알맞지 않은 것은?

① 진정토너를 분사한다. ② 진정크림을 도포한다.
③ 쿨링기기를 사용한다. ④ 파우더 도포를 한다.

해설 파우더는 전처리 시술이다.

정답: ④

14 겨드랑이 시술 시에 적합한 왁스를 모두 고르시오.

① 하드왁스 ② 소프트왁스
③ 스트립왁스 ④ 슈가왁스

해설 하드는 좁고 강한 털에 사용, 슈가는 전체 모에 사용한다.

정답: ①, ④

15 왁스를 도포 전에 해야 하는 테스트는?

① 색확인 ② 온도 체크
③ 냄새 확인 ④ 스파츌라 개수 확인

해설 온도 체크 후 시술해야 화상의 위험을 방지할 수 있다.

정답: ②

16 페이스왁싱 중 디자인이 들어가는 시술을 모두 고르시오.

① 헤어라인 ② 인중

③ 눈썹 ④ 볼

해설 헤어라인과 눈썹은 디자인이 들어간다. 디자인이 들어가면 잘못된 시술을 예방한다.

정답: ①, ③

17 브라질리언 왁싱 중 모량이 많을 시 전처리 전에 해야 되는 시술은?

① 모의 길이를 5mm에 맞추어 재단 후 시술에 들어간다.

② 거품으로 클렌징한다.

③ 빗으로 잘 빗은 후 시술한다.

④ 그대로 진행한다.

해설 재단 후 시술한다.

정답: ①

18 삼각수영복을 입었을 때 보이는 부분을 제거하는 시술은?

① 비키니라인(초급. 브라질리언) ② 디자인(중급. 브라질리언)

③ 올누드(고급. 브라질리언) ④ 항문왁싱

해설 지저분하게 삐져나온 부분을 깔끔하게 정리하는 정도를 말한다.

정답: ①

19 서 있을 때 보이는 부분을 뺀 나머지 또는 디자인을 그려 체모를 제거하는 시술이며 항문까지 포함하는 시술은?

① 비키니라인(초급. 브라질리언)　② 디자인(중급. 브라질리언)
③ 올누드(고급. 브라질리언)　④ 항문왁싱

정답: ②

20 음모의 체모를 남기지 않고 항문을 포함하여 전부 제거하는 시술은?

① 비키니라인(초급. 브라질리언)　② 디자인(중급. 브라질리언)
③ 올누드(고급. 브라질리언)　④ 항문왁싱

해설 모든 모를 제거하는 시술이다.

정답: ③

21 항문이 포함되어 있지 않는 시술은?

① 비키니라인(초급. 브라질리언)　② 디자인(중급. 브라질리언)
③ 올누드(고급. 브라질리언)　④ 항문왁싱

해설 중급부터 포함이다.

정답: ①

22 남자 올누드 브라질리언 시술 중 포함이 안되어 있는 부위는?

① 음부　　② 고환
③ 항문　　④ 엉덩이

해설 엉덩이는 다른 부위 시술이다.

정답: ④

23 여자 브라질리언 시술 순서로 알맞은 것은?

① 비키니 → 대음순 → 소음순 → 치구
② 대음순 → 소음순 → 치구 → 비키니
③ 소음순 → 대음순 → 치구 → 비키니
④ 비키니 → 소음순 → 대음순 → 치구

정답: ①

24 남자 브라질리언 시술 순서로 알맞은 것은?

① 항문 → 치구 → 비키니 → 고환
② 비키니 → 고환 → 치구 → 항문
③ 비키니 → 치구 → 고환 → 항문
④ 치구 → 비키니 → 고환 → 항문

정답: ②

25 항문시술 시 모량이 많은 고객이 취하기 편한 자세는?

① 고양이자세 ② 다리 올리기
③ 옆으로 눕기 ④ 뒤로 돌기

해설 고양이 자세 시 항문을 더 쉽게 시술할 수 있다.

정답: ①

26 피부 부속기관인 털을 제거하는 시술 중 털의 모근까지 제거하는 시술은?

① 면도 ② 왁싱
③ 제모크림 ④ 눈썹칼

해설 왁싱이란 모발을 영구적 또는 일시적으로 제거하며 털의 모근까지 제거한다.

정답: ②

27 왁싱 당일 주의사항이 아닌 것은?

① 모공이 열려있어 감염에 유의해야 한다.
② 사우나, 수영, 운동 등을 피해주어야 한다.
③ 자외선 차단제를 발라줘야 한다.
④ 오일이 들어간 고보습 제품을 사용한다.

해설 오일 제품은 모공을 막아 인그로운 헤어 및 트러블을 유발할 수 있다.

정답: ④

28 괄호 안에 알맞은 단어를 적으시오.

왁싱한 부위는 피부 각질층이 형성되므로 각질관리가 중요하다. 주 1~2회 ( )으로 각질 제거를 해준다.

① 스크럽 ② 보습
③ 연고 ④ 반창고

해설 각질관리는 스크럽으로 해준다.

정답: ①

29 괄호 안에 알맞은 단어를 적으시오.

왁싱 후 각질, 피지, 털이 제거된 상태이므로 피부에 교화적인 ( )을 해준다.

① 보습 ② 스크럽
③ 샤워 ④ 오일마사지

해설 피부가 건조해지니 보습에 신경을 써야 된다.

정답: ①

30 왁싱 후 스크럽으로 용이하지 않은 것은?

① 아하
② 스크럽
③ 파우더워시
④ 비누

해설 비누로는 각질 제거가 되지 않는다.

정답: ④

31 괄호 안에 알맞은 단어를 적으시오.

스크럽 관리를 안하면 모공을 막아 (　　)가 생겨 염증을 유발한다.

① 스킨탈락
② 인그로운 헤어
③ 홍반
④ 가려움증

해설 인그로운 헤어가 발생한다.

정답: ②

32 브라질리언 리터치 주기는?

① 1~2주
② 3~4주
③ 5~6주
④ 7~8주

해설 기본적으로 모발의 길이가 0.5cm는 넘어야 되며 개인차는 있지만 4주가 적당하다.

정답: ②

33 왁싱 후 리터치가 가능한 상황은?

① 면도를 한다. ② 족집게로 뽑는다.
③ 제모크림을 바른다. ④ 스크럽을 한다.

해설 셀프 제모는 피부감염이 우려될 뿐 아니라 리터치 관리가 어렵다.

정답: ④

34 괄호 안에 알맞은 단어를 적으시오.

왁싱 2~3일 후에도 발적현상이 가라앉지 않고 ( )으로 발전될 수 있다.

① 염증 ② 지성피부
③ 건성피부 ④ 정상피부

해설 염증으로 발전할 수 있다.

정답: ①

35 인그로운 헤어로 생긴 모낭염은 손대지 말고 어디로 가야 되는가?

① 집 ② 학교
③ 병원 ④ 편의점

해설 병원치료 및 샵으로 방문해야 된다.

정답: ③

36 페이스 사후관리 시 해야 할 사후요령은?

① 자외선 차단제를 바른다.
② 오일제품을 사용한다.
③ 바로 스크럽을 한다.
④ 로션을 바른다.

해설 색소침착이 되지 않도록 자외선 차단제를 발라준다.

정답: ①

37 괄호 안에 알맞은 단어를 적으시오.

브라질리언 왁싱 후 발작현상으로 피부가 화끈거릴 때는 (　)을 차갑게 발라준다.

① 오일
② 진정젤
③ 로션
④ 파우더

해설 진정젤을 발라주면 발작현상이 가라앉는다.

정답: ②

38 괄호 안에 알맞은 단어를 적으시오.

브라질리언 왁싱 2~7일 후 (　) 제품으로 보습해준다.

① 신상
② 가벼운
③ 오일프리
④ 따뜻한

해설 오일제품은 모공을 막아 인그로운 헤어를 발생시킨다.

정답: ③

39 왁싱 2~7일 후 주의사항이 아닌 것은?

① 모공이 열려있어 감염에 주의해야 된다.
② 발적현상이 가라앉으면 제품 사용이 가능하다.
③ 스크럽을 한다.
④ 보습에 신경을 쓴다.

해설 당일 주의사항이다

정답: ①

40 바디왁싱 당일 주의사항이 아닌 것은?

① 사우나, 수영, 격한 운동은 피한다.
② 가벼운 물 샤워를 한다.
③ 오일프리 제품으로 보습한다.
④ 자외선 차단제를 바른다.

해설 2~7일 후 주의사항이다.

정답: ③

41 괄호 안에 알맞은 단어를 적으시오.

왁싱 시술 후 24시간 동안 가벼운 (　　　) 샤워를 해준다.

① 물　② 클렌징

③ 세정제　④ 오일

해설 간단한 물 샤워를 해준다.

정답: ①

42 건성피부 왁싱시술 시 주의사항은?

① 피부가 건조해지면 간지러우니 보습에 더 신경써야 된다.

② 피지가 많이 분포해 있기 때문에 주 2회 이상 스크럽을 해준다.

③ 피부가 건조하기 때문에 오일이 들어간 크림을 사용한다.

④ 피지선이 많이 분포되어 있어 모낭염에 주의해야 된다.

해설 보습관리를 더 신경써야 된다.

정답: ①

43 왁싱 후 스크럽이 필요한 이유는 무엇인가?

① 모공을 막아 인그로운 헤어가 발생한다.

② 보습이 잘된다.

③ 착색이 없어진다.

④ 붉은기가 사라진다.

해설 스크럽 관리를 하게 되면 모공이 막혀 인그로운이 발생된다.

정답: ①

44 왁싱시술이 가능한 털의 길이는?

① 0.1cm ② 0.2cm

③ 0.3cm ④ 0.5cm

해설 0.5cm는 자라야 왁싱시술이 가능하다.

정답: ④

45 왁싱 후 스크럽제로 이용하기 좋은 것은?

① 적당한 알갱이가 있으며 물에 녹는 재형

② 알갱이가 없이 너무 부드러워 피부에 전혀 손상이 없는 재형

③ 알갱이가 많이 굵고 단단한 재형

④ 시원한 재형

해설 적당한 알갱이로 각질제거가 되는 재형이 좋다.

정답: ①

46 브라질리언 왁싱 당일 주의사항이 아닌 것은?

① 사우나는 피한다.
② 성관계는 피한다.
③ 손으로 만지는 접촉은 피한다.
④ 오일보습으로 촉촉하게 보습해준다.

해설 오일이 들어가지 않고 24시간 안에는 진정젤을 발라주는 것이 더 좋다.

정답: ④

47 브라질리언 왁싱 당일 주의사항인 것은?

① 타이트한 속옷 및 꽉 끼는 옷 대신 통풍이 잘되는 옷을 입는다.
② 당일 사우나는 가능하다.
③ 바디클렌저로 남은 왁스를 잘 클렌징한다.
④ 좌욕으로 진정 케어를 해준다.

해설 통풍이 잘되는 옷을 입는다.

정답: ①

48 스크럽은 주 몇 회가 좋은가?

① 1~2회 ② 3~4회
③ 5~6회 ④ 7~8회

해설 주 1~2회가 가장 적당하다.

정답: ①

49 왁싱 후 각질이 탈락되면서 생길 수 있는 현상은?

① 피부가 건조해지면서 간지러울 수 있다.
② 피부의 윤기가 흐른다.
③ 각질이 2배 이상 더 생긴다.
④ 굳은살이 생긴다.

해설 각질이 탈락되면 건조할 수 있기에 간지러움이 동반할 수 있다.

정답: ①

50 괄호 안에 알맞은 단어를 적으시오.

페이스왁싱 2~7일 후에는 깨끗하게 세안 후 (　　　) 제품으로 보습해준다.

① 고보습　　② 수분
③ 오일프리　　④ 진정

해설 오일프리제품을 사용해야 모공을 막지 않아 인그로운 헤어가 생기지 않는다.

정답: ③

51 피부의 모낭부가 박테리아 세균 감염이 되어 노란색의 고름이 잡히는 증상은?

① 모낭염　　② 알레르기
③ 호르몬 반응　　④ 인그로운

해설 모낭염이라고 한다.

정답: ①

52 왁싱 시 주의사항이 아닌 것은?

① 모공 위로 혈액이 맺히거나 피부조직이 경미하게 붓고 붉어질 수 있으므로 고객에게 반드시 알린다.
② 왁싱 후 진정관리를 한다.
③ 왁싱 후 철저한 사후관리를 안내한다.
④ 디자인은 시술자 마음대로 진행한다.

해설 고객과 소통 후 디자인을 잡고 진행한다.

정답: ④

53 괄호 안에 알맞은 단어를 적으시오.

알레르기나 호르몬반응은 여성 고객들이 (　　　　) 혹은 면역력 저하, 생활패턴이 바뀌거나 피로가 누적되었을 때 민감하게 반응할 수 있다.

① 생리 전후　　② 화가 날 때
③ 기분이 좋을 때　　④ 궁금할 때

해설 생리 전후에 잘 나타난다.

정답: ①

54 왁싱관리 후 제일 많이 나타나는 증상이며 각질층이 쌓여 모발이 피부 안에 갇혀서 나오지 못하는 현상은?

① 화상

② 인그로운 헤어

③ 멍

④ 스킨탈락

해설 사후관리로 충분한 보습과 각질관리를 잘하지 않을 경우와 모량이 많고 건조한 부위 발생 가능성이 높다.

정답: ②

55 인그로운 헤어에 대한 설명으로 틀린 것은?

① 사후관리가 미흡하면 더욱더 심해 모낭염 같은 염증을 유발할 수 있다.

② 인그로운 헤어가 발생하지 않도록 고객에게 사후관리의 중요성을 알린다.

③ 면도 또는 단면만 제거 시 더욱더 심한 각질층이 형성되어 생기기 쉽다.

④ 왁싱을 하면 무조건 생기는 부작용이다.

해설 스크럽을 잘해주지 않을 시 생기는 부작용이다.

정답: ④

56 괄호 안에 알맞은 단어를 적으시오.

왁싱후 바로 스크럽관리를 사용하기보다는 3~5일 정도는 피부 (　　)에 주력한다.

① 재생과 보습　　② 탄력관리
③ 괄사관리　　④ 마사지관리

해설 재생과 보습을 먼저 충분히 해주어야 한다.

정답: ①

57 왁싱 후 보습관리를 잘해주지 않으면 생기는 증상은?

① 가려움증　　② 통증
③ 스킨탈락　　④ 멍

해설 가려움증이 생길 수 있다.

정답: ①

58 괄호 안에 알맞은 단어를 적으시오.

각질 및 피지와 털을 제거한 상태이기 때문에 반드시 (　　)가 필요하다.

① 진정관리　　② 보습관리
③ 탄력관리　　④ 화이트닝

해설 보습관리이다.

정답: ②

59 사계절 중 언제 보습관리에 더 철저하게 신경을 써야 되는가?

① 봄　② 여름
③ 가을　④ 겨울

해설 외부 공기가 차갑기 때문에 보습에 더 신경을 써야 한다.

정답: ④

60 괄호 안에 알맞은 단어를 적으시오.

왁싱관리 시 개인마다 (　　　　)을 느끼는 정도는 다르다.

① 설렘　② 통증
③ 짜증　④ 분노

해설 피부의 감각점은 통각점이 가장 높으며, 개인이 느끼는 통각점은 상이하다. 통증은 개인 차이가 나며 왁싱 시술을 처음 받는 사람은 더 심할 수 있다.

정답: ②

61 통증을 줄이기 위해 왁서가 해야 되는 방법이 아닌 것은?

① 테크닉연습　② 전처리 철저
③ 피부의 릴렉스　④ 깨끗한 정리정돈

해설 정리정돈은 통증과는 거리가 멀다.

정답: ④

62 왁싱 시 고객이 통증을 더 많이 느낄 상황이 아닌 것은?

① 과도한 자외선 노출
② 과도한 스트레스
③ 과음
④ 숙면을 취한 상태

해설 수면부족일 때 통증을 더 많이 느낀다.

정답: ④

63 피부가 얇고 아토피 피부나 자외선에 많이 노출 시 왁스 온도 체크를 잘하지 않고 시술하면 일어나는 부작용은?

① 멍
② 화상
③ 각질과 각화
④ 인그로운

해설 피부가 예민한 상태이기 때문에 화상을 입을 수 있다.

정답: ②

64 부주의 시 화상을 입을 수 있는 왁스는?

① 슈가왁스
② 저온 하드왁스
③ 고온 소프트왁스
④ 저온 소프트왁스

해설 고온왁스를 잘못 사용 시 화상을 입을 수 있다.

정답: ③

65 왁싱시술 시 같은 부위에 지속적인 왁싱 액션을 가하면 생길 수 있는 부작용은?

① 멍 ② 인그로운

③ 모낭염 ④ 가려움증

해설 피부의 자극을 받아 생길 수 있다.

정답: ①

66 제모를 너무 무리하게 진행해 발생되는 현상으로 각질이 필요 이상으로 제거된 부작용은?

① 스킨 착색 ② 스킨 탈락

③ 인그로운 ④ 멍

해설 색소침착도 발생할 수 있다.

정답: ②

67 괄호 안에 알맞은 단어를 적으시오.

왁싱시술이 반드시 (   ) 필요하며 온도에 예민한 피부를 관리할 때 더욱더 주의해야 된다.

① 온도 체크 ② 색 확인

③ 냄새 확인 ④ 점도 확인

해설 고객에 따라 느끼는 온도는 상이하므로 시술하기 전 반드시 왁싱 시술자 손목 안쪽에 온도테스트를 한 후 진행해야 한다.

정답: ①

68 스킨 탈락 후 관리 방법이 알맞은 것은?

① 병원 또는 약국에서 처방을 받아 보습과 재생관리에 신경 쓴다.

② 스크럽을 신경 써 자주 해준다.

③ 바디워시로 깨끗하게 목욕을 한다.

④ 가만히 놔둔다.

해설 병원 또는 약국의 정확한 진찰 후 스킨탈락 부위의 보습과 재생관리에 신경을 쓴다.

정답: ①

69 가려움증 관리법으로 적절한 것은?

① 시원하게 긁어준다.

② 쿨링기기로 차갑게 그 부위를 식혀준다.

③ 스크럽을 자주 해준다.

④ 토너로 닦아준다.

해설 쿨링기계를 사용하면 금방 진정된다.

정답: ②

70 과도한 각질 탈락으로 오는 현상으로 피부가 검게 변하고 상처 또한 오래 지속되는 현상은?

① 피부 착색　　② 가려운증

③ 멍　　④ 통증

해설 주의가 필요하다.

정답: ①

71 피부착색 관리법으로 알맞은 것은?

① 주 1~2회 스크럽관리와 화이트닝 제품을 사용한다.

② 가까운 병원을 방문하거나 약국에서 모낭염 연고를 처방받아 3일 정도 발라주는 것이 좋다.

③ 가까운 병원 또는 약국에서 약을 처방받아 복용하는 것이 가장 중요하며 2차 감염에 노출될 수 있다.

④ 큰병원 또는 응급실을 간다.

해설 꾸준한 관리가 필요하다.

정답: ①

72 제모 후 피부에서 보호작용으로 각질층이 형성되는 부작용은?

① 각질과 각화　　② 피부 착색

③ 모낭염　　④ 멍

해설 가려움증을 유발하여 2차감염에 노출될 수 있다.

정답: ①

73 각질과 각화 관리법으로 알맞은 것은?

① 주 1~2회 스크럽관리와 충분한 보습관리
② 응급실 방문하기
③ 화이트닝 제품 사용하기
④ 쿨링기기 사용하기

해설 충분히 집에서 관리할 수 있다.

정답: ①

74 왁싱 후 부작용이 아닌 것은?

① 멍 ② 스킨탈락
③ 인그로운 ④ 피부톤 개선

해설 톤이 개선되진 않는다.

정답: ④

75 왁싱 시 주의사항으로 알맞은 것은?

① 노래를 틀고 즐겁게 시술한다.
② 무조건 빠르게 진행한다.
③ 고객의 피부상태와 피부유형에 따라 관리한다.
④ 고객과 수다 중심적으로 시술한다.

해설 개개인의 피부상태 확인 후 진행한다.

정답: ③

CHAPTER 05

공중보건 및 위생관리학

1 공중보건학

01 다음 중 공중보건의 내용과 거리가 먼 것은?

① 수명 연장 ② 질병 예방
③ 신체적·정신적 건강 및 효율 증진 ④ 성인병 치료

해설 공중보건은 질병 예방, 수명 연장, 신체적·정신적 건강 및 효율을 증진시키는 기술이며 과학이다. 치료와는 거리가 멀다.

정답: ④

02 인구 구성의 기본형 중 생산연령인구가 많이 유입되는 도시지역의 인구 구성을 나타내는 것은?

① 피라미드형 ② 종형
③ 별형 ④ 방추형

해설 생산연령인구의 전입이 늘어나는 인구 유입형은 별형이다.

정답: ③

03 한 국가나 지역사회 간의 보건수준을 비교하는데 사용되는 세계보건기구의 3대 지표는?

① 유아사망률, 사인별 사망률, 영아사망률
② 영아사망률, 사인별 사망률, 평균수명
③ 유아사망률, 모성사망률, 비례사망지수
④ 영아사망률, 비례사망지수, 평균수명

해설 세계보건기구(WHO)의 3대 지표는 평균수명, 영아사망률, 비례사망지수이다.

정답: ④

04 국가의 보건수준을 평가하는 보건 지표로 가장 대표적인 것은?

① 사인별사망률　② 성인사망률
③ 영아사망률　④ 모성사망률

해설 영아사망률(0세아의 사망률)은 한 국가의 건강수준을 나타내는 지표로 활용한다.

정답: ③

05 치명률이 높거나 집단 발생의 우려가 커서 발생 또는 유행 즉시 신고하여야 하는 감염병은?

① 폐흡충증　② 수족구병
③ 매독　④ 신종인플루엔자

해설 제1급 감염병에 관한 설명이다. 폐흡충증, 수족구병은 제4급 감염병이다.

정답: ④

06 감염병 관리상 중요하게 취급해야 할 대상자로 색출이 어려운 대상자는?

① 잠복기 보균자　② 건강 보균자
③ 병후 보균자　④ 회복기 보균자

해설 건강 보균자는 병원체를 보유한 보균자이지만 임상 증상이 없어 특별 관리대상이 된다.

정답: ②

07 인간집단에서 질병 발생과 관련되는 사실을 현상 그대로 기록하는 역학은?

① 기술역학　② 분석역학
③ 임상역학　④ 이론역학

해설 기술역학이란 인간 집단을 대상으로 질병의 발생 분포와 발생 경향을 파악하여 기록하는 1단계적 역학이다.

정답: ①

08 감염병을 발생하는 3대 요인이 아닌 것은?

① 숙주　② 환경
③ 병원체　④ 중독성

해설 감염병 발생의 3요소는 병원체, 숙주, 환경

정답: ④

09 감염병 감염 후 형성되는 면역의 유형은?

① 자연능동면역 ② 인공능동면역
③ 자연수동면역 ④ 인공수동면역

해설 자연능동면역(자연피동면역)이란 외부의 세균에 의해 감염 후 형성되는 면역을 말한다.

정답: ①

10 다음 ( ) 에 알맞은 말을 순서대로 나열한 것은?

직접 질병을 앓고 난 뒤에 얻게 되는 면역을 ( )면역이라 하고, 예방접종을 통해 얻어지는 면역을 ( )면역이라 한다.

① 자연능동, 인공능동 ② 인공능동, 자연능동
③ 인공수동, 자연수동 ④ 자연수동, 인공수동

해설 병을 앓고 난 뒤 얻게 되는 면역은 자연능동면역이고, 예방접종에 의해 얻는 면역은 인공능동면역이다.

정답: ①

11 다음 중 불결한 환경관리에 의해 집단감염이 잘되고, 특히 어린이가 잘 감염될 수 있는 기생충은?

① 편충 ② 요충
③ 회충 ④ 페디스토마

해설 요충은 1~10세 어린이에게 집단감염이 잘 되므로 침식을 함께 하는 사람들은 유의한다.

정답: ②

12 폐흡충증의 제1중간숙주에 해당되는 것은?

① 게
② 가재
③ 다슬기
④ 왜우렁

해설 폐흡충증의 제1중간숙주는 다슬기, 제2중간숙주는 가재, 게

정답: ③

13 오징어, 고등어 등을 생식하였을 때 감염될 수 있는 가능성이 가장 큰 기생충은?

① 아니사키스
② 조충
③ 폐흡충
④ 간흡충

해설 아니사키스의 제1중간숙주는 플랑크톤, 제2중간숙주는 대구, 청어, 고등어, 조기, 오징어 등의 해산어류

정답: ①

14 입으로 들어간 회충알이 부화하는 장소는?

① 소장
② 식도
③ 기관지
④ 위

정답: ④

15 무구조충은 어느 고기를 생식할 때 감염되는가?

① 돼지고기　② 소고기
③ 개고기　④ 닭고기

해설 무구조충은 소, 유구조충은 돼지에 의해 감염된다.

정답: ②

16 다음 질병 중 성인병의 종류에 속하지 않는 것은?

① 고혈압　② 당뇨병
③ 뇌졸중　④ 성병

정답: ④

17 조도 불량, 현휘가 과도한 장소에서 장시간 작업하여 눈에 긴장을 강요함으로써 발생되는 직업병이 아닌 것은?

① 안정피로　② 근시
③ 원시　④ 안구 진탕증

해설 원시는 망막의 뒤쪽에 물체의 상이 맺혀서 먼 곳은 잘 보이나 가까운 곳은 잘 보이지 않는 눈의 상태로 유전적인 원인이 있을 수 있으며, 작업 환경 요인과는 거리가 멀다.

정답: ③

18 소음이 인체에 미치는 영향으로 가장 거리가 먼 것은?

① 불안증 및 노이로제
② 청력 장애
③ 중이염
④ 작업능률 저하

해설 중이염은 세균 감염으로 발병하는 질병

정답: ③

19 독소형 식중독에 속하는 것은?

① 살모넬라증 식중독
② 포도상구균 식중독
③ 장염 비브리오 식중독
④ 병원성 대장균 식중독

해설 감염형은 살모넬라, 장염 비브리오균, 병원성 대장균, 독소형은 포도상구균, 보툴리누스균, 웰치균

정답: ②

20 내열성이 강해서 자비소독으로는 효과가 없는 균은?

① 살모넬라균
② 포자형성균
③ 포도상구균
④ 결핵균

해설 자비소독으로 아포균, 포자형성균은 사멸되지 않는다.

정답: ②

21 다음 병원미생물을 크기에 따라 열거한 것으로 옳은 것은?

① 바이러스 < 리케차 < 세균

② 리케차 < 세균 < 바이러스

③ 세균 < 바이러스 < 리케차

④ 바이러스 < 세균 < 리케차

정답: ①

22 물속에 칼슘, 마그네슘, 철분 등이 많이 함유된 물은?

① 자연수 ② 경수

③ 증수 ④ 연수

해설 경수는 칼슘, 마그네슘 등의 금속 성분을 함유한 물이며, 우물물, 빗물, 샘물이 이에 속한다.

정답: ②

23 비타민과 그 결핍으로 인하여 발생하는 증상의 연결이 틀린 것은?

① 비타민A-야맹증 ② 비타민B1-각기증

③ 비타민C-괴혈병 ④ 비타민D-불임

해설 비타민D가 결핍되면 구루병이 생긴다.

정답: ④

24 부족 시 구순염, 설염 등을 유발하는 비타민은?

① 비타민A ② 비타민B1
③ 비타민B2 ④ 비타민C

해설 비타민A(레티놀) – 야맹증, 피부건조, 각막연화증 비타민B1(리보플라빈) – 각기병, 신경염 비타민B2(디아민) – 구각염, 염증, 피로 방지 비타민C(아스코르브산) – 괴혈병, 결체조직의 이상, 뼈의 연화

정답: ③

25 다음 영양소 중에서 5대 영양소가 아닌 것은?

① 단백질 ② 칼슘
③ 지방질 ④ 비타민

해설 5대 영양소는 탄수화물, 지방질, 단백질, 비타민, 무기질이다.

정답: ②

6 위생 및 소독

01 다음은 무엇에 대한 설명인가?

개인이나 사회에서 청결을 통해 질병을 예방하고 건강을 유지하기 위한 조건 또는 실천

① 보건
② 위생
③ 건설
④ 복지

해설 위생이란 개인이나 사회에서 청결을 통해 질병을 예방하고 건강을 유지하기 위한 조건 또는 실천을 말하고, 미용업은 고객의 얼굴, 피부, 모발에 직·간접적으로 접촉이 발생하기 때문에 위생에 각별히 신경써야 한다.

정답: ②

02 작업실 내 적절한 환경으로 거리가 먼 것은?

① 공기 질에 신경쓰고 냉난방시설을 일정한 간격으로 확인한다.
② 장식장, 진열장, 액자 등은 실내먼지가 잘 보이지 않는 화이트 계열로 선택한다.
③ 실내화, 수건 등은 세척이 용이한 것을 배치해 둔다.
④ 수도시설을 청결하게 유지한다.

해설 실내먼지가 잘 보이는 색으로 선택해야 청소에 용이하고 청결한 상태를 유지할 수 있다.

정답: ②

03 다음 중 미용인의 위생관리로 적절하지 않은 것은?

① 호흡기 질병 감염을 예방하기 위해 시술 시 마스크를 착용한다.
② 베드와 웨건은 항상 청결한 상태를 유지한다.
③ 족집게, 가위, 클리퍼 등 시술도구는 적절한 소독법으로 소독 후 보관한다.
④ 폐기물은 일정량 쌓이게 되면 한꺼번에 처리한다.

해설 폐기물은 바로 처리해준다.

정답: ④

04 다음 중 사용도구 관리 방법으로 적절하지 않은 것은?

① 소독을 한 기구와 소독하지 않은 기구를 다른 용기에 넣어 보관한다.
② 일회용 면도날, 바늘 등은 의료용 폐기함에 따로 폐기한다.
③ 사용한 타월과 도포류는 저온소독법을 이용해 세탁 후 완전히 건조시켜 보관한다.
④ 혈액이 묻은 타월과 도포류는 시술 후 폐기한다.

해설 사용한 타월과 도포류는 자비소독법이나 간헐멸균법을 이용하여 세탁 후 완전히 건조시켜 보관한다.

정답: ③

05 미용인의 위생관리 중 적절하지 않은 것은?

① 에어컨 및 환풍기 등 공기청정에 신경 쓰고 냉·난방시설의 청결을 유지한다.

② 장식장, 진열장, 액자 등 실내 먼지를 제거하고 실내화는 세척이 가능한 것을 배치한다.

③ 손과 발, 고객과 직접적으로 접촉하는 부분의 위생을 항상 신경 쓰고 호흡기 질병감염을 예방하기 위해 마스크를 착용해야 한다.

④ 청소는 일주일에 한 번씩 몰아서 진행한다.

해설 청소는 최소 하루에 한 번 등 수시로 해주어야 한다.

정답: ④

06 영업자가 갖춰야 할 위생관리로 적절하지 않은 것은?

① 실내 내부와 베드는 항상 청결한 상태를 유지한다.

② 스파츌라, 면봉, 머슬린 천, 왁스는 일회용으로 사용한다.

③ 웨건, 베드의 잔여 왁스는 닦지 않아도 된다.

④ 고객에게 사용되는 터번, 가운, 수건 등은 적절한 소독법으로 소독 후 준비한다.

해설 웨건, 테이블, 베드는 잔여 왁스가 없도록 관리해야 한다.

정답: ③

07 작업실 내 적절한 환경으로 거리가 먼 것은?

① 에어컨 필터는 신경쓰지 않아도 된다.
② 장식장, 진열장, 액자 등은 실내먼지가 잘 보이는 제품으로 선택한다.
③ 수도시설을 청결하게 유지한다.
④ 실내화, 수건 등은 세척이 용이한 것을 배치해 둔다.

해설 에어컨 및 환풍기 등 공기청정에 신경쓰고 냉난방시설 관리를 잘해야 한다.

정답: ①

08 다음 중 미용인의 위생관리로 적절한 것은?

① 호흡기 질병 감염을 예방하기 위해 시술 시 마스크를 착용한다.
② 스파츌라, 면봉, 머슬린 천 등은 재사용한다.
③ 족집게, 가위, 클리퍼 등 시술도구는 소독에 관계없이 함께 보관한다.
④ 폐기물은 일정량 쌓이게 되면 한꺼번에 처리한다.

해설 호흡기 질병 감염을 예방하기 위해 시술 시 마스크를 착용한다.

정답: ①

09 다음 중 숍 내 도구 관리법으로 적절하지 않은 것은?

① 소독을 한 기구와 소독하지 않은 기구를 다른 용기에 넣어 보관한다.
② 일회용 면도날은 소독 후 재사용한다.
③ 사용한 티월과 도포류는 간헐멸균법을 이용해 세탁 후 완전히 건조시켜 보관한다.
④ 타월과 도포류는 항상 새로운 것을 제공한다.

해설 일회용 면도날은 재사용하면 안 된다.

정답: ②

10 다음 중 시술자가 지켜야 할 위생관리로 적절하지 않은 것은?

① 호흡기 질병 감염을 예방하기 위해 시술 시 마스크를 착용한다.
② 족집게, 가위, 클리퍼 등 시술도구는 적절한 소독법으로 소독 후 보관한다.
③ 스파츌라, 면봉, 머슬린 천, 왁스 등은 깨끗이 사용 후 재사용한다.
④ 웨건, 테이블, 베드에 잔여 왁스가 없는지 확인하고 청결을 유지한다.

해설 스파츌라, 면봉, 머슬린 천, 왁스 등은 일회용으로 재사용하면 안 된다.

정답: ③

11 다음 중 시술자가 지켜야 할 위생관리로 적절하지 않은 것은?

① 글러브를 착용할 시 손씻기는 하지 않아도 괜찮다.

② 족집게, 가위, 클리퍼 등 시술도구는 적절한 소독법으로 소독 후 보관한다.

③ 스파츌라, 면봉, 머슬린 천, 왁스 등은 일회용을 사용한다.

④ 웨건, 테이블, 베드에 잔여왁스가 없는지 확인하고 청결을 유지한다.

해설 스파츌라, 면봉, 머슬린 천, 왁스 등은 일회용으로 재사용하면 안 된다.

정답: ③

12 다음 소독방법 중 가장 정도가 센 것은?

① 소독 ② 세척

③ 멸균 ④ 방부

해설 소독 세기의 정도는 세척 < 방부 < 소독 < 멸균 순이다.

정답: ③

13 다음 소독방법 중 정도가 가장 약한 것은?

① 소독 ② 세척

③ 멸균 ④ 방부

해설 소독 세기의 정도는 세척 < 방부 < 소독 < 멸균 순이다.

정답: ②

14 다음 중 소독의 종류가 바르게 짝지어지지 않은 것은?

① 멸균 - 병원성, 비병원성 미생물, 포자를 가진 것을 전부 사멸 또는 제거하는 것

② 소독 - 아포를 제외한 감염을 일으키는 모든 병원성 유기체를 파괴하는 것

③ 방부 - 물리, 화학적 작용에 의해 급속하게 죽이는 것

④ 세척 - 오염물, 유기물과 같은 모든 종류의 이물질을 물과 기계적인 마찰을 이용해 제거하는 것

해설 ③은 살균에 대한 설명이고 방부는 병원성 미생물의 발육과 작용을 정지하거나 제거시켜 성장, 번식, 전파를 방지하는 것이다.

정답: ③

15 다음 중 소독제 보관 방법으로 잘못된 것은?

① 직사광선을 피하고 실온보관이나 서늘한 곳에 보관한다.

② 용도에 맞게 희석한 소독제는 희석한 채로 본 용기에 보관한다.

③ 사용한 소독제는 입구를 잘 막아 보관한다.

④ 소독제가 섞이지 않게 종류, 희석농도 등을 라벨링하여 보관한다.

해설 희석한 소독제는 따로 보관한다.

정답: ②

16 다음 중 이상적인 소독제의 조건이 아닌 것은?

① 취급 방법이 간편해야 한다.

② 높은 살균작용력을 지니고 석탄산 계수가 낮아야 한다.

③ 유기화합물이나 금속에도 효과적이어야 한다.

④ 용해성과 안전성이 높아야 한다.

해설 이상적인 소독제는 취급방법이 쉬워야 하고, 석탄산 계수가 높고, 살균력이 좋아야 하며, 유기화합물과 금속에도 효과적이고 용해성과 안전성이 높아야 한다.

정답: ②

17 다음 중 소독제 보관 방법으로 잘못된 것은?

① 직사광선을 피하고 실온보관이나 서늘한 곳에 보관한다.

② 용도에 맞게 희석한 소독제는 본 용기와 다른 용기에 보관한다.

③ 사용한 소독제는 입구를 잘 막아 보관한다.

④ 더러워진 도구는 소독을 따로 안해도 된다.

해설 더러워진 도구는 따로 소독해서 사용해야 한다.

정답: ④

18 다음 중 이상적인 소독제의 조건이 아닌 것은?

① 취급 방법이 어려워야 한다.

② 높은 살균작용력, 석탄산 계수가 높아야 한다.

③ 유기화합물이나 금속에도 효과적이어야 한다.

④ 용해성과 안전성이 높아야 한다.

해설 이상적인 소독제는 취급방법이 쉬워야 하고, 석탄산 계수가 높고, 살균력이 좋아야 하며, 유기화합물과 금속에도 효과적이고 용해성과 안전성이 높아야 한다.

정답: ①

19 소독약 사용방법으로 알맞게 짝지어진 것은?

① 수지소독 - 크레졸, 생석회

② 배설물, 토사물 - 소각법, 석탄산, 크레졸, 생석회

③ 서적, 종이 - 알코올

④ 고무 피혁 제품 - 고압증기멸균법

해설 수지소독은 역성 비누, 석탄산, 크레졸, 승홍수를 이용하고, 생석회는 자극이 너무 강해 수지소독으로 적절하지 않다. 서적, 종이는 가스체의 포름알데히드를 사용해야 하고, 고무피혁제품을 소독할 땐 열이나 약액에 의해 손상될 수 있으므로 고압증기멸균법은 적절하지 않다.

정답: ②

20 소독약별 사용방법으로 알맞지 않은 것은?

① 수지소독-역성 비누, 석탄산

② 배설물, 토사물-소각법, 석탄산, 크레졸, 생석회

③ 서적, 종이-포름알데히드 소독(가스체)

④ 금속 제품-염소화합물

해설 염소화합물은 살균력이 크지만 금속 부식과 피부 자극을 유발한다.

정답: ④

21 다음에서 설명하는 소독제의 종류는?

- 3%가 방역용 소독제로 적당하다.
- 피부점막에 자극성과 마비성, 금속부식성이 있지만 살균력이 안정적이고 화학변화가 잘 일어나지 않는다.
- 소독약의 살균력 측정지표로 사용된다.

① 석탄산 ② 포르말린

③ 생석회 ④ 과산화수소

해설 석탄산계수는 옛날부터 이용되어 온 평가법으로 안정된 살균력을 표준으로 여러 소독약의 살균력을 비교측정할 때 사용되는 계수이다.

정답: ①

22 다음 중 물리적 소독 방법에 해당하는 물질로 적절하지 않은 것은?

① 열 ② 증기
③ 자외선 ④ 방부제

해설 방부제는 화학적 소독 방법이다.

정답: ④

23 멸균 방법 중 물리적 소독 방법이 아닌 것은?

① 자외선멸균소독법 ② 건열멸균소독법
③ 고온증기소독법 ④ 고온가스소독법(E.O)

해설 E.O는 화학적 소독방법이다.

정답: ④

24 화학적 소독방법 중 다음에서 설명하는 것은?

> 메칠 75%, 에칠 70% 수용액에서 살균력 강하다.
> 미생물의 단백질을 응고 또는 변성시켜 세포기능을 방해한다.
> 수지, 피부, 기구 소독에 사용된다.

① 알코올 ② 크레졸
③ 승홍수 ④ 포르말린

해설 알코올에 대한 설명이다.

정답: ①

25 다음에서 설명하는 것은 무엇인가?

> • 소독약의 살균력을 표시하는 양적 표시
> • 순수하고 성상이 안정된 석탄산을 표준으로, 어떤 일정한 균주를 5~10분 내에 살균할 수 있는 석탄산의 희석배수와 시험하려는 소독약의 희석배율을 비교하는 방법
> • 석탄산의 희석배수 / 특정 소독약의 희석배수

① 석탄산계수 ② 알코올 함유량
③ 포름알데히드 수 ④ 분자량

해설 석탄산계수에 대한 설명이다.

정답: ①

26 다음 중 물리적 소독 방법에 이용되는 것은?

① 계면활성제 ② 역성비누
③ 자외선 ④ 생석회

해설 자외선은 물리적 소독 방법에 이용되고, 나머지는 화학적 소독 방법에 이용된다.

정답: ③

27 멸균 방법 중 물리적 소독 방법이 아닌 것은?

① 여과법　　② 고온가스소독법(E.O)
③ 고압증기멸균법　　④ 저온소독법

해설 고온가스소독법(E.O)은 화학적 소독 방법이다.

정답: ②

28 멸균 방법 중 물리적 소독 방법이 아닌 것은?

① 화염멸균법　　② 자비소독법
③ 고온가스소독법(E.O)　　④ 간헐멸균법

해설 고온가스소독법(E.O)은 화학적 소독 방법이다.

정답: ③

29 화학적 소독 방법 중 다음에서 설명하는 것은?

- 세균, 결핵균, 녹농균 등에 소독효과가 있지만 아포, 바이러스에는 효과가 없다.
- 3% 수용액을 사용하고 석탄산 계수는 2이다.
- 손, 오물, 객담 등을 소독할 때 사용되고 피부에 자극성은 없으나 냄새가 강하다.

① 알코올　　② 크레졸
③ 승홍수　　④ 포르말린

해설 크레졸에 대한 설명이다.

정답: ②

30 다음 중 소독제의 소독력을 판단하는 기준인 석탄산계수를 판단하는데 사용되는 물질은?

① 페놀 ② 알코올

③ 포름알데히드 ④ 염소

해설 석탄산계수를 나타낼 땐 페놀(석탄산)을 사용한다.

정답: ①

31 다음 중 소독의 종류와 소독 방법의 설명으로 적절하지 않은 것은?

① 건열멸균법: 170°C에서 1~2시간동안 건열멸균기를 통해 처리하고 분말, 기름, 유리기구, 주사침 등을 멸균할 때 사용한다.

② 고압증기멸균법: 태양광선의 살균작용을 이용한 방법으로 장기간 피부에 흡수 시 피부암, 색소 침착, 피부염의 문제를 일으킬 수 있다.

③ 간헐멸균법: 유통증기 100°C에서 30~60분간 가열하는 방법으로 도자기, 의류 소독에 적합하다.

④ 자외선소독법 : 자외선(200~280nm)을 쬐는 것을 통해 소독하는 방법으로 음식, 약, 열에 민감한 물품 소독에 이용된다.

해설 태양광선에 의한 자연소독법이다.

정답: ②

32 다음 중 소독의 종류와 그에 대한 설명으로 적절하지 않은 것은?

① 건열멸균법: 100°C에서 10~20분간 물에 넣어 끓이는 방법

② 저온살균법: 고온에서 가열해 소독하는 방법

③ 여과법: 고압, 고온의 증기로 가열하는 방법

④ 자외선소독법: 자외선(200~280nm)을 이용해 소독하는 방법

해설 ③은 고압증기멸균법에 관한 설명이다.

정답: ③

33 다음 중 관리실 내에서 사용될 수 있는 소독 방법과 소독 방법에 대한 대상으로 알맞지 않은 것은?

① 고압증기멸균법-고무, 플라스틱으로 된 기구

② 자비소독법-식기, 의류, 수건 등

③ 역성비누-수지, 기구, 용기소독

④ 계면활성제-기구, 고무 소독

해설 고압증기멸균법으로는 고무, 플라스틱을 소독하면 안 된다.

정답: ①

34 다음 중 관리실 내에서 사용될 수 있는 소독 방법과 소독 방법에 대한 대상으로 알맞지 않은 것은?

① 알코올-금속, 유리, 플라스틱 도구

② 포르말린-수지소독, 고무

③ 역성비누-기구, 용기소독

④ 알코올-소독기, 관리기구 등

해설 포르말린은 자극이 강해 피부에는 적당하지 않다.

정답: ②

35 다음 중 관리실 내에서 사용될 수 있는 소독 방법과 소독 방법에 대한 대상으로 알맞지 않은 것은?

① 알코올-금속, 유리, 플라스틱 도구

② 머큐롬-금속, 고무

③ 역성비누-기구, 용기소독

④ 알코올-소독기, 관리기구 등

해설 머큐롬은 금속, 고무소독에 적합하지 않다.

정답: ②

36 다음 중 샵 내부의 소독 방법으로 적절하지 않은 것은?

① 에어컨 및 환풍기, 장식장, 진열대는 마른 천으로 먼지를 제거하고 소독액이 묻은 천으로 한 번 더 닦아내 관리해준다.

② 고객에게 사용한 도구는 역성비누나 알코올로 소독 후 멸균기에 보관한다.

③ 영업장의 바닥 및 천장은 석탄산, 크레졸, 포르말린 등으로 살균한다.

④ 소독기나 미용기기는 소독할 필요가 없다.

해설 소독기나 미용기기는 알코올 등으로 살균해주어 청결하게 관리해주어야 한다.

정답: ④

37 다음 중 숍 내부의 소독 방법으로 적절하지 않은 것은?

① 에어컨 및 환풍기, 장식장, 진열대는 마른 천으로 먼지를 제거하고 소독액이 묻은 천으로 한 번 더 닦아내 관리해준다.

② 고객에게 사용한 도구는 물로 한 번 헹구어 사용한다.

③ 영업장의 바닥 및 천장은 석탄산, 크레졸, 포르말린 등으로 살균한다.

④ 소독기나 미용기기는 알코올로 소독해준다.

해설 고객에게 사용한 도구는 적절한 소독제를 이용해 소독 후 멸균기에 보관 또는 사용한다.

정답: ②

3 공중위생법규

01 지역사회 구성원들이 이용하는 영업 시설관리, 운영의 위생수준을 향상하고 건강 상태 유지 및 공공복리 증진에 기여하기 위해 제정된 법률은?

① 공중위생관리법
② 공중보건관리법
③ 공중행정법
④ 식품위생법

해설 공중위생관리법이란 지역사회 구성원들이 이용하는 영업 시설관리, 운영의 위생수준을 향상하고 건강 상태 유지 및 공공복리 증진에 기여하기 위해 제정된 법률을 말한다.

정답: ①

02 다음 중 위생관리등급이 알맞게 구분되어 있는 것은?

① 최우수-황색, 우수-녹색, 일반-백색
② 최우수-백색, 우수-황색, 일반-녹색
③ 최우수-백색, 우수-녹색, 일반-황색
④ 최우수-녹색, 우수-황색, 일반-백색

해설 최우수는 녹색, 우수는 황색, 일반은 백색이다.

정답: ④

03 **다음 중 위생서비스수준을 평가하기 위해 실시하는 위생서비스평가의 주기로 적절한 것은?**

① 6개월 ② 1년
③ 1년 6개월 ④ 2년

해설 시장, 군수, 구청장은 평가계획에 따라 관할지역별 세부평가계획을 수립한 후 2년마다 영업소 또는 관련 전문기관 및 단체로 하여금 위생서비스수준을 평가한다.

정답: ④

04 **다음 중 위생관리등급 구분이 잘못되어 있는 것은?**

① 최우수 - 녹색 ② 우수 - 황색
③ 우수 - 청색 ④ 일반업소 - 백색

해설 우수는 황색이다.

정답: ③

05 **다음 중 공중위생영업자가 실시해야 하는 위생교육 빈도와 진행시간에 대한 설명으로 알맞게 짝지어진 것은?**

① 2년에 한 번-1시간 ② 1년에 한 번-1시간
③ 2년에 한 번-3시간 ④ 1년에 한 번-3시간

해설 공중위생영업자가 실시해야 하는 위생교육은 매년 3시간동안 진행한다.

정답: ④

06 다음 중 공중위생영업자가 실시해야 하는 위생교육 빈도는?

① 6개월에 한 번
② 1년에 한 번
③ 1년 6개월에 한 번
④ 2년에 한 번

해설 공중위생영업자가 실시해야 하는 위생교육은 매년 3시간동안 진행한다.

정답: ②

07 다음 중 영업폐업 시 신고해야 할 기한으로 알맞은 것은?

① 폐업한 날부터 7일 이내
② 폐업한 날부터 10일 이내
③ 폐업한 날부터 20일 이내
④ 폐업한 날부터 30일 이내

해설 영업폐업 신고 시에는 폐업한 날부터 20일 이내에 시장, 군수, 구청장에게 신고해야 한다.

정답: ③

08 영업신고 시 신고해야 할 대상으로 알맞은 것은?

① 시도지사
② 보건복지부장관
③ 관할 경찰서장
④ 시장, 군수, 구청장

해설 공중위생영업을 하고자 하는 자는 보건복지부령이 정하는 시설 및 설비를 갖추고 시장, 군수, 구청장에게 신고하여야 하고, 주요 사항을 변경하고자 할 때에도 이와 같다.

정답: ④

09 다음 중 이·미용업 영업신고 시 필요한 서류가 아닌 것은?

① 고용직원 등본 ② 영업시설 및 설비개요서

③ 교육필증 ④ 면허증 원본

해설 고용직원 등본은 영업신고 시 필요한 서류가 아니다.

정답: ①

10 다음 중 이·미용업 개설 시 필요한 서류로 적절하지 않은 것은?

① 영업 신고증 ② 요금표

③ 자동차등록증 ④ 교육필증

해설 이·미용업 개설은 이·미용사 면허증 소지자만 가능하고 개설 시 영업 신고증, 요금표, 면허증 원본을 게시해야 한다.

정답: ③

11 다음 중 이·미용업 영업신고 시 필요한 서류가 아닌 것은?

① 자동차등록증 ② 영업시설 및 설비개요서

③ 교육필증 ④ 면허증 원본

해설 자동차등록증은 영업신고 시 필요한 서류가 아니다.

정답: ①

12 다음 중 이·미용업 개설 시 필요한 서류로 적절하지 않은 것은?

① 영업 신고증 ② 요금표
③ 교육필증 ④ 면허증 사본

해설 이·미용업 개설은 이·미용사 면허증 소지자만 가능하고 개설 시 영업 신고증, 요금표, 면허증 원본을 게시해야 한다.

정답: ④

13 다음 중 영업자가 준수해야 할 위생관리기준에 관한 명령을 내리는 부서는?

① 보건복지부 ② 여성가족부
③ 노동부 ④ 환경부

해설 영업자가 준수해야 할 위생관리기준에 관한 명령을 내리는 부서는 보건복지부이다.

정답: ①

14 위생관리를 지켜야 하는 이유로 적절한 것은?

① 발전된 시술을 위해
② 건강상 위해요인이 발생하지 않기 위해
③ 미관상 더 아름답게 보이기 위해
④ 시술을 빨리 끝내기 위해

해설 건강상 위해요인이 발생하지 않기 위해 위생관리를 지켜야 한다.

정답: ②

15 다음 중 시술 시 감염을 예방하기 위한 수칙으로 적절한 것은?

① 혈액이 묻은 솜은 일반쓰레기로 폐기해도 된다.

② 실내온도는 가급적 높게 하여 따뜻한 온도를 유지한다.

③ 손씻기를 생활화하고, 청결한 작업복을 착용한다.

④ 깨끗하게 사용한 일회용도구는 재사용해도 관계없다.

해설 미용인은 손을 자주 씻고 청결한 작업복을 착용함으로써 깨끗함을 유지해야 한다.

정답: ③

16 다음 중 시술 시 감염을 예방하기 위한 수칙으로 적절하지 않은 것은?

① 혈액이 묻은 솜은 따로 폐기한다.

② 실내습도는 40-50%를 유지한다.

③ 손씻기를 생활화하고, 청결한 작업복을 착용한다.

④ 깨끗하게 사용한 일회용도구는 재사용해도 관계없다.

해설 일회용도구는 일회용으로만 사용한다.

정답: ④

17 미용업 시설 설비기준 중 적절한 조명도는?

① 30Lux ② 45Lux

③ 60Lux ④ 75Lux

해설 미용업 시설 설비기준 적절한 조명도는 75Lux이다.

정답: ④

18 다음 중 관리실 내 위생을 지키지 않을 시 발생할 수 있는 감염에 대한 설명으로 적절하지 않은 것은?

① 가위, 바리깡(클리퍼), 빗 등 사용한 도구를 소독하여 사용하지 않으면 감염 위험이 있을 수 있다.

② 면도날, 바늘과 같은 도구들은 일회용을 사용해야 한다.

③ 감염 매체의 전달이나 자체 감염 우려가 있는 라텍스, 퍼프, 해면 등은 가급적 1회용을 사용한다.

④ 일회용 시술도구는 깨끗하게 사용했으면 재사용해도 관계없다.

해설 일회용 시술도구는 한 번 사용 후 바로 폐기해야 한다.

정답: ④

19 다음 중 관리실 내 위생을 지키지 않을 시 발생할 수 있는 감염에 대한 설명으로 적절하지 않은 것은?

① 가위, 바리깡(클리퍼), 빗 등 사용한 도구를 소독하여 사용하지 않으면 감염 위험이 있을 수 있다.

② 면도날, 바늘과 같은 도구들은 일회용을 사용해야 한다.

③ 혈액이 묻은 수건은 폐기한다.

④ 감염 매체의 전달이나 자체 감염 우려가 있는 라텍스, 퍼프, 해면 등은 재사용해도 괜찮다.

해설 일회용 시술도구는 한 번 사용 후 바로 폐기해야 한다.

정답: ④

20 다음 중 공중위생감시원의 업무범위가 아닌 것은?

① 영업장 앞 도로 위생 상태 검사

② 시설 및 설비의 확인과 위생 상태 검사

③ 공중위생 업소의 위생 지도

④ 위생관리 의무 이행 여부 확인

해설 영업장 앞 도로까지는 공중위생감시원의 범위가 아니다. 공중위생감시원의 업무 범위는 영업장 내이다.

정답: ①

21 다음 중 공중위생감시원의 자격, 임명, 업무 범위 및 기타 필요사항을 정하는 것은?

① 대통령령

② 국무총리령

③ 보건복지부령

④ 환경부령

해설 대통령령에 의해 공중위생감시원의 자격, 임명, 업무범위 및 기타 필요사항을 정한다.

정답: ①

22 다음 중 공익상 필요하다고 인정될 때 영업자나 종사원에 대해 영업시간 및 영업행위에 필요한 제한을 할 수 있는 직책으로 알맞은 것은?

① 시도지사
② 시장
③ 군수
④ 구청장

해설 시도지사는 공익상 필요하다고 인정될 때 영업자나 종사원에 대해 영업시간 및 영업행위에 필요한 제한을 할 수 있다.

정답: ①

23 다음 중 시도지사 또는 시장, 군수, 구청장이 개선을 명할 수 있는 사람으로 해당하지 않는 것은?

① 공중위생업의 종류별 시설 및 설비기준을 위반한 자
② 위생관리의무를 위반한 공중위생시설의 소유자
③ 영업장 주위 토지 소유자
④ 위생관리의무 등을 위반한 자

해설 영업장 주위 토지 소유자는 해당이 안 된다.

정답: ③

24 다음 중 시장, 군수, 구청장은 공중위생영업자가 영업규정을 위반할 경우 영업정지 또는 일부 시설의 사용중지나 영업소 폐쇄를 명할 수 있는 기한으로 적절한 것은?

① 1월
② 3월
③ 6월
④ 12월

해설 시장, 군수, 구청장은 공중위생영업자에게 6월 이내의 기간을 정해 영업의 정지 또는 일부 시설의 사용중지나 영업소 폐쇄 등을 명할 수 있다.

정답: ③

25 영업의 정지 또는 일부 시설의 사용중지나 영업소 폐쇄를 명할 수 있는 경우가 아닌 것은?

① 위생관리에 관한 개선명령을 이행하지 않은 경우
② 공중위생 영업신고를 하지 않거나 시설, 설비 기준을 위반한 경우
③ 공중위생영업자의 지위승계 신고를 하지 않은 경우
④ 위생서비스교육을 실시하지 않은 경우

해설 ④는 해당되지 않는다.

정답: ④

26 시장, 군수, 구청장이 영업자가 영업소 폐쇄명령을 받고도 영업을 하는 경우 할 수 없는 조치에 해당하는 것은?

① 영업소 내 시설 압류

② 당해 영업소가 위법한 영업소임을 알리는 게시물 부착

③ 당해 영업소의 간판 및 영업 표지물 제거

④ 기구 또는 시설물을 사용할 수 없게 봉인

해설 ①은 해당되지 않는다.

정답: ①

27 다음 중 미용사 면허를 취득할 수 없는 경우는?

① 국가기술자격법에 따른 미용사의 자격을 취득한 자

② 마약, 대마 또는 향정신성의약품 중독자

③ 교육부장관이 인정하는 고등기술학교에서 1년 이상 미용에 관한 소정의 과정을 이수한 자

④ 전문대학 또는 고등학교와 같은 수준 이상의 학력이 있다고 교육부장관이 인정한 학교에서 미용 관련 학과를 졸업한 자

해설 피성년후견인, 정신보건법에 따른 정신질환자(다만, 전문의가 미용사로서 적합하다고 인정한 경우는 제외), 공중의 위생에 영향을 미칠 수 있는 감염병환자로서 감염병 예방 및 관리에 관한 법률에 따른 결핵환자(비감염성인 경우는 제외), 마약, 대마 또는 향정신성의약품 중독자, 공중위생관리법상 면허가 취소된 후 1년이 경과되지 않은 자는 미용사 면허를 취득할 수 없다.

정답: ②

28 다음 중 미용사 면허를 취득이 가능한 경우는?

① 피성년후견인
② 마약, 대마 또는 항정신성의약품 중독자
③ 공중위생관리법상 면허가 취소된 후 1년이 경과되지 않은 자
④ 비감염성 질환이 있는 환자

해설 공중의 위생에 영향을 미칠 수 있는 감염병환자로서 감염병 예방 및 관리에 관한 법률에 따른 결핵 환자는 미용사 면허 취득이 불가하지만 비감염성인 경우는 제외한다.

정답: ④

29 다음 중 미용사 면허를 취득할 수 없는 경우는?

① 국가기술자격법에 따른 미용사의 자격을 취득한 자
② 교육부장관이 인정하는 고등기술학교에서 1년 이상 미용에 관한 소정의 과정을 이수한 자
③ 전문대학 또는 고등학교와 같은 수준 이상의 학력이 있다고 교육부장관이 인정한 학교에서 미용 관련 학과를 졸업한 자
④ 전문의가 미용사로서 적합하지 않다고 판단한 정신질환자

해설 피성년후견인, 정신보건법에 따른 정신질환자(다만, 전문의가 미용사로서 적합하다고 인정한 경우는 제외), 공중의 위생에 영향을 미칠 수 있는 감염병환자로서 감염병 예방 및 관리에 관한 법률에 따른 결핵환자(비감염성인 경우는 제외), 마약, 대마 또는 항정신성의약품 중독자, 공중위생관리법상 면허가 취소된 후 1년이 경과되지 않은 자는 미용사 면허를 취득할 수 없다.

정답: ④

30 다음 중 미용사 면허 취득이 가능한 경우는?

① 피성년후견인

② 전문의가 미용사로서 적합하다고 인정한 정신질환자

③ 공중위생관리법상 면허가 취소된 후 1년이 경과되지 않은 자

④ 감염성 질환이 있는 환자

해설 정신보건법에 따른 정신질환자는 취득할 수 없지만, 전문의가 미용사로서 적합하다고 인정한 정신질환자는 미용사 자격을 취득할 수 있다.

정답: ②

31 다음 중 이·미용사가 행할 수 있는 업무 범위에 해당하는 것은?

① 시술자가 면허가 없는 경우

② 보건복지부령이 정한 특별한 사유로 영업소 외 장소에서 시술하는 경우

③ 미용면허가 취소된 경우

④ 보건복지부령이 정한 특별한 사유에 해당하지 않은 장소에서 시술하는 경우

해설 이·미용사의 업무범위에 관한 사항은 보건복지부령으로 정하고 이·미용 업무는 영업소 외의 장소에서 행할 수 없지만, 보건복지부령이 정하는 특별한 사유가 있는 경우에는 행할 수 있다.

정답: ②

32 다음 중 보건복지부령이 일반적인 이·미용사의 업무범위 외 정한 특별한 경우가 아닌 것은?

① 질병이나 그 밖의 사유로 영업소에 나올 수 없는 자에 대해 미용을 하는 경우
② 보건복지부령이 정한 특별한 사유로 영업소 외 장소에서 시술하는 경우
③ 사회복지시설에서 봉사활동으로 미용을 하는 경우
④ 이·미용사의 개인적인 연례행사가 있는 경우

해설 보건복지부령이 정한 특별한 사유로는 질병이나 그 밖의 사유로 영업소에 나올 수 없는 자에 대해 미용을 하는 경우, 혼례나 그 밖의 의식에 참여하는 자에 대해 의식 직전 미용이 필요한 경우, 사회복지시설에서 봉사활동으로 미용을 하는 경우, 방송 등 촬영에 참여하는 사람에 대해 촬영 직전 이용 또는 미용을 하는 경우, 기타 특별한 사정이 있다고 시장, 군수, 구청장이 인정하는 경우로 ④는 해당하지 않는다.

정답: ④

33 다음 중 공중위생영업자 및 공중이용시설 소유자에게 개선명령을 내릴 때 명시해야 할 사항으로 적절하지 않은 것은?

① 검사를 실시한 목적
② 발생된 오염물질의 종류
③ 오염 허용 기준을 초과한 정도
④ 개선기간

해설 공중위생영업자 및 공중이용시설 소유자에게 개선명령을 내릴 때 위생관리 기준, 발생된 오염물질의 종류, 오염허용기준을 초과한 정도가 명시되어 있어야 한다.

정답: ①

34 다음 중 공중위생영업자 및 공중이용시설 소유자에게 개선명령을 내릴 때 명시해야 할 사항으로 적절하지 않은 것은?

① 개선기간

② 발생된 오염물질의 종류

③ 오염 허용 기준을 초과한 정도

④ 검사 목적 및 일정

해설 공중위생영업자 및 공중이용시설 소유자에게 개선명령을 내릴 때 위생관리 기준, 발생된 오염물질의 종류, 오염허용기준을 초과한 정도가 명시되어 있어야 한다.

정답: ④

35 다음 중 공중위생영업 관련 위반 시 300만 원 이하의 벌금을 부과하는 경우는?

① 지위 승계를 한 후 신고(1월 이내)를 하지 않은 자

② 건전한 영업 질서를 위해 준수해야 할 사항을 준수하지 않은 공중위생 영업자

③ 면허취소 후에도 계속 업무를 행한 자

④ 영업정지, 일부 시설의 사용중지명령을 받고도 그 기간동안 영업을 하거나 시설을 이용한 자

해설 개선 명령을 위반한 자(위생관리 기준이나 오염 허용 기준을 지키지 않은 경우), 면허취소 후에도 계속 업무를 행한 자, 면허정지 기간 중 업무를 행한 자, 면허증이 없는 자가 업소 개설이나 업무에 종사한 경우(미용사의 감독을 받은 미용 보조 업무는 제외)는 300만 원 이하의 벌금에 처한다.

정답: ③

36 다음 중 공중위생영업 관련 위반 시 1년 이하의 징역 또는 1천만 원 이하의 벌금을 부과하는 경우가 아닌 것은?

① 영업신고를 하지 않은 자

② 지위 승계를 한 후 신고(1월 이내)를 하지 않은 자

③ 영업소 폐쇄 명령을 받고도 계속 영업을 행한 자

④ 영업정지, 일부 시설의 사용중지명령을 받고도 그 기간동안 영업을 하거나 시설을 이용한 자

해설 ②는 6개월 이하의 징역 또는 500만 원 이하의 벌금에 해당한다.

정답: ②

37 다음 중 공중위생영업 관련 위반 시 6개월 이하의 징역 또는 500만 원 이하의 벌금을 부과하는 경우가 아닌 것은?

① 위생관리의무 등을 위반한 자

② 변경 신고를 하지 않은 자

③ 지위 승계를 한 후 신고(1월 이내)를 하지 않은 자

④ 건전한 영업 질서를 위해 준수해야 할 사항을 준수하지 않은 공중위생 영업자

해설 ①은 해당되지 않는다.

정답: ①

38 다음 중 위생교육을 받지 않으면 부과되는 과태료 금액은?

① 30만 원
② 40만 원
③ 50만 원
④ 60만 원

해설 위생교육을 받지 않으면 60만 원의 과태료를 부과해야 한다.

정답: ④

39 다음 중 보건복지부령이 정한 바에 따라 1차에 영업장 폐쇄명령을 할 수 있는 경우는?

① 위생관리 의무를 위반한 공중위생영업자
② 위생관리 의무를 위반한 공중위생시설의 소유자
③ 공중위생영업의 종류별 시설 및 설비기준을 위반한 자
④ 신고를 하지 않고 영업소 소재지를 변경한 경우

해설 신고를 하지 않고 영업소 소재지를 변경한 경우 1차에 영업장 폐쇄를 명할 수 있다.

정답: ④

40 시설 및 설비기준을 위반했을 때 받는 행정처분으로 1차에 해당하는 것은?

① 개선명령
② 영업정지 15일
③ 영업정지 1월
④ 영업장 폐쇄명령

해설 시설 및 설비기준을 위반하면 1차-개선명령, 2차-영업정지 15일, 3차-영업정지 1월, 4차-영업장 폐쇄명령을 받는다.

정답: ①

41 소독을 한 기구와 소독을 하지 않은 기구를 각각 다른 용기에 보관하지 않거나 1회용 면도날을 2인 이상 사용한 때 받는 행정처분 중 3차에 해당하는 것은?

① 경고
② 영업정지 5일
③ 영업정지 15일
④ 영업장 폐쇄명령

해설 3차는 영업정지 15일이다.

정답: ③

42 영업소 외의 장소에서 업무를 행한 때 받는 1차 행정 처분은?

① 경고
② 영업정지 10일
③ 영업정지 15일
④ 영업정지 1월

해설 영업정지 1월이다.

정답: ④

43 공중보건법에 의거하여 영업자가 면허정지 처분을 받고 정지 기간 중 업무를 행한 때 부과되는 1차 행정처분기준에 해당하는 것은?

① 영업정지 5일
② 영업정지 10일
③ 경고 또는 개선명령
④ 면허취소

해설 공중보건법에 의거하여 영업자가 면허정지 처분을 받고 정지 기간 중 업무를 행할 경우 부과되는 1차 행정 처분기준은 면허취소에 해당한다.

정답: ④

44 다음 중 점빼기, 귓불 뚫기, 쌍커풀 수술, 문신, 박피술, 이와 유사한 의료 행위를 한 때 받을 수 있는 행정처분기준 중 1차에 해당하는 것은?

① 영업정지 2월

② 영업정지 3월

③ 영업정지 4월

④ 영업정지 5월

해설 점빼기, 귓불 뚫기, 쌍커풀 수술, 문신, 박피술, 이와 유사한 의료 행위를 한 때에는 1차에 영업정지 2월, 2차에 영업정지 3월, 3차에 영업장 폐쇄명령의 행정처분을 받게 된다.

정답: ①

45 다음 중 면허증을 다른 사람에게 대여한 때 받을 수 있는 행정처분기준 중 2차에 해당하는 것은?

① 면허정지 3월

② 면허정지 6월

③ 면허취소

④ 재면허시험

정답: ②

46 다음 중 영업자가 보건위반행위를 했을 때 마지막(3차) 행정처분 기준으로 영업장폐쇄명령을 받지 않는 위반내용은?

① 점빼기, 귓불 뚫기, 쌍커풀 수술, 문신, 박피술, 이와 유사한 의료 행위를 한 때

② 성매매 알선행위 또는 음란행위를 하게 하거나 알선 제공한 때

③ 손님에게 도박 그 밖의 사행행위를 하게 한 때

④ 음란한 물건을 관람, 열람하게 하거나 진열 또는 보관한 때

해설 음란한 물건을 관람, 열람하게 하거나 진열 또는 보관한 때에는 1차 개선명령, 2차 영업정지 15일, 3차 영업정지 1월이다.

정답: ④